21世纪高等教育土木工程系列教材

建筑结构试验基础

第②版

主编　傅　军　王贵美

参编　潘云锋　徐春一　叶　谦　周　博

主审　金伟良　卢文胜

机 械 工 业 出 版 社

本书在第 1 版的基础上,根据新形态教材建设的特点和近年来建筑结构试验的发展进行了修订。本书主要内容包括绪论、建筑结构试验与检测设备仪器、建筑结构试验设计基础、建筑结构静力试验、建筑结构动力试验、建筑结构防灾试验、建筑结构试验现场检测技术、建筑结构试验数据处理基础和建筑结构模型试验。本书以建筑结构试验的基本理论和基础知识为重点,同时介绍了试验的方法与技能,注重理论与实践相结合,内容精练,重点突出,适用性强。本书采用的二维码集成了数个仪器和相关试验的视频,随堂小测文档,便于学生学习和掌握相关知识。

本书可供普通高等院校土木工程专业本科生使用,也可供土木工程专业的技术人员参考。

图书在版编目(CIP)数据

建筑结构试验基础/傅军,王贵美主编. —2 版. —北京:机械工业出版社,2022.1

21 世纪高等教育土木工程系列教材

ISBN 978-7-111-69796-1

Ⅰ.①建⋯ Ⅱ.①傅⋯ ②王⋯ Ⅲ.①建筑结构-结构试验-高等学校-教材 Ⅳ.①TU317

中国版本图书馆 CIP 数据核字(2021)第 251240 号

机械工业出版社(北京市百万庄大街 22 号 邮政编码 100037)

策划编辑:马军平 责任编辑:马军平
责任校对:陈 越 王 延 封面设计:张 静
责任印制:邰 敏

北京富资园科技发展有限公司印刷

2022 年 6 月第 2 版第 1 次印刷

184mm×260mm·15 印张·368 千字

标准书号:ISBN 978-7-111-69796-1

定价:49.00 元

电话服务 网络服务
客服电话:010-88361066 机 工 官 网:www.cmpbook.com
　　　　　010-88379833 机 工 官 博:weibo.com/cmp1952
　　　　　010-68326294 金 书 网:www.golden-book.com
封底无防伪标均为盗版 机工教育服务网:www.cmpedu.com

前　言

本书是《建筑结构试验基础》的第 2 版，再版是基于如下几个方面的考虑：一是吸收近年来结构试验教材的内容和成果，对第 1 版进行适当扩展和删减，力求覆盖全面、内容精练；二是随着相关新标准颁布实行及实验仪器设备的更新，融入部分新内容；三是结合当前新形态教材的特征重新组织大纲，突出重点，将案例与拓展内容移至课外和线上活动（数字资源）；四是参考土木工程专业卓越工程师教育培养计划，适当融入国内最新结构试验教学改革理念。

本书编写延续原有风格，采用"少学时、宽口径"的编写方式，适当插入专业英语词汇，提供部分线上线下课内外延伸资源，并增加了结构抗震试验、桥梁结构检测和公路路基路面现场试验简介等内容。本书不涉及较深入的原理解释和解析推导。

建议配合使用本书的教学活动环节包括：①以教材内容作为基础知识点全面掌握，利用编者提供的或者读者自行组织的各种资源扩展学习；②采用线上方式提供 PPT 和各类测试及作业活动；③灵活设计试验活动和指导书，涵盖验证性的仪器设备认识、综合性的静力弹性试验、结构动力特性试验、简单现场检测试验等类型，并避免与其他专业课程实验重复；④自主创新型试验，读者可结合土木工程科研、大学生科技训练计划、大学生结构设计竞赛等作为第二课堂计划完成；⑤动态关注相关标准及试验方法的更新。

本书由浙江理工大学傅军、泛城设计有限公司王贵美担任主编，参编人员有沈阳大学徐春一、周博，浙江理工大学潘云锋，浙江台州学院叶谦。编写分工如下：傅军负责第 1、2、3、9 章编写，数字资源及统稿工作，潘云锋负责第 7、8 章编写，叶谦负责第 4、5 章编写，徐春一负责第 6 章编写，周博、王贵美负责数字资源的制作和相关章工程案例的编写。浙江广厦建设职业技术大学陶明柱、张权、程小春参加了校对工作，浙江理工大学研究生徐煜佳完成了全书图文整理。

本书由浙江大学金伟良教授、同济大学卢文胜教授担任主审，浙江广厦建设职业技术大学杨云芳教授审阅了全稿并提出了宝贵的意见。在本书编写过程中，编者参考了国内同行的相关著作和试验资料，也参考了仪器设备生产厂家的资料和说明书，教材数字资源编写与开发工作获批于教育部协同育人项目（西安三好软件技术股份有限公司），在此对相关人员一并表示感谢。

本书的建议阅读主线：原理→设备仪器→设计内容→试验步骤→注意事项。由于编者水平有限，本书难免存在疏漏之处，恳请读者批评指正。

编　者

二维码清单

名　　称	图形	名　　称	图形
1-1 微机控制电液伺服压力试验机		2-7 数显倾角仪	
1-2 随堂小测		2-8 智能裂缝测宽仪	
2-1 反力架介绍		2-9 混凝土回弹仪	
2-2 液压千斤顶		2-10 高精度粘结钢筋拉拔仪	
2-3 万能试验机		2-11 钢筋锈蚀与位置检测仪	
2-4 手持式应变仪		2-12 浙江理工大学墙体抗渗性能检测设备现场检测	
2-5 振弦式表面应变计		2-13 随堂小测	
2-6 光纤光栅传感器		3-1 智能振弦频率测量仪	

（续）

名　称	图形	名　称	图形
3-2 应变片粘贴试验		7-3 超声法现场检测试验	
3-3 随堂小测		7-4 高强螺栓检测仪	
4-1 工字钢梁加载试验		7-5 手持式数字超声探伤仪	
4-2 随堂小测		7-6 涂层测厚仪	
5-1 随堂小测		7-7 混凝土桥梁 CT	
6-1 万能试验机试验		7-8 随堂小测	
6-2 疲劳试验机		8-1 随堂小测	
6-3 地震仪		9-1 浙江理工大学 17 届结构设计大赛作品	
6-4 随堂小测		9-2 浙江理工大学 19 届结构设计大赛作品	
7-1 回弹法检测混凝土强度		9-3 随堂小测	
7-2 混凝土强度拉拔仪			

主要符号

A——构件截面面积、振幅、桥臂系数

B——磁场强度

C_i——各物理量相似常数

E——弹性模量，感生电动势

F——惯性力

G——剪切模量

I——结构构件截面惯性矩

M——弯矩、扭矩

N——轴向力

P——集中荷载、离心力

R——电桥电阻、电阻应变片阻值、回弹值

T——温度、固有周期

U——电桥电压

V——剪力、体积

a——振动体加速度

b——构件截面宽度

d——直径、厚度

f——结构构件挠度、振动频率、钢材强度

f_c——混凝土抗压强度

g——重力加速度

h——结构构件截面高度

k——刚度

l——长度

m——质量

q——面荷载

r——半径

t——时间

u——频率比

w——线荷载

ω——频率、角速度

x——线位移

$\dot{x}$——速度

$\ddot{x}$——加速度

$x(t)$——脉动源输入激励，结构振动位移

$y(t)$——建筑物脉动输出响应，拾振传感器位移

y_j——静挠度

y_d——动挠度

ξ——阻尼比

φ——相位角

π——相似准数

σ——应力

ε——结构构件应变

ρ——密度

υ——泊松比

α——角度或系数

β——角度或系数

γ——剪应变

θ——角度或角位移

μ——结构延性系数

Δ——结构构件的变形和位移

目　录

绪　论 第1章

Introduction

内容提要

　　本章的目的是介绍课程的总体轮廓。主要内容包括建筑结构试验的重要性、任务、分类、发展及相关标准等的学习。教学重点：建筑结构试验的分类以及建筑结构试验的一般过程。

能力要求

　　掌握建筑结构试验的基本概念与内容。
　　掌握结构试验分类及理解。
　　熟悉结构检测的特点、要求及其重要性。
　　掌握学科发展和规范更新情况，了解国内外结构试验的应用和发展概况。

1.1　建筑结构试验与检测技术的重要性

　　建筑结构试验与检测技术是研究和发展结构计算理论的重要手段。从确定工程材料的力学性能到验证由各种材料构成的不同类型的承重结构或构件（梁、板、柱等）的基本性能计算方法，以及近年来发展较快的大量大跨、超高、复杂结构体系的计算理论，都离不开试验研究。特别是混凝土结构、钢结构、砖石结构和公路桥涵等设计规范所采用的计算理论大都是以试验研究的直接结果作为基础的。近年来，计算机技术的广泛应用，推动了结构计算方法的发展，采用数学模型方法编制计算软件，为结构进行计算分析创造了条件。但由于实际工程结构十分复杂，结构在整个生命周期中可能遇到各种风险，试验研究仍是必不可少的。例如，在建造阶段可能产生因设计和施工失误而留下的隐患，在使用阶段结构因受灾和结构老化会产生各种损伤积累，钢结构的疲劳和稳定等诸多问题。为寻求合理的设计方法，保证结构有足够的使用寿命和安全储备，目前主要通过结构试验研究才有可能获得解决。

　　在解决上述土木工程学科发展中所面临的"疑难杂症"同时，推动了试验检测技术的不断进步，促使结构试验由过去的单个构件试验向整体结构试验发展。目前，所采用的各种结构的拟静力试验、拟动力试验和振动台试验所应用的电液伺服液压技术等已打破了过去静载和动载试验的界限，能较准确地再现各种复杂荷载作用。多种测量参数的传感器技术的发展应用和测量数据的自动采集及分析处理技术，加快了试验测量技术的现代化。为了对地震和风荷载等产生的结构动力反应进行实测和实施结构控制，近年来新开发的各种数字化测量仪器及试验检测软件和系统识别技术，使结构动力分析和结构控制技术获得了突破性进展。

由此可见，试验检测技术的发展和多种现代科学技术的发展密切相关，尤其是许多学科的交叉发展和相互渗透所做出的贡献巨大。近几年国内外推出的光纤传感测量技术就是一个典型。大跨度桥梁和超高层建筑的健康监测技术的开发研究，综合运用了光纤传感技术、光纤微波通信、GPS 卫星跟踪监控等多项新技术，并已在我国香港青马大桥、润扬长江大桥、南京长江第二大桥、南京长江第三大桥、苏通长江公路大桥等重要工程上实施与应用，对这些工程的安全健康使用起到了重要作用。在非破损检测方面，结构雷达和红外线热成像仪等新技术的出现为结构损伤检测开辟了新的途径，这些发展无疑使试验检测技术产生了质的飞跃。这充分表明，试验检测技术是借助多种学科门类知识的综合运用而发展起来的，其本身已逐步形成一门真正的试验学科，今后将有更深入发展。同时，为了土木建筑技术能够得到健康的发展，需要制定一系列技术规范和技术标准，而土木工程界所用的各类技术规范和技术标准都离不开结构试验成果。试验检测技术的地位如图 1-1 所示。

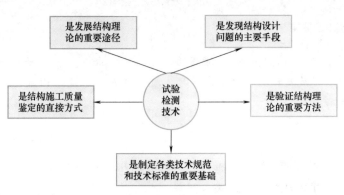

图 1-1　试验检测技术的地位

1.2　建筑结构试验的任务与目的

建筑结构试验（building structure test）是在结构物或试验对象上，以仪器设备为工具，利用各种试验技术，在荷载（load）或其他因素作用下，通过测试与结构工作性能有关的各种参数，以此达到从强度、刚度、抗裂性及破坏形态等方面来判断结构的实际工作性能，估算结构的承载能力，确定结构对使用要求的符合程度，检验和发展结构的计算理论等目的的试验。一般建筑结构试验流程如图 1-2 所示。

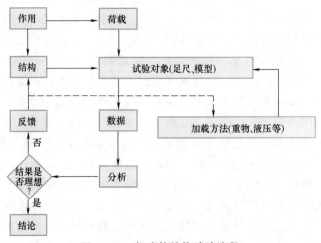

图 1-2　一般建筑结构试验流程

1.3 建筑结构试验的分类

结构试验可按试验目的、试验对象尺寸、试验荷载性质、试验时间长短、试验场所场地分类等因素进行分类（见表 1-1）。

表 1-1　建筑结构试验的分类

试验目的	生产鉴定性试验
	科学研究性试验
试验对象尺寸	原型试验
	模型试验
试验荷载性质	结构静力试验
	结构动力试验
	结构疲劳、拟动力、抗震振动台试验
试验时间长短	短期荷载试验
	长期荷载试验
试验场所场地分类	实验室结构试验
	现场结构检测

1.3.1 按试验目的分类

根据不同试验目的，结构试验可分为生产鉴定性试验和科学研究性试验。

1. 生产鉴定性试验（production appraisal test）

生产鉴定性试验以直接服务于生产为目的，以工程中实际结构构件为对象，通过试验或检测对结构做出技术结论，通常用来解决以下问题。

（1）验证重大建设工程所采用新的施工工艺试验和竣工验收试验　对于一些比较重要的结构与工程，除了在设计阶段进行大量必要的试验研究外，在实际结构建成后，还要求通过试验综合鉴定其质量的可靠程度（reliability）。如 2017 年建成的芜湖长江公路二桥引桥首次采用了全体外预应力节段预制拼装连续梁桥，为了对这种结构的受力性能，特别是其极限承载能力进行全面研究，开展了全体外预应力节段拼装连续梁桥足尺模型试验。

（2）对具有历史性、纪念性的古代建筑、近代建筑或其他公共建筑的使用寿命进行可靠性鉴定　为保护古建筑遗产，我国文物法中有规定，当以上这些结构出现不同程度老化损伤时，不能够随便拆除而只能进行加固（reinforce）和保护（protect），并要求保持原有历史面貌。通过对既有建筑物的观察、现场检测和分析计算，按可靠性鉴定规程评定结构所属的安全等级，由此来判断其可靠性，评估其剩余寿命。

（3）工程改建和加固，判断具体结构的实际承载能力　建筑物由于需要改变使用功能而进行扩建、加层或增加使用荷载时，仅靠理论计算往往不能得到准确结论，经常通过现场检测和荷载试验以确定这些结构的潜在承载能力（potential bearing capacity）。尤其在缺乏既有建筑物设计资料和设计图样时，更有必要进行实际荷载试验，通过测定结构实际承载力（actual bearing capacity）为工程扩建改造提供实测依据。

（4）处理受灾结构和工程事故，对事故鉴定及处理提供技术依据　一些由于地震、风灾、泥石流、水灾、火灾、爆炸和腐蚀等原因而产生严重损伤的结构，或在建造、使用过程中发现有严重缺陷（如设计或施工失误、使用了劣质材料、过度变形和裂缝等）的建筑物，往往需要通过对建筑物的现场检测，了解实际受损程度和实际缺陷情况，进行计算分析，判断其实际承载力并提出技术鉴定和处理意见。

（5）检验预制构件的产品质量　构件厂或现场生产的钢筋混凝土预制构件，在构件出厂或在现场安装之前，必须根据抽样试验的科学原则，按照预制构件质量检验评定标准和试验规程，进行一定数量的试件试验，以推断成批产品的质量。

2. 科学研究性试验（scientific research test）

科学研究性试验的目的是研究和探索，其任务是通过试验研究对各种结构寻求更合理的设计计算方法，或者为开发一种新结构、新材料和新工艺而进行系统性试验研究（systematic experimental study）。科学研究性试验的规模和试验方法，根据研究的目的和任务不同，有很大差别。

（1）更合理的计算方法为验证结构计算理论的各种假定　在结构设计中，为了计算的方便、精确，要对结构或构件的荷载作用计算图式和本构关系（constitutive relationship）做一些具有科学概念的简化和假定，然后根据实际结构荷载作用模式通过试验加以验证，寻求合理的计算方法用于实际工程的结构计算。

（2）为大型特种结构提供设计依据　在实际工程中，如核电站、仓储结构、地下洞室、海洋石油平台、网壳结构等特种结构，仅应用理论分析的方法往往达不到理想的结果，要通过模型结构试验的方法确定结构的计算模式，为实际工程提供设计依据。

（3）为了确认各种新结构、新材料、新工艺　如 2004 年南京长江三桥斜拉桥采用了钢结构索塔与塔底部混凝土结构结合部所设计的剪力键，为了验证其设计受力的可靠性，专门进行了缩尺剪力键模型试验研究。

1.3.2　按试验对象的尺寸分类

1. 原型试验（prototype test）

原型试验的对象是实际结构或按实物结构足尺复制的结构或构件，一般用于生产性试验。例如，秦山核电站安全壳加压整体性能的试验就是一种非破坏性的现场试验。对于工业厂房结构的刚度和变形试验、楼盖承载力试验等都是在实际结构上加载测量的。

2. 模型试验（model test）

由于受投资大、周期长、测量精度不高、环境因素干扰等的影响，进行原型结构试验在经济上或技术上会存在困难。通常人们在结构设计的方案阶段进行初步探索比较或对设计理论和计算方法进行探索研究时，较多地采用比原型结构小的模型进行试验。模型试验图例如图 1-3 所示。

缩尺模型试验是结构试验常见的形式之一。它只是将原型结构按几何比例缩小制成模型作为代表物进行试验，再将试验结果与理论计算对比校核（check），主要用以研究结构的性能，验证设计假定与计算方法的正确性。这类试验无须考虑相似比例对试验结果的影响。而相似模型试验须满足相似理论（similarity theory），具体内容参见模型试验章节。

a)   b)

图 1-3 **模型试验图例**

a）高层建筑模型抗震模拟试验   b）网架结构模型静载试验

1.3.3 按试验荷载的性质分类

1. 结构静力试验（static test of structure）

结构静载试验是建筑结构最常见的试验。静载一般是指试验过程中结构本身运动的加速度效应（惯性力效应）可以忽略不计。根据试验性质的不同，静载试验可分为单调静力荷载试验与低周反复荷载试验。

（1）单调静力荷载试验   在单调静力荷载试验中，试验加载过程从 0 开始，在几分钟到几小时的时间内，试验荷载单调增加到结构破坏或预定的状态目标。钢筋混凝土结构、砌体结构、钢结构的设计理论和方法就是通过这类试验建立起来的。

（2）低周反复荷载试验   低周反复荷载试验属于结构抗震试验方法中的一种。房屋结构在遭遇地震灾害时，强烈的地面运动使结构承受反复作用的惯性力。在低周反复荷载试验中，利用加载系统使结构受到逐渐增大、反复作用的荷载或发生交替变化的位移，直到结构破坏。在这种试验中，结构或构件的受力过程有结构在地震作用下受力过程的基本特点，但加载速度远低于实际结构在地震作用下所经历的变形速度。区别于单调静力荷载试验，这种试验又称为拟静力试验（pseudo static test）。

2. 结构动力试验（dynamic test of structure）

结构动力试验是研究结构在不同性质动力作用下结构动力特性（dynamic characteristics）和动力反应（dynamic effect）的试验，还包括风洞试验（wind tunnel test）。

（1）动力特性试验   结构动力特性是指结构物在振动过程中所表现出的固有性质，包括固有频率（natural frequency）（又称自振频率）、振型（mode of vibration）和阻尼系数（damping coefficient）。结构的抗震设计、抗风设计与结构动力特性参数密切相关。在结构分析中，采用振型分解法求得结构自振频率和振型的过程，称为模态分析（modal analysis）。用试验获得这些模态参数的方法称为试验模态分析方法。通常，采用自由振动法、人工激励法或环境随机激励法使结构产生振动，同时测量并记录结构的速度响应或加速度响应，再通过信号分析得到结构的动力特性参数。动力特性试验的对象以整体结构为主，可以在现场测试原型结构的动力特性，也可以在实验室对模型结构进行动力特性试验。

（2）动力反应试验 在实际工程中，经常需要对动荷载作用下结构产生的动力反应进行测定，包括测定结构在实际工作时的动力参数（振幅、频率、速度、加速度）、动应变、动位移等。与结构动力特性试验不同，结构动力特性试验测定的是结构自身的动力特性，而结构动力反应试验测试的是动荷载和结构相互作用下结构产生的响应。

（3）建筑风洞试验 工程结构风洞试验装置是一种能够产生和控制气流，用以模拟建筑或桥梁等结构物周围的空气流动，并可测量气流对结构的作用，观察有关物理现象的一种管状空气动力学试验设备。在多层房屋和工业厂房结构设计中，房屋的风载体形系数（shape coefficient of wind load）就是风洞试验的结果。

3. 结构疲劳、拟动力、抗震振动台试验（structural fatigue，pseudo-dynamic，seismic shaking table test）

除上述结构静力试验和结构动力试验之外，还包括结构疲劳试验、结构拟动力试验、抗震振动台试验。

（1）结构疲劳试验 当结构处于动态环境，其材料承受波动的应力或应变作用时，结构内的某一点或某一部分发生局部的、永久性的组织变化（损伤）的累积、递增过程称为疲劳。结构或构件的疲劳试验就是利用疲劳试验机使构件受到重复作用的荷载，从而确定重复作用荷载的大小、次数对结构强度的影响。疲劳试验的目的有鉴定构件性能、为科学研究提供依据等。

（2）结构拟动力试验 结构拟动力试验也是一种结构抗震试验方法。结构拟动力试验的目的是模拟结构在地震作用下的行为。在结构拟动力试验中，将试验过程中测量的力、位移等数据输入计算机中，计算机根据结构的当前状态信息和输入的地震波，控制加载系统使结构产生计算确定的位移，由此形成一个递推过程。这样，计算机和试验机联机试验，便可得到结构在地震作用下的时程响应曲线。拟动力试验为闭环控制，计算机联机试验原理如图1-4所示。

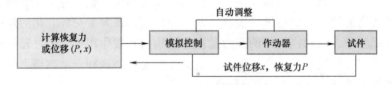

图 1-4 计算机联机试验原理

拟静力试验与拟动力试验的区别：拟静力试验是对试验构件按照逐级加载或进行动变形的形式缓慢地往复加载（如按照1mm位移反复加载三次，再按照2mm反复加载三次，之后3mm、4mm……以此类推），本质上是静力加载；拟动力试验也是对构件按照位移进行加载，只不过所使用的位移反应数据是通过计算机非线性动力分析出来的结果（拟静力试验中每级荷载和位移的确定不需要经过计算机非线性动力分析），本质上是失真的动力加载。

（3）抗震振动台试验 地震时强烈的地面运动使结构受到惯性力作用，结构因此发生倒塌破坏。地震模拟振动台则是结构抗震试验（earthquake resistant test）的关键设备之一，它能真实地模拟地震时的地面运动。地震模拟振动台试验常常成为必要的结构试验分析方法，近几年也有学者将地震模拟振动台试验与数值模拟结合，在振动台试验的基础上，对水平和垂直加速度响应进行了时域和频域分析，并与数值模拟结果进行比较，这也是对地震模拟振动台试验的一种补充。

1.3.4　按试验时间的长短分类

1. 短期荷载试验（short term loading test）

进行短期荷载试验时，限于试验条件、试验时间等其他各种因素，同时基于及时解决问题的需要，通常对实际承受长期荷载作用的结构构件，将荷载从 0 开始到最后结构破坏或某个阶段进行卸荷的时间总共只有几十分钟、几小时或者几天。当结构受地震、爆炸等特殊荷载作用时，整个试验加载过程只有几秒甚至是几微秒或几毫秒的时间。这种试验实际上是一种瞬态的冲击试验，属于动力试验的范畴。

2. 长期荷载试验（long term loading test）

长期荷载试验是指结构在长期荷载作用下研究结构强度、变形等随时间变化的规律的试验，如混凝土的徐变、预应力结构钢筋的松弛等都需要进行静力荷载作用下的长期试验。这种长期试验也可称为持久试验，它可能连续进行几个星期或几年时间，通过试验以获得结构的变形随时间变化的规律。为保证试验的精度，试验对环境要有严格控制，如保持恒温、恒湿、防止振动影响等。因此，长期荷载试验一般是在实验室内进行的。如果能在现场对实际工作中的结构构件进行系统、长期的观测，则对积累和获得数据资料、研究结构的实际工作性能、进一步完善和发展结构理论将具有更重要的意义。

1.3.5　按试验场所的场地分类

1. 实验室结构试验（laboratory structural test）

实验室结构试验由于具备良好的工作条件，可以应用精密和灵敏的仪器设备，具有较高的准确度，甚至可以人为地创造一个适宜的工作环境，主动减少或消除各种不利因素对试验的影响，所以适宜于进行研究性试验。其试验的对象可以是原型或模型，也可以是一直试验到破坏的结构。近年来大型结构实验室的建设，特别是应用计算机控制试验，为发展足尺结构的整体试验和实现结构试验的自动化提供了更有利的工作条件。

2. 现场结构检测（field structural test）

现场结构检测是指在生产或施工现场进行的实际结构的试验，主要用于生产性试验。试验对象通常是正在生产使用的既有结构或将要投入使用的新结构。虽然受精度的限制，但通过目前应用非破坏检测技术手段进行现场试验，仍然可以获得近乎实际工作状态下的数据资料。通常现场结构检测的特点有无损性（nondestructive）、便携性及可重复性。如俄罗斯 IN-TRON 公司生产的钢索检测仪，能非破损地检测钢索的金属截面积损失和局部缺陷，得出是否需要更换钢丝绳的结论。

 小贴士

1. 拟静力试验与拟动力试验有什么本质区别？
2. 模型与小模型（缩尺模型）有什么区别？

1.4　建筑结构试验的发展

现代科学技术的不断发展，为结构试验技术水平的提高创造了物质条件，高水平的结构试验技术水平又促进结构工程学科不断发展和创新。现代结构试验技术和相关的理论及方法在以下几个方面发展迅速。

1.4.1 先进大型装备（advanced large-scale equipment）

在现代制造技术的支持下，大型结构试验设备不断投入使用，使加载设备模拟结构实际受力条件（复杂多向，压力、水平推力、扭矩同时存在）的能力越来越强，大型风洞、大型离心机、大型火灾模拟结构试验系统等试验装备相继投入运行，使得研究人员和工程师能够通过结构试验更准确地掌握结构性能，改善结构防灾抗灾能力，发展结构设计理论。例如，电液伺服压力试验机的最大加载能力达到 50000kN，可以完成实际结构尺寸的高强度混凝土柱或钢柱的破坏性试验。

1-1 微机控制电液伺服压力试验机

1.4.2 基于网络的远程协同结构试验技术（network-based remote collaborative structure test technology）

20 世纪末，美国国家科学基金会投入巨资建设"远程地震模拟网络"，通过远程网络联系各个结构实验室，利用网络来传输试验数据和试验控制信息，网络上各站点（结构实验室）在统一协调下进行联机结构试验，共享设备资源和信息资源，实现所谓的"无墙实验室"。基于网络的远程协同结构试验集结构工程、地震工程、计算机科学、信息技术和网络技术于一体，充分体现了现代科学技术渗透、交叉、融合的特点。我国也在积极开展这一领域的研究工作。例如，我国一些 PC 大体积混凝土温度和应变长期检（监）测项目通过GPRS 网络，进行远程无线数据检（监）测，不仅可在现场实时检（监）测，还可通过人工智能云平台，以互联网形式，把信息远程传输到用户各自的办公室进行测控，此类创新技术解决了检（监）测人员一定要在试验现场的难题。

1.4.3 现代测试技术（modern testing technology）

现代测试技术的发展以新型高性能（精度高、灵敏度高、抗干扰能力强、测量范围大、体积小、性能可靠）传感器（sensor）、数据采集技术与无损检测技术为主要方向。如结合微电子技术的智能传感器，可以在上千米范围内以毫米级的精度确定混凝土结构裂缝位置的新型光纤传感器等（见图 1-5），其工作原理如图 1-6 所示。与此同时，测试仪器与计算机技术相结合后，数据采集在采样速度、精度及容量方面有较大提升。在无损检测方面，我国在增强检测技术的量变研究方面，在提高技术精准性的基础上，加强混凝土无损检测技术的数据分析，将无损检测技术与工程应用相结合。

1.4.4 计算机仿真结合结构试验（computer simulation combined with structural test）

计算机已成为结构试验必不可少的一部分。无论是安装在传感器中的微处理器、数字信

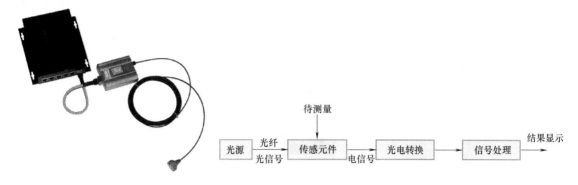

图 1-5 新型光纤传感器　　　　　　　　　图 1-6 光电传感器工作原理

号处理器（DSP），还是数据存储和输出、数字信号分析和处理、试验数据的转换和表达等，都与计算机密切相关。

特别值得一提的是大型试验设备的计算机控制技术和结构性能的计算机仿真技术。多功能高精度大型试验设备（以电液伺服系统为代表）的控制系统于 20 世纪末告别了传统的模拟控制技术，普遍采用计算机控制技术，使试验设备能够快速完成复杂的试验任务。以大型有限元分析软件为标志的结构分析技术也极大地促进了结构试验的发展，在结构试验前，通过计算分析、预测结构性能，制订试验方案；完成结构试验后，通过计算机仿真，结合试验数据，对结构性能做出完整的描述。在结构抗震、抗风、抗火等研究方向和工程领域，计算机仿真技术和结构试验的结合越来越紧密。

1.4.5　虚拟仿真教学试验（virtual simulation teaching experiment）

虚拟仿真是计算机科学技术在实验室建设和发展中的重要应用，结合土木类专业实践性强、工程能力培养要求高的专业特点，土木工程虚拟仿真实践教学完善了实践教学体系，丰富了实践教学资源，为课程设计、毕业设计等提供平台支持。

虚拟仿真试验教学平台主要功能包括：①利用平台实现虚拟试验仪器开展试验和搭建典型的试验项目；②利用平台实现数字化工程设计和虚拟施工、调试及运行；③利用平台的网络化协同支持教学；④基于网络的宣传、交流和实验展示功能。

虚拟仿真试验教学平台的优势：①摆脱土木工程试验在教学发展中受到种种因素的限制，如设备复杂、试验环境恶劣、试验费用高、建设周期长等问题；②可避免破坏性大、危险性高的试验带来的风险，且降低操作时土木工程试验技术要求高的门槛；③可减小试验室开放与资源共享的难度。

🔍 **小贴士**

如何多渠道了解前沿的试验技术情况？

1.5　建筑结构试验技术相关标准和规程

近年来，随着技术法规的不断完善，在对结构进行试验时，试验方法必须遵守相应的规则。我国先后颁布了有关规范和规程，并不断更新。具体参见国家标准化网站（www.chinabiulding.com.cn）、国家标准行业标准信息服务网（www.zbgb.org）、中国知网国家标准全文数据库（www.kns.cnki.net）、标准下载网（www.bzxz.net）、中国标准服务网（www.cssn.net.cn）等。

1-2　随堂小测

本 章 小 结

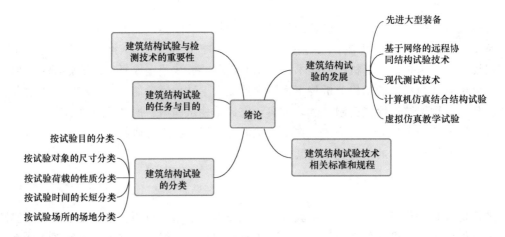

复 习 思 考 题

1-1　简述结构试验的意义与工作流程。

1-2　结构试验的任务是什么？

1-3　建筑结构试验分为哪几类？各自的适用范围是什么？请举例。

1-4　科学研究性试验和生产鉴定性试验的区别是什么？

1-5　通过查找资料来了解建筑结构试验技术的发展，并举例。

参 考 文 献

[1]　张望喜. 结构试验 [M]. 武汉：武汉大学出版社，2016.

[2]　王天稳，李杉. 土木工程结构试验 [M]. 2版. 武汉：武汉大学出版社，2018.

[3]　熊仲明，王社良. 土木工程结构试验 [M]. 2版. 北京：中国建筑工业出版社，2015.

[4]　周明华. 土木工程结构试验与检测 [M]. 3版. 南京：东南大学出版社，2013.

[5]　卜良桃，黎红兵，刘尚凯. 建筑结构鉴定 [M]. 北京：中国建筑工业出版社，2017.

[6]　刘洪滨，幸坤涛. 建筑结构检测、鉴定与加固 [M]. 北京：冶金工业出版社，2018.

［7］ 李国强，陈以一，何敏娟，等. 一级注册结构工程师基础考试复习教程［M］. 13 版. 北京：中国建筑工业出版社，2017.

网 络 资 源

［1］ 赵鹏飞，郝成新，焦俭，等. 浙江省黄龙体育中心主体育场挑篷结构模型试验研究［J］. 建筑结构学报，1999（05）：16-23.

［2］ LIN Y L，CHENG X M，YANG G L. Shaking table test and numerical simulation on a combined retaining structure response to earthquake loading［J］. Soil dynamics and earthquake engineering，2018，108（5）：29-45.

［3］ 卫龙武，沈绍增. 东南大学春晖堂改造加固［J］. 江苏建筑，1995（03）：27-28.

［4］ 王瑞，翟厚勤，王禹达. 结构拟动力试验技术的试验研究［J］. 江苏建筑，2001（04）：18-22.

［5］ 石雪飞，刘志权，胡可，等. 全体外预应力节段预制拼装连续梁桥承载能力足尺模型试验［J］. 中国公路学报，2018，31（12）：163-173.

［6］ 李瑞祥. 开滦煤矿的恢复和发展［J］. 煤矿设计，1986（07）：2-18.

［7］ 李正农，郝艳峰，刘申会. 不同风场下高层建筑风效应的风洞试验研究［J］. 湖南大学学报（自然科学版），2013，40（07）：9-15.

［8］ 周宏宇，王利辉，刘亚南. 电液伺服脉动疲劳试验加载系统［C］//第六届土木工程结构试验与检测技术暨结构实验教学研讨会论文集.

［9］ 李炳生，洪伟，陈爱忠. 现代结构试验的创新与应用技术［C］//第六届土木工程结构试验与检测技术暨结构实验教学研讨会论文集.

［10］ 李炎锋，杜修力，纪金豹，等. 土木类专业建设虚拟仿真实验教学中心的探索与实践［J］. 中国大学教学，2014（09）：82-85.

［11］ 万方数据知识服务平台（http：//www.wanfangdata.com.cn/index.html）.

［12］ 国际标准化组织 ISO（https：//www.iso.org/home.html）.

［13］ 美国国家标准化组织 ANSI（https：//www.ansi.org/）.

［14］ 美国材料试验协会 ASTM（https：//www.astm.org/）.

建筑结构试验与检测设备仪器 | 第 2 章

Build Structure Test and Testing Equipment

内容提要

　　本章主要介绍结构试验加载和测量的设备仪器，同时也介绍了各仪器的工作原理及基本操作方法。仪器和设备的介绍可以在虚拟实验室进行，以达到直观的效果。

能力要求

　　了解建筑结构试验与检测技术常用的设备仪器。

　　掌握各设备仪器的工作原理。

　　熟悉各设备仪器的操作方法、特点和优缺点。

　　掌握各设备仪器适用范围、注意事项。

2.1　概述

　　建筑结构试验是模拟结构在实际受力工作状态下的结构反应，必须对试验对象施加荷载。荷载试验是结构试验的基本方法。

　　在确定试验荷载时，应该根据实验室的设备条件和现场所具备的试验条件的具体情况进行。正确的荷载设计和选择合适的加载设备，是保证整个试验顺利进行的关键之一。

　　在结构试验中，试件作为一个系统，所受到的作用（如力、位移、温度等）是系统的输入数据，试件的反应（如位移、速度、加速度、应力、应变、裂缝等）是系统的输出数据，通过对这些数据的测量、记录和处理分析，可以得到试件系统的特性。数据采集就是用各种方法，对这些数据进行测量和记录。

　　由此可见，结构试验测试的内容不外乎结构的外力作用和在作用下的反应两个方面，而要获得这些可靠的数据，必须通过选择正确的测量仪器和测量方法来实现。

　　无论测量仪器的种类有多少，其基本性能指标主要包括以下几个方面。

　　(1) 刻度值（最小分度值）　仪器指示装置的每一刻度所代表的被测量值，通常也表示该设备所能显示的最小测量值（最小分度值）。在整个测量范围内刻度值可能为常数，也可能不是常数。如千分表的最小分度值为 0.001mm，百分表则为 0.01mm。

（2）量程　仪器的最大测量范围即量程，在动态测试（如房屋或桥梁的自振周期）中又称作动态范围。如千分表的量程是 1.0mm，某静态电阻应变仪的最大测量范围是 $50000\mu\varepsilon$ 等。

（3）灵敏度　被测物理量单位值的变化引起仪器读数值的改变量称为灵敏度，也可用仪器的输出与输入量的比值来表示，数值上它与精度互为倒数。如电测位移计的灵敏度是输出电压与输入位移的比值。

（4）测量精度　表示测量结果与真值符合程度的量称为精度或准确度，它能够反映仪器所具有的可读数能力或最小分辨率。从误差观点来看，精度反映了测量结果中的各类误差，包括系统误差与偶然误差，因此，可以用绝对误差和相对误差来表示测量精度。在结构试验中，更多用相对于满量程的百分数来表示测量精度。很多仪器的测量精度与最小分度值数值相同。如千分表的测量精度与最小分度值均为 0.001mm。

（5）滞后量　当输入由小增大或由大减小时，对于同一个输入量将得到大小不同的输出量。在量程范围内，这种差别的最大值称为滞后量，滞后量越小越好。

（6）信噪比　仪器测得的信号中信号与噪声的比值称为信噪比，以杜比（dB）值来表示。这个比值越大，测量效果越好，信噪比对结构的动力特性测试影响很大。

（7）稳定性　指仪器受环境条件干扰影响后其指示值的稳定程度。

2.2　加载方法及设备

在静力试验中，有利用加载框架承受结构试验加载时的反力来实施对试样加载的方法，有利用重物直接加载或通过杠杆作用间接加载重力的加载方法，有利用液压加载器和液压试验机的液压加载方法，有利用绞车、差动滑轮组、弹簧和螺旋千斤顶等机械设备的机械加载方法，以及利用压缩空气或真空作用的特殊方法等。

在动力试验中可以利用惯性力（inertia force）或电磁系统激振（excitation of electromagnetic system）进行加载，其中，由自动控制、液压装置与计算机相结合而组成的电液伺服加载系统和由此作为振源的地震模拟振动台加载设备较为先进。

最简单的结构试验系统的框架采用自反力结构，没有反力地基的实验室也可以采用，结构简单，操作方便，购置成本低（见图 2-1）。液压千斤顶可以配手动液压泵或电动液压泵为动力源，再配上简单的数据采集系统和计算机就构成了简易的结构教学试验系统，配以简单的附件，就可以完成梁、板、桁架等结构的弯曲、剪切等典型结构试验教学。其缺点是功能单一、加载空间无法调节，且无法进行一些复杂多变的试验。

2.2.1　重力加载法（gravity loading method）

重力加载法就是利用物体本身的质量将物体放置在试验结构上作为荷载的加载方式。在实验室内可以利用的重物有专门浇铸的标准铸铁砝码、混凝土立方试块、水箱等；在现场则可就地取材，经常是采用普通的砂、石、砖等建筑材料等。重物可以直接加在试验结构或构件上，也可以通过杠杆间接加在结构或构件上。

1. 加载作用方式

重物荷载可直接堆放于结构表面形成均布荷载或置于荷载盘上通过吊杆挂于结构上形成

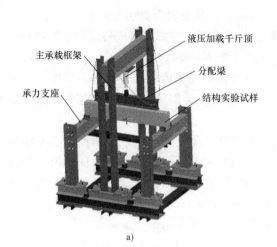

图 2-1　简单的结构试验系统框架

a）结构图　b）实物图

2-1　反力架介绍

集中荷载（见图 2-2）。后者多用于现场屋架试验，此时吊杆与荷载盘的自重应计入第一级荷载。对于利用吊杆荷载盘作为集中荷载时，每个荷载盘必须分开或通过静定的分配梁体系作用于试验的对象上，使结构受荷载传力路线明确。这类加载方法的优点是试验荷载可就地取材，可重复使用，针对试验结构或试件的变形而言，可保持恒载，可分级加载，容易控制。其缺点是加载过程中需要花费较大的劳动力，占较大的空间，安全性差，试验组织难度大。

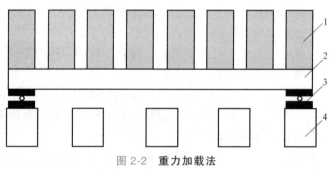

图 2-2　重力加载法

1—重物　2—试样　3—支座　4—支墩

2. 不同材料的特点

加载时应考虑各类材料性质，材料性质不同，加载方式也不同。各类材料特点见表 2-1。

表 2-1　各类材料特点

散状材料	若将材料直接堆放于试验结构表面，将会造成荷载材料本身起拱而对结构产生卸荷作用。最好将颗粒状材料置于一定容量的容器之中，然后叠加于结构之上
块体材料	材料应叠放整齐，每堆重物的宽度不大于 $5/L$（L 试验结构的跨度），堆与堆之间应有一定间隔（约 $5\sim8\text{cm}$）。如果利用铁块钢锭加载时，每块质量不宜大于 20kg
吸湿材料	材料的质量常随大气湿度而发生变化，故荷载值不易恒定，容易使试验的荷载值产生误差，应用时应加以注意
液体材料	液体可以盛在水桶内，用吊杆作用于试验结构上来作为集中荷载，也可以采用特殊的装置作为均布荷载直接施加于结构表面（见图 2-3）。它不仅符合结构物的实际使用条件，还能检验结构的抗裂、抗渗情况

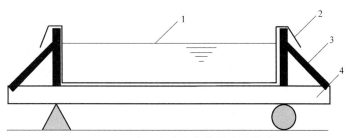

图 2-3　用水作为均布荷载的试验装置

1—水　2—防水布　3—斜撑　4—试件

2.2.2　机械力加载法（mechanical loading method）

　　机械力加载常用的机具有吊链、卷扬机、绞车、花篮螺钉、螺旋千斤顶及弹簧等。吊链、卷扬机、绞车和花篮螺钉等主要是配合钢丝或绳索对结构施加拉力，还可与滑轮组联合使用，改变作用力的方向和拉力大小。拉力的大小通常用拉力测力计测定，按测力计的量程有两种装置方式。当测力计量程大于最大加载值时，用图 2-4a 所示串联方式，直接测量绳索拉力。如测力计量程较小，则需要用图 2-4b 所示的装置方式，此时作用在结构上的实际拉力可以通过换算确定。

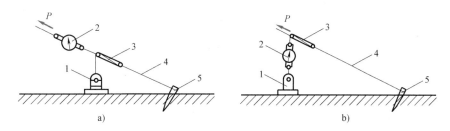

图 2-4　拉力测力计布置

a）大量程　b）小量程

1—绞车或卷扬机　2—拉力测力计　3—滑轮组　4—钢索　5—桩头

　　螺旋千斤顶是利用齿轮及螺杆式蜗杆机构传力的原理，当摇动千斤顶手柄时，蜗杆就带动螺旋杆顶升，对结构施加顶推力，加载值的大小可用测力计测定。

　　使用弹簧加载时，弹簧变形值与压力的关系要预先测定，在试验时只要知道弹簧最终变形值，即可求出对试件施加的压力值。用弹簧作为持久荷载时，应预先估计当结构徐变使弹簧压力变小时，其变化值是否在弹簧变形的允许范围内。

　　在野外试验时，使用倒链手拉葫芦进行加载，简捷方便，能够改变荷载方向，空间布置相对比较灵活。

　　机械加载的优点是设备简单，容易实现，当通过锁具加载时很容易改变荷载作用的方法，故在建筑物、柔性构筑物（桅杆、塔架等）的实测或大尺寸模型试验中，常用此法施加水平集中荷载。其缺点是荷载值不大，当结构在荷载作用点产生变形时，会引起荷载值的改变。

小贴士

螺旋千斤顶与液压千斤顶的区别是什么？

弹簧加载法常用于构件的持久荷载试验。弹簧施加荷载的工作原理和机械螺栓弹簧垫的工作原理相同（见图2-5）。当荷载值较小时，可直接拧紧螺母以压缩弹簧；当荷载值很大时，需用液压千斤顶压缩弹簧后再拧紧螺母。

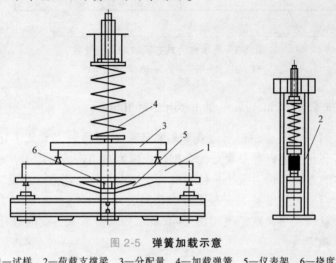

图 2-5 **弹簧加载示意**

1—试样 2—荷载支撑梁 3—分配量 4—加载弹簧 5—仪表架 6—挠度

2.2.3 电磁加载法（electromagnetic loading method）

在磁场中通电的导体要受到与磁场方向相垂直的作用力，电磁加载根据该原理，在强磁场（永久磁铁或直流励磁线圈）中放入动圈，通入交流电，使固定于动圈上的顶杆等部件做反复运动，对试验对象施加荷载。若在动圈上通以一定方向的直流电（direct current），则可产生静荷载。目前常见的电磁加载设备有电磁激振器和电磁振动台。

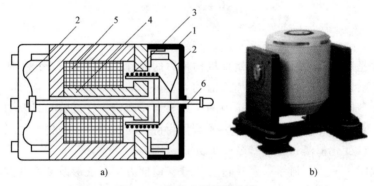

a) b)

图 2-6 **电磁式激振器构造**

a）构造示意图 b）实物图

1—外壳 2—支撑弹簧 3—动圈 4—铁芯 5—励磁线圈 6—顶杆

1. 电磁激振器

电磁激振器由磁系统（铁芯、磁极板）、动圈（工作线圈）、弹簧、顶杆等部件组成。

其构造示意图与实物图如图 2-6 所示，动圈固定在顶杆上，置于铁芯与磁极板的空隙中，顶杆由弹簧支撑并与壳体相连。弹簧除支撑杆顶杆外，工作时还能使顶杆产生一个稍大于电动力的顶压力，使激振时避免产生顶杆撞击试件的情况。

电磁激振器的特点是与被激对象不接触，因此没有附加质量和刚度的影响，其频率上限约为 1000Hz，推力可达几 kN。

2. 电磁振动台

电磁振动台工作原理基本与电磁激振器一样，其构造实际上是利用电磁激振器来推动一个活动的台面。电磁式振动台由信号发生器、振动自动控制仪、功率放大器、电磁激振器和台面组成，如图 2-7 所示。

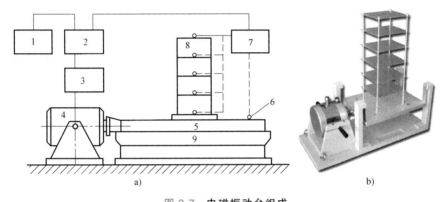

图 2-7　**电磁振动台组成**

a) 原理示意图　b) 实物图

1—信号发生器　2—振动自动控制仪　3—功率放大器　4—电磁激振器　5—振动台
6—测振传感器　7—振动测量记录器　8—试样　9—台座

改变驱动线圈中电流的强度及频率，即可改变振动台的振动幅值及频率，台面的振动量可由安置在台面上的传感器进行监测。驱动线圈和励磁线圈工作时温度都会升高，为此振动台上设有相应的冷却装置（cooling system）。激振器较小的一般用空气冷却，激振器大的则用空心导线绕组，孔中通以蒸馏水循环冷却。

电磁式振动台使用频率范围较宽，台面振动波形较好，一般失真度在 5% 以下，操作使用方便，容易实现自动控制。但用电磁振动推动水平台在进行结构模型试验时，由于激振力不足会导致台面尺寸和模型质量受到限制。

2.2.4　液压加载法（hydraulic loading method）

液压加载法是目前结构试验中应用比较普遍和理想的一种加载方法。它的最大优点是利用液压使液压加载器产生较大的荷载，试验操作安全方便，特别是对于大型结构构件，当试验要求荷载点数多、吨位大时更为合适。尤其是电液伺服系统在试验加载设备中得到广泛应用后，为结构动力试验模拟地震荷载、海浪波等不同特性的动力荷载创造了有利条件，使动力加载技术发展到了新高度。

液压加载系统由油管连接油箱、油泵、阀门、液压加载器等部件，配以测力计和支撑机构组成。使用液压加载系统在试验台座上或现场进行试验时还要配置各种支撑系统，来承受液压加载器对结构加载时产生的平衡力系。

1. 液压加载器

小型液压加载器俗称液压千斤顶（lifting jack），是液压加载设备中的主要部件。其主要工作原理是用高压油泵将具有一定压力的液压油压入液压加载器的工作油缸，使之推动活塞，对结构施加荷载。荷载值可以通过油压表示值和加载器活塞受压面积求得，也可由液压加载器与荷载承力架之间所置的测力计直接测读，或用传感器将信号输给电子秤显示，也可由记录器直接记录。

在静力试验中常用普通工业用的手动液压加载器（液压千斤顶），其构造如图2-8所示。使用时先拧紧放油阀，掀动手动油泵的手柄，使储油缸中的油通过单向阀压入工作油缸，推动活塞上升。这种加载器的活塞最大行程约为20cm，一般能产生$40N/mm^2$或更大的液体压力。

为了配合结构试验同步液压加载的需要，专门设计的单向液压加载器的构造如图2-9所示。它的特点是储油缸、油泵、阀门等不附在加载器上，构造简单，只有活塞和工作油缸。其活塞行程较大，顶端装有球铰，在15°范围内可转动。整个加载器还可以倒转使用，适应同步加载需要。

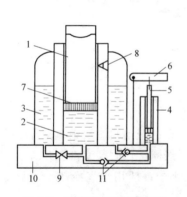

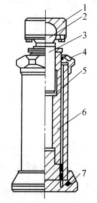

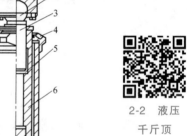

2-2 液压
千斤顶

图2-8 **手动液压加载器构造**
1—工作活塞 2—工作油缸 3—储油缸 4—油泵油缸
5—油泵活塞 6—手柄 7—油封 8—安全阀
9—泄油阀 10—底座 11—单向阀

图2-9 **单向液压加载器构造**
1—顶帽 2—球铰 3—活塞丝杆
4—活塞复位油管接头 5—活塞
6—油缸 7—工作压力油管接头

利用液压加载试验系统可以做各类建筑结构的静载试验，如屋架、梁、柱、板、墙体等，尤其对大吨位、大挠度、大跨度的结构更为适用，它不受加载点数的多少、加载点的距离和高度限制，并能适应均布和非均布、对称和非对称加载的需要。

为了满足结构抗震试验施加低周反复荷载的需求，可以采用双向作用液压千斤顶，如图2-10所示。其特点是在油缸的两端各有一个进油孔，设置油管接头，可以通过油泵与换向油阀交替进行供油，由活塞对结构产生拉、压双向作用，施加反复荷载。

2. 大型结构试验机

大型结构试验机是实验室内进行大型结构试验的专门设备，是一个比较完善的液压加载系统。比较典型的试验机有结构长柱试验机如图2-11所示。

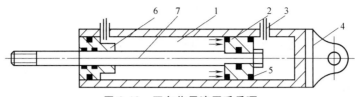

图 2-10　**双向作用液压千斤顶**

1—工作油缸　2—活塞　3—油管接头　4—固定环　5—油封　6—端盖　7—活塞杆

结构试验机主要进行柱、墙板、砌体、节点与梁的受压与受弯试验。这种设备的构造原理与一般材料试验机相同，但吨位要比材料试验机大。目前国内普遍使用的长柱试验机的最大吨位达 10000kN，最大高度可超 10m。此外，配以专门的数据采集和数据处理设备，试验机的操控和数据处理能同时进行，其智能化程度较高，极大提高了试验效率。

3. 电液伺服液压系统（electro-hydraulic servo hydraulic system）

电液伺服液压系统是目前结构试验研究中一种比较理想的试验设备，特别适合进行抗震结构的静力或动力试验，它可以较为精确地模拟试件所受的实际外力，产生真实的试验状态。多用于模拟并产生各种振动荷载，特别是地震、海浪等对结构物的影响。

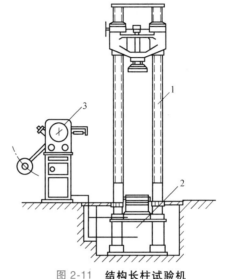

2-3　万能试验机

图 2-11　**结构长柱试验机**
1—试验机架　2—液压加载器　3—液压操纵台

电液伺服液压系统采用闭环控制，其主要组成有电液伺服加载器、控制系统和液压源三大部分，它能将荷载、应变、位移等物理量直接作为控制参数，实行自动控制（见图 2-12）。

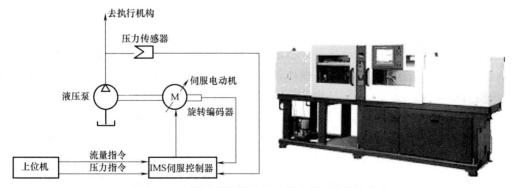

图 2-12　**电液伺服液压系统的基本闭环回路及实物**

电液伺服阀是电液伺服加载系统中的心脏部分，它安装在液压加载器上，指令发生器发出的所需荷载大小的信号经放大后输入伺服阀，转换成大功率的液压信号，将来自液压源的液压油输入加载器，将加载器按输入信号的规律产生振动对结构施加荷载。同时，将测量的位移等信号通过伺服控制器进行反馈控制，以提高整个系统的灵敏度。

目前电液伺服液压试验系统大多数与计算机配合使用。这样整个系统可以进行程序控制，扩大系统功能，如输出各种波形信号，进行数据采集和数据处理，控制试验的各种参数和进行试验情况的快速判断。

2.2.5　气压加载法（air pressure loading method）

试验中也可以利用气体压力对结构加载，气压加载产生的是均布荷载（uniform load），尤其适合于平板或壳体试验。其优点是加载卸载方便、压力稳定，缺点是无法观测结构受载面。气压加载分为正压加载和负压加载两种。

图 2-13a 所示为正压加载。正压加载是利用压缩空气的压力对结构施加荷载。正压加载对施加均布荷载特别有利，直接通过压力表就可反映加载值，加卸荷载方便，并可产生较大的负载，可达 500kN/m^2，一般多用于模型结构试验。

图 2-13b 所示为负压加载。负压加载是利用真空泵将试验结构物下面密封室内的空气抽出，使之形成真空大气压差加载，如图 2-14 所示，结构的外表面受到的大气压，就成为施加在结构上的均布荷载，由真空度可得出加载值。负压加载适用于壳体结构试验，其缺点是安装测量仪受到限制，不便于观测裂缝。

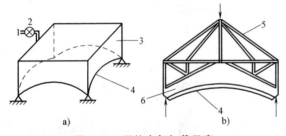

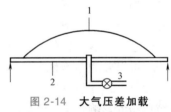

图 2-13　**压缩空气加载示意**　　　　　　图 2-14　**大气压差加载**
a）正压加载　b）负压加载　　　　　　1—试验结构　2—支撑装置　3—真空泵
1—压缩空气　2—阀门　3—容器　4—试件　5—支撑装置　6—气囊

2.2.6　惯性力加载法（inertial force loading method）

动力试验中，可以利用物体质量在运动时产生的惯性力对结构施加动力荷载。常用方法有初位移加载法和初速度加载法等。惯性力加载的特点是荷载作用时间极短，在荷载作用下结构产生自由振动，适用于进行结构动力特性的试验。

1. 初位移加载法

初位移加载法也称为张拉突卸法。如图 2-15a 所示，在结构上拉一钢丝绳，使结构变形而人为产生一个初始强迫位移，然后突然释放钢丝绳，使结构在静力平衡位置附近做自由振动。对于小模型则可采用图 2-15b 所示的方法，使悬挂的重物通过钢丝对模型施加水平拉力，剪断钢丝造成突然卸载。这种方法的优点是结构自振时荷载已不存在，对结构没有附加质量的影响，但仅适用于刚度不大的结构。为防止结构产生过大的变形，加载的数量必须正确控制，经常是按所需的最大振幅计算求得。注意事项：加载时应防止由于加载作用点的偏差而使结构在另一平面内同时振动产生干扰。

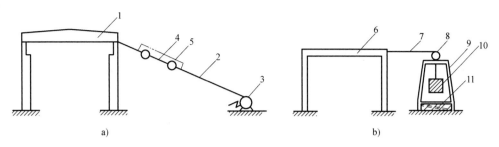

图 2-15　用初位移加载法对结构施加冲击力荷载

a）绞车张拉　b）吊重张拉

1—结构物　2—钢丝绳　3—绞车　4—钢拉杆　5—保护索　6—模型　7—钢丝

8—滑轮　9—支架　10—重物　11—减振垫层

2. 初速度加载法

利用摆锤或者落重的方法使结构瞬时受到水平或垂直的冲击，产生一个初速度，同时使结构受到所需的冲击荷载。这时应控制作用力的总持续时间，使之小于结构有效振型的自振周期（natural vibration period），这样引起的振动才是整个初速度的函数，而不是力大小的函数。

用图 2-16a 所示的摆锤进行激振时，如果摆锤和建筑物有相同的自振周期，摆锤的运动就会引起建筑物共振（resonance），产生自振。使用图 2-16b 所示的方法时，荷载将附着于结构一起振动，并且落重的跳动又会影响结构自振阻尼振动，还有可能使结构受到局部损伤（local injury）。这时冲击力的大小要按结构承载力计算，不致使结构产生过大的应力和变形。

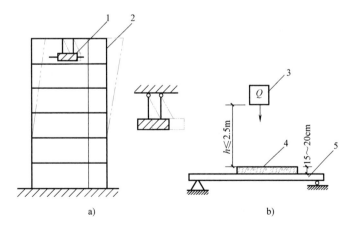

图 2-16　初速度加载法

a）摆锤激振　b）落重激振

1—摆锤　2—结构　3—落重　4—砂垫层　5—试样

2.2.7　离心力加载法（centrifugal force loading method）

离心力加载是根据旋转质量产生的离心力对结构施加简谐振动荷载。利用离心力加载的机械式激振器的原理如图 2-17 所示，使一对偏心块按相反方向运转，由离心力产生一定方向的激振力。其特点是运动具有周期性（periodicity），作用力的大小和频率按一定规律变化，使结构产生强迫振动。离心力加载一般采用机械式激振器。激振器由机械和电控两部分组成。机械部分主要是由两个或多个偏心质量组成，一般的机械式激振器工作频率范围较窄，在 50~60Hz 以下，由于激振力与转速的平方成正比，所以当工作频率很低时，激振力较小。电气控制部分采用单相可控硅，速度电流双闭环电路系统，对直流电动机实行无级调速控制。

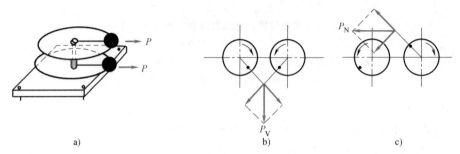

图 2-17　机械式激振器的原理

a）离心合力向右　b）离心合力向下　c）离心合力向左

使用时将激振器底座固定在被测结构物上，由底座把激振力传递给结构，使结构受到简谐变化激振力作用。一般要求底座有足够的刚度，以保证激振力的传递效率。激振器产生的激振力等于各旋转质量离心力的合力。改变质量或调整带动偏心质量运转电动机的转速，即可调整激振力的大小。通过改变偏心块旋转半径，也可以改变离心力大小。

2.2.8　反冲激振法（recoil excitation method）

反冲激振器也称火箭激振。它适用于对结构实物进行现场试验，经常用于高耸构筑物激振小冲量反冲激振器也可用于室内试验。

如图 2-18 所示为反冲激振器的结构示意图。激振器的壳体由合金钢制成。反冲激振器的基本工作原理：当点火装置内的火药被点燃后，很快使主装火药到达燃烧温度；主装火药开始在燃烧室中进行平稳燃烧，产生的高温高压气体便从喷管口以极高的速度喷出，则按动量守恒定律便可得到反冲力。

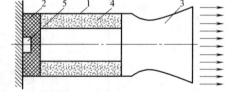

图 2-18　反冲激振器结构示意

1—燃烧室壳体　2—底座　3—喷嘴
4—主装火药　5—点火装置

2.2.9　疲劳试验机加载法（fatigue testing machine method）

疲劳试验机主要是用来对结构做正弦波形荷载的疲劳试验。当脉动量调至零时也可用来对结构做静载试验或长期荷载试验等。

结构疲劳试验机主要由控制系统、脉动发生系统和脉动液压千斤顶组成。由控制系统将高压油泵打开，使高压油泵打出的高压油充满脉动器、液压千斤顶和油压表。当旋转的飞轮带动曲柄动作时，就使脉动器活塞上下运动而产生脉动油压并传给液压千斤顶，将正弦波形的脉动荷载作用于结构，即对结构做疲劳试验。

2.2.10　环境振动加载法（environmental vibration loading method）

动力试验的加载方法中，一般都需要比较复杂的设备，在实验室内容易满足，但在现场试验时由于条件的限制，倾向选择更简单的加载方法，既不需要复杂的设备，又能满足加载试验的需要。常用的环境振动加载法是脉动法。

在日常生活中，由于地面不规则运动的干扰，建（构）筑物的微弱振动是经常存在的，这种微小振动称为脉动。一般房屋的脉动振幅在 10um 以下，但烟囱可以达到 10mm。建（构）筑物的脉动有一个重要性质，即明显地反映出建（构）筑物的固有频率和自振特性。若将建（构）筑物的脉动过程记录下来，经过一定的分析便可确定出结构的动力特性。

测量脉动信号要使用低噪声、高灵敏的拾振器和放大器，并配有记录仪器和信号分析仪。用这种方法进行实测，不需要专门的激振设备，而且不受结构形式和大小的限制。脉动法在结构微幅振动条件下所得到的固有频率比用共振法所得要偏大一些。

2.3　应变测量设备

应变测量是结构试验中的基本测量内容，主要包括钢筋局部的微应变和混凝土表面的变形测量。因为目前还没有较好的方法直接测定构件截面的应力，所以结构或构件的内力、支座反力等参数实际上也是先测量应变，再通过计算转化为应力，或由已知的关系曲线查得应力。应变测量在结构试验测量内容中具有非常重要的地位，往往是其他物理测量的基础。

2.3.1　电阻应变片（resistance strain gauge）

在结构试验中，电阻应变片是专门用来测量试件应变的特殊电阻丝，实物如图 2-19 所示。

图 2-19　电阻应变片实物

另外，可以用电阻应变片作为转换元件，组成电阻应变式传感器。金属电阻应变片的工作原理简述如下。

附在基体材料上应变电阻随机械形变而产生阻值变化的现象，俗称电阻应变效应（resistance strain effect）。金属导体的电阻值 R 为

$$R = \rho \frac{l}{S} \tag{2-1}$$

式中　ρ——金属导体的电阻率（$\Omega cm^2/m$）；

　　　S——导体的截面积（cm^2）；

　　　l——导体的长度（m）。

当金属丝受力而变形时，其长度、截面面积和电阻率都将发生变化（见图 2-20），其电阻变化规律可由对式（2-1）两边取对数，然后微分得到，即

$$\frac{\mathrm{d}R}{R} = \frac{\mathrm{d}\rho}{\rho} + \frac{\mathrm{d}l}{l} - \frac{\mathrm{d}S}{S} \tag{2-2}$$

式中 $\frac{\mathrm{d}\rho}{\rho}$、$\frac{\mathrm{d}l}{l}$、$\frac{\mathrm{d}S}{S}$ ——电阻率、金属丝长度、截面面积的相对变化。

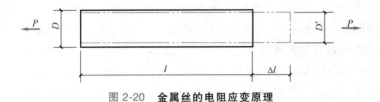

图 2-20 金属丝的电阻应变原理

$\frac{\mathrm{d}l}{l}$ 即应变 ε，根据材料的变形特点，可得 $\frac{\mathrm{d}S}{S} = \frac{\mathrm{d}\pi r^2}{\pi r^2} = 2\frac{\mathrm{d}r}{r} = 2\mu\frac{\mathrm{d}l}{l} = 2\mu\varepsilon$。则式（2-2）可写为

$$\frac{\mathrm{d}R}{R} = (1+2\mu)\varepsilon + \frac{\mathrm{d}\rho}{\rho} \tag{2-3}$$

若令 $K = 1 + 2\mu + \frac{1}{\varepsilon}\frac{\mathrm{d}\rho}{\rho}$，于是有

$$\frac{\mathrm{d}R}{R} = K\varepsilon \tag{2-4}$$

式中 K——金属丝的灵敏系数，表示单位应变引起的相对电阻变化，灵敏系数越大，单位应变引起的电阻变化也越大；

μ——电阻丝材料的泊松比，为定值。

以金属丝应变电阻为例，当金属丝受外力作用时，其长度和截面积都会发生变化，其电阻值也会发生改变。假如金属丝受外力作用而伸长时，其长度增加，而截面积减少，电阻值便会增大。当金属丝受外力作用而压缩时，长度减小而截面增加，电阻值则会减小。因此，只要测出电阻的变化（通常是测量电阻两端的电压），即可获得应变金属丝的应变情况。

电阻应变片的构造如图 2-21 所示，在纸或薄胶膜等基底与覆盖层之间粘贴的金属丝叫敏感栅，敏感栅的两端焊上引出导线，黏合剂是将敏感栅固定在基底上的电绝缘性能的黏结材料。图中，L 为标距，B 为栅宽，两者是应变片的重要技术尺寸。电阻应变片主要技术指标见表 2-2。

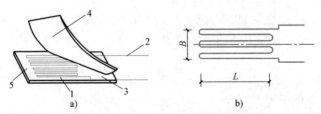

图 2-21 电阻应变片的构造

1—敏感栅 2—引出导线 3—黏合剂 4—覆盖层 5—基底

表 2-2　电阻应变片主要技术指标

电阻值 R	应变仪的电阻值一般为120Ω。但也有例外,选用时,应考虑与应变仪配合
标距 L	标距即敏感栅的有效长度。用应变片测得的应变值是整个标距范围内的平均应变,测量时应根据试件测点处应变梯度的大小来选择应变计的标距
灵敏系数 K	K 表示单位应变引起应变片的电阻变化。应使应变片的灵敏系数与应变仪的灵敏系数设置相协调,如果不一致,应对测量结果进行修正

应变片的种类很多,按栅极分,有丝绕式、箔式、半导体等;按基底材料分,有纸基、胶基等;按使用极限温度分,有低温、常温、高温等。箔式应变片是在薄胶膜基底上镀合金薄膜(0.002~0.005mm),然后通过光刻技术制成,具有绝缘度高、耐疲劳性能好、横向效应小等特点,但费用高。丝绕式多为纸基,具有防潮、价格低、易粘贴等优点,但疲劳性极差,横向效应较大,一般适用于静载试验。图 2-22 所示为几种电阻应变片。

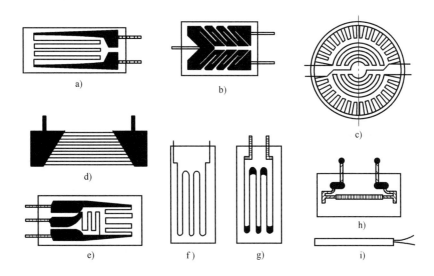

图 2-22　几种电阻应变片

a)~e) 箔式电阻应变片　f) 丝绕式电阻应变片　g) 短接式电阻应变片
h) 半导体应变片　i) 焊接电阻应变片

2.3.2　应变机测传感器（strain gauge sensor）

应变机械式测量方法(机测法)的主要优势在于操作简单,但精度稍差。图 2-23 和图 2-24 所示为两种常用的测量应变的仪器装置。

手持应变仪常用于现场测量,标距为 50~250mm,读数可用百分表或千分表。手持应变仪的操作步骤为①根据试验要求确定标距,在标距两端粘贴角标(每边各一个);②结构变形前,用手持应变仪先测读一次;③结构变形后,再用手持应变仪测读;④变形前后的读数差即标距两端的相对位移,由此可求得平均应变。电子百分表装置常用于实际结构或足尺试件的应变测量,其标距可任意选择,读数可用百分表,也可用千分表或其他电测位移传感器。百分表应变装置的工作原理和操作步骤与手持应变仪基本相同。

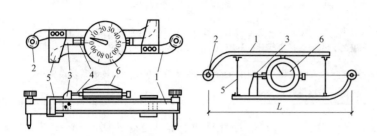

2-4 手持
式应变仪

图 2-23 **手持式应变仪**

1—刚性骨架 2—插轴 3—骨架外凸缘
4—千分表插杆 5—薄钢片 6—千分表

图 2-24 **电子百分表测应变装置**

1—杆件 2—电子百分表 3—夹具

2.3.3 振弦式应变计（vibrating wire strain gauge）

应变片也有局限性，主要表现为对外界恶劣环境的影响很敏感，在风、振动扰动下，应变片的读数变化非常大。目前，许多测试人员采用振弦式应变计，它是以被拉紧的钢弦作为转换元件，钢弦的长度确定以后其振动频率仅与拉力相关。

振弦式应变计初始频率不能为零，振弦一定要有初始张力（initial tension）。振弦式应变计测量应变的精度为 $\pm 2\mu\varepsilon$。振弦式应变计的测量仪器是频率计（frequency meter），因为测量的信号是电流信号，所以频率的测量不受长距离导线的影响，而且抗干扰能力较强，对测试环境要求较低，特别适用于长期监测和现场测量。它的缺点是安装较复

2-5 振弦式
表面应变计

图 2-25 **BGK-4000 振弦式表面应变计**

杂，温度变化对测量结果有一定的影响。图 2-25 所示是 BGK-4000 振弦式表面应变计。

2.3.4 光纤光栅传感器（fiber grating sensor）

除上述装置测试应变外，还有光纤光栅传感器（见图 2-26）。其工作原理是作用于光纤光栅的被测物理量（如温度、应变等）发生变化时，会导致波长的漂移，通过检测得出波长的偏移量，便可测出被测物理量的信息。

与其他测试方法比较，光纤光栅应变测试技术具有以下优点：①抗腐蚀性强，抵抗电磁干扰强，可用于恶劣环境的监测；②尺寸小，光纤光栅长度小于 8mm；③寿命长，有关研究表明，光纤性能在工作 25 年后基本不退化；④信号损失极小，可实现远距离的监测与传输；⑤响应速度快，能用于动态和瞬态应变测量；⑥便于进行分布式测量，采用波分复用技术，在一根光纤上可以串接多个中心波长不同的光纤光栅传感器，将波长值和测点位置对应起来，就可以实现分布式测量，节约线路，提高工作效率。

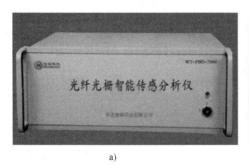
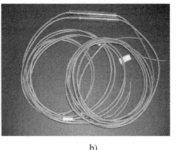

2-6　光纤光栅传感器

图 2-26　**光纤光栅传感器**

a）FS2000 系列光纤光栅信号解调器　b）光纤光栅传感器

2.4　位移与变形测量设备

结构的位移反映了结构的整体变形，通过位移测定，不仅可以了解结构的刚度及其变化，还可区分结构的弹性和非弹性性质。结构任何部位的异常变形或局部损坏都会在位移上得到反映。因此，在确定测试项目时，首先应考虑结构构件的整体变形，即位移的测量。位移测量包括线位移和角位移的测量。

2.4.1　机械式位移计（mechanical displacement meter）

机械式位移计构造如图 2-27 所示。它主要由测杆、齿轮、指针和弹簧等机械零件组成。测杆的功能是感受试件变形；齿轮是将感受到的变形放大或变换方向；测杆弹簧是使测杆紧随试件的变形，并使指针自动返回原位。扇形齿轮和螺旋弹簧的作用是使齿轮相互之间只有单面接触，以消除齿隙造成的无效行程。

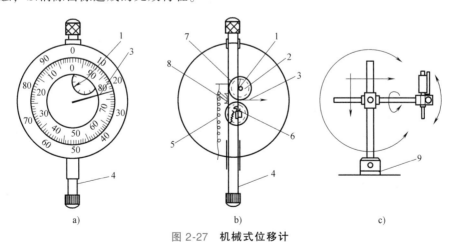

图 2-27　**机械式位移计**

a）外形　b）构造　c）磁性表座

1—短针　2—齿轮弹簧　3—长针　4—测杆　5—测杆弹簧　6~8—齿轮　9—表座

机械式位移计根据刻度盘上最小刻度值所代表的量，可分为百分表（刻度值 0.01mm）、千分表（刻度值为 0.001mm）和挠度计（刻度值为 0.05mm 或 0.1mm）。

使用时，将位移计安装在磁性表架上，用表架横杆上的颈箍夹住位移计的颈轴，并将测杆顶住测点，使测杆与侧面保持垂直。表架的表座应放置在一个不动点上，打开表座上的磁性开关以固定表座。

2.4.2 电阻应变式位移计 （resistance strain displacement meter）

电阻应变式位移传感器又称应变梁式位移传感器，其主要部件是一块弹性好、强度高的青铜制成的悬臂梁 （cantilever beam），如图 2-28 所示，在悬臂梁的根部粘贴电阻应变计。测杆移动时，带动弹簧使悬臂梁受力产生变形，通过电阻应变仪测量应变计的应变变化，再转换为位移量。

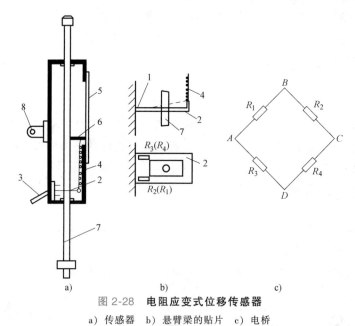

图 2-28　**电阻应变式位移传感器**

a) 传感器　b) 悬臂梁的贴片　c) 电桥

1—应变片　2—悬臂梁　3—引线　4—拉簧　5—标尺　6—标尺指针　7—测杆　8—固定环

2.4.3 滑动电阻式位移传感器 （sliding resistance displacement sensor）

滑动电阻式位移传感器 （见图 2-29a） 基本原理是将线位移的变化转换为传感器输出电阻变化。与被测物体相连的弹簧片使电阻移动，电阻的输出电压值变化，通过与标准电阻的参考电压值比较，即可得到电阻输出电压的改变量。

2.4.4 线性差动电感式位移传感器 （linear differential inductive displacement sensor）

线性差动电感式位移传感器 （见图 2-29b） 简称为 LVDT。LVDT 的工作原理是通过高频振荡器产生参考电磁场，当与被测物体相连的铁芯在两组感应线圈之间移动时，由于铁芯切割磁力线，改变了电磁场强度，感应线圈的输出电压随即发生变化。通过标定，可确定感应电压与位移量变化的关系。

以上所述各种位移传感器主要用于测量沿传感器测杆方向位移。因此在安装位移传感器时，使测杆的方向与测点位移的方向一致是非常关键的。此外，测杆与测点接触面的凹凸不平会产生测量误差。位移计应固定在专用支架上，支架必须与试验用的荷载架及支撑架等受力系统分开设置。当位移值较大、测量要求不高时，可用水准仪、经纬仪及直尺等进行测量。

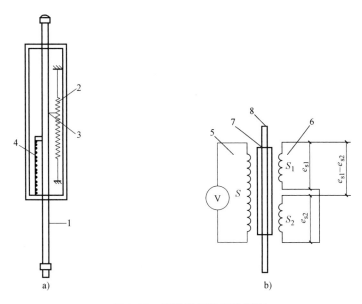

图 2-29　两种常用传感器原理

a）滑动电阻式位移传感器　b）线性差动电感式位移传感器

1—测杆　2—滑线电阻　3—触头　4—弹簧　5—初级线圈　6—次级线圈　7—圆形筒　8—铁芯

2.4.5　倾角传感器（tilt sensor）

倾角传感器附着在结构上，随结构一起发生位移。常用的倾角传感器有长水准管式倾角仪、电阻应变式倾角传感器及 DC-10 电子倾角传感器（见图 2-30）。其工作原理是以重力作用线为参考，以感受元件相对于重力线的某一状态为初值，当传感器随结构一起发生角位移后，其感受元件相对于重力线的状态也随之改变，把这个相应的变化量用各种方法转换成表盘读数或电变量。

长水准管式倾角仪用长水准管作为感受元件，与微调螺钉和度盘配合测量角位移。电阻应变式倾角传感器用梁式摆作为感受元件，由于摆的重力，摆上的梁将发生与角位移相应的

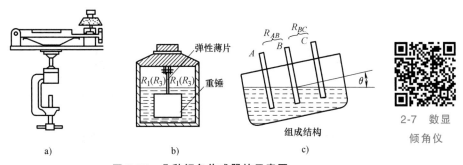

图 2-30　几种倾角传感器的示意图

a）长水准管式倾角传感器　b）电阻应变式倾角传感器　c）电子倾角传感器

弯曲变形，再用梁上的应变片把这个弯曲变形转换成应变输出。DC-10 水准式倾角传感器用液体摆来感受角位移，液面的倾斜将引起电极 A、B 间和 B、C 间的电阻发生相应改变，把电极 A、B 和 C 接入测量电桥，就可以得到与角位移相对应的电压输出。

2.4.6 高速摄像机（high speed camera）

高速摄像机通过追踪物体表面的散斑图像，实现变形过程中物体表面的三维坐标、位移及应变的动态测量，支持计算坐标位移、分析距离夹角、弹性模具、泊松比等各项数据，可直观显示荷载与应变形态的对应关系。

在不接触物体的情况下，高速摄像机可观测振动物体的全部动态特性，一次性测量整片区域内的振动情况，支持跟踪测量多点高速运动的物体，可应用于全场应变、变形、位移、振幅、模态，速度、加速度、角速度、转速等信息的测量和获取。

高速摄像机还可以观测材料受力下的形变及断裂的瞬间，观测裂纹衍生的全过程，可助力研究霍普金森杆、悬臂梁冲击、夏比冲击、旋转弯曲疲劳等试验。高速摄像机较传统应变片接触式测量对比，具有非接触式（减少布线、无负载效应、不损伤物体）、直观全面、无信号转换及电（涡）流损耗、多点专业测量等优势，较传统的传感器相比，具有工作环境无限制，精度可保障，更直观观测应变场力的大小的特点。

图 2-31 高速摄像机测量桥梁空间位移及变形

图 2-31 所示为采用高速摄像机测量桥梁空间位移及变形的情况。

2.4.7 全站仪（total station）

全站仪，即全站型电子速测仪。它是近代电子科技与光学经纬仪结合的新一代仪器。它在电子经纬仪的基础上增加了电子测距的功能，使得仪器不仅能够测角，还能测距，并且测量的距离长、时间短、精度高。全站型电子速测仪拥有由电子测角、电子测距、电子计算和数据存储单元等组成的三维坐标测量系统，测量结果能自动显示，并能与外围设备交换信息。全站型电子速测仪较完善地实现了测量和处理过程的电子化和一体化，图 2-32 所示为几种全站仪的外观。

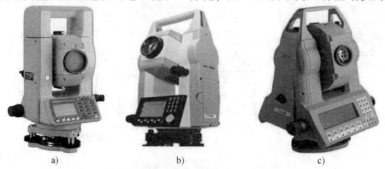

a)   b)   c)

图 2-32 几种全站仪外观

a）DTM-532C 全站仪 b）ZTS602R 全站仪 c）TCA2003 全站仪

2.5　作用力测量设备

荷载及超静定结构的支座反力是结构试验中经常需要测定的外力。测力传感器可分为电测式、机械式、振动弦式等不同类型。由于电测仪具有体积小、反应快、适应性强及便于自动化等优势,目前使用比较普遍。

2.5.1　电测式荷载传感器（electric load sensor）

电测式荷载传感器可以测量荷载、反力及其他各种外力。根据荷载性质不同,荷载传感器的形式有拉伸型、压缩型和通用型。各种荷载传感器的外形基本相同,图 2-33 所示是一个应变筒式压力传感器构造图,贴在筒壁上的电阻应变片可以将机械变形转换为电量。该传感器结构简单、制造方便,能进行静、动态压力测量,测量范围较广。为避免在储存、运输和试验期间损坏应变片,设有外罩加以保护。为便于设备或试件连接,在筒壁两端加工有螺纹。

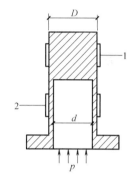

图 2-33　应变筒式
压力传感器构造
1—补偿片　2—工作片

在筒壁的轴向或横向布片,并按全桥接入应变仪电桥,则可根据桥路输出特性可求得电位差。荷载传感器的灵敏度可表达为单位荷载下的应变,因此灵敏度与设计的最大应力成正比,而与荷载传感器的最大负荷能力成反比。

2.5.2　机械式力传感器（mechanical force sensor）

机械式力传感器种类较多,其基本原理是利用机械式仪器测量弹性元件的变形,再将转换为弹性元件所受的力。如机械式测力计的基本原理是利用钢制弹簧、环箍或簧片在受力后产生弹性变形,将变形通过机械放大后,用指针刻度盘表示力的数值,或借助位移计反映力的数值。图 2-34 所示为几种常用的测力计。

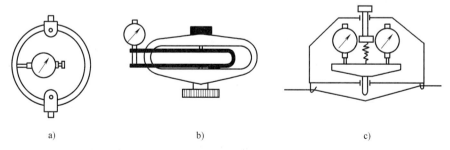

a)　　　　　　　　　　b)　　　　　　　　　　c)

图 2-34　几种常用的测力计
a）钢环拉力计　b）环箍压力计　c）钢丝张力测力计

2.5.3　振弦式力传感器（vibrating wire sensor）

振弦式力传感器（见图 2-35）的测量原理也是依靠改变受拉钢弦的固有频率进行工作。

钢弦密封在金属管内，在钢弦中部用激励装置拨动钢弦，再用同样的装置接收钢弦产生的振动信号，并将其传送至显示设备或记录仪表。当应变计上的圆形端板与混凝土浇为一体时，混凝土发生的任何应变都将引起端板的相对移动，从而导致钢弦的原始张力或振动频率发生变化，由此可换算求得结构内部的有效应变值。这种传感器常用于测量预应力混凝土结构的内部应力。振弦式力传感器的工作稳定性好，分辨率高达 $0.1\mu\varepsilon$，室温下年漂移量仅为 $1\mu\varepsilon$。

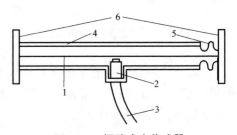

图 2-35　**振弦式力传感器**
1—钢弦　2—激振丝圈　3—引出线
4—管体　5—波纹管　6—端板

2.6　裂缝测量仪器

裂缝反映了结构的局部变形特征。裂缝的产生和发展是钢筋混凝土结构反应的重要特征，对确定结构的开裂荷载，研究结构破坏过程、结构的抗裂及变形性能均有十分重要意义。

2.6.1　裂缝观测（crack observation）

1. 肉眼观察

最常用的方法是在试件表面刷一层薄石灰浆并待其干燥，试件受荷后，便会在石灰涂层表明出现裂缝，借助放大镜用肉眼观察裂缝的出现。研究墙体结构表面开裂时，在白灰层干燥后画出 50mm 左右的方格栅，以构成基本参考坐标系，便于分析和描绘墙体在高应变场中裂缝的发展和走向。用白灰涂层，具有效果好、价格低廉和使用技术要求不高等优点。

2. 贴应变片

工程结构试验中，也可将普通应变片粘贴于试件受拉区，通过试件开裂后应变计读数是否发生突变来确定裂缝是否产生。

3. 涂导电漆膜

漆膜是一种在一定拉应变下即开裂的喷漆。漆膜的开裂方向正交于主应变方向，从而可以确定试件的主应力方向。漆膜可用于任何类型结构的表面，而不受结构材料、形状和加载方法的限制。漆膜的开裂强度与拉应变密切相关，只有当试件开裂应变低于漆膜最小自然开裂应变时，漆膜才能用来检测试件的裂缝。

4. 声发射技术

声发射技术（acoustic emission technique）是将声发射传感器埋入试件内部或放置于混凝土试件表面，利用试件材料开裂时发出的声音检测裂缝是否出现。这种方法在断裂力学试验和机械工程中得到广泛应用，近年来在工程结构试验中也已应用，详细介绍见第 7 章。

2.6.2　裂缝宽度测量（crack width measurement）

裂缝宽度的测量一般用裂缝测宽仪或读数显微镜，如图 2-36 所示为读数显微镜。读数显微镜的优点是精度高，缺点是每读一次都要调整焦距，测读速度比较慢。较简单的方法是用印有不同裂缝宽度的裂缝宽度检验卡（见图 2-37）上的线条与裂缝对比来估算裂缝宽度，这种方法较粗略，但能满足一般工程要求。

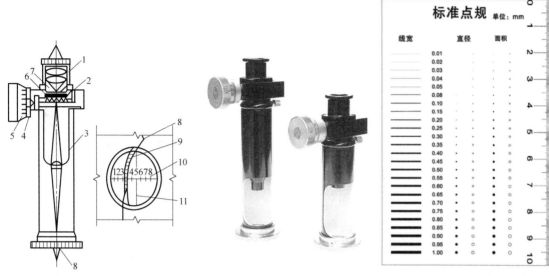

图 2-36 **读数显微镜构造和实物**

1—目镜组　2—分滑板弹簧　3—物镜　4—微调螺栓　5—微调鼓轮
6—可动下分划板　7—上分划板　8—裂缝　9—放大后的裂缝
10—上下分划板刻度线　11—下分划板刻度长线

图 2-37 **裂缝宽度检验卡**

电子裂缝测宽仪是目前较常用的裂缝观测仪器，图 2-38 所示为 DJCK-2 型裂缝测宽仪，该仪器具有自动调焦功能，测度速度较快的优点，测量精度为 0.02mm。

2-8 智能裂
缝测宽仪

图 2-38 **DJCK-2 型裂缝测宽仪**

随着图像处理技术的发展，新增了基于数字图像处理技术的表面裂缝宽度测量方法，该方法为非接触方式，可在一定程度上解决传统人工裂缝宽度检测方法耗时、耗力、安全风险大、花费高等问题。

2.7 温度测量仪器

在实际结构中，应力分布、变形性能和承载能力都可能与温度有十分密切的关系。测温的方法很多，按测试元件与被测材料是否接触可以分为接触式测温和非接触式测温两大类。以下主要介绍温度测量仪器中的热电偶温度计、热敏电阻温度计和光纤测温传感器。

2.7.1 热电偶温度计 (thermocouple thermometer)

热电偶的基本原理如图 2-39 所示，它由两种不同材料的金属导体 A 和 B 组成一个闭合回路，当节点 1 的温度 T 不同于节点 2 的温度 T_0 时，闭合回路中产生电流或电压，其大小可由图中的电压表测量。

试验表明，测得的电压随图 2-39 中温度 T 的升高而升高。由于回路中的电压与两节点的温度 T 和 T_0 有关，故将其称为热电势 (thermopower)。一般说来，在任意两种不同材料导体首尾相接构成的回路中，当回路的两接触点温度不同时，在回路中就会产生热电势，这种现象称为热电效应 (thermoelectric effect)。

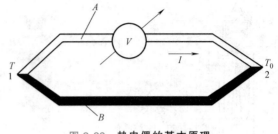

图 2-39 热电偶的基本原理
A、B—导体 1、2—节点

热电偶温度计一般适用于 500℃ 以上的高温度测量，在结构防火抗火试验中，通常使用热电偶温度计。对于中、低温环境，因为温度较低时，热电偶输出的热电势很小，影响测量精度，参考端（冷端）也很容易受环境影响而导致补偿困难，所以热电偶温度计在中、低温适用性差。

2.7.2 热敏电阻温度计 (thermistor thermometer)

当温度较低时，可采用金属丝热电阻或热敏电阻温度计。常用的金属测温电阻有铂热电阻和铜热电阻，这种电阻可以将温度变化的测量转换为电阻变化的测量。热敏电阻的灵敏度很高，可以测量 $0.0005 \sim 0.001℃$ 的微小温度变化。它还有体积小、动态响应速度快、常温下稳定性较好、价格便宜等优点。此外，也可以采用电阻应变仪测量热敏电阻的微小电阻变化。热敏电阻的主要缺点是电阻值较分散、测温的重复性较差、老化快。

2.7.3 光纤温度传感器 (optical fiber temperature sensor)

光纤温度传感器工作原理如图 2-40 所示，半导体材料的能量带隙随温度几乎成线性变化。敏感元件是一个半导体光吸收器，利用光纤来传输信号。当光源的光以恒定的强度经光纤达到半导体薄片时，透过薄片的光强受温度的调制，透过光由光纤传送到探测器。温度 T

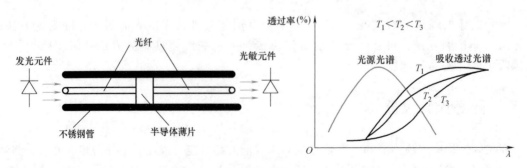

图 2-40 光纤温度传感器工作原理

升高，半导体能带宽度下降，材料吸收光波长向长波移动，半导体薄片透过的光强度变化。光纤温度传感器由于其较高的分辨率和测量范围广等优点，被广泛应用于建筑业温度测量中。

2.8 放大器与记录仪

2.8.1 放大器（amplifier）

放大器的功能是把从传感器得到的信号进行放大，使信号可以被显示和记录。测振放大器是振动测试系统中的中间环节，常用的测振放大器有电压放大器和电荷放大器两种。它的输入特性要与拾振器的输出特性相匹配，而它的输出特性又必须满足记录及显示设备的要求，选用时还要注意其频率范围。图 2-41 所示为 VGA 信号放大器（UTP502VE）。

2.8.2 记录仪（recorder）

记录仪的功能是把采集得到的数据记录下来并长期保存。数据记录的方式有模拟式和数字式。模拟式记录的数据一般是连续的，数字式记录的数据一般是间断的。记录介质有普通记录纸、光敏纸、磁带和数字光盘等。常用的记录器有光线示波器、磁带记录仪、磁盘驱动器、光盘刻录器和新型总线记录仪等。

磁带记录仪是一种将电信号转换为磁信号，并将其记录在磁带上的记录仪器，它同时又可将磁信号转换成电信号。磁带记录仪主要由放大器、磁头和传动机构三部分组成，构造原理如图 2-42 所示。放大器包括记录放大器（调制器）和重放放大器（反调制器），前者将输入信号放大并变化成最适于记录的形式供给记录磁头，后者将重放磁头传来的信号进行放大和变换为电信号输出。磁头在记录过程中，将电信号转换为磁信号，便于磁带记录，在重放过程中，重放磁头把磁带中的磁信号还原为电信号。

图 2-41 VGA 信号放大器

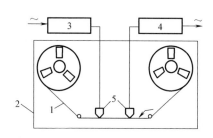

图 2-42 磁带记录仪构造原理

1—磁带 2—磁带传动机构 3—记录放大器
4—重放放大器 5—磁头

磁带记录仪的工作频带宽，可以记录从直流到 2MHz 的交变信号，可以进行多通道记录，并能保证多道信号间正确的时间和相位关系，记录的信号可以长期保存并重放。信号重放时可以将磁信号还原为电信号，输出给专门的分析仪器和计算机，以完成测量数据的自动分析和处理，需要时还可以将信号输出到记录仪器重现波形。

图 2-43　现场总线型无纸记录仪

随着计算机硬件、软件技术的发展，组态软件的推广，通信协议标准的制订，通信总线的应用，触摸屏平板计算机的出现，记录仪系统架构出现了多样化。

由于触摸屏平板计算机发展迅速，硬件厂商的嵌入式硬件技术、微软的操作系统、丰富多彩的液晶触摸屏使系统本身的可靠性得到保证，快速构成了高性能的人机界面。系统凭借其强大的以太网通信功能、复杂的曲线功能、形象美观的人机界面和各种报表功能而得到广泛应用。图 2-43 所示为厦门宇电 AI-3170S 现场总线型无纸记录仪。

2.9　数据采集系统

2.9.1　数据采集系统的组成

通常，数据采集系统（data acquisition system）的硬件由传感器部分、数据采集仪部分和计算机部分组成（见图 2-44）。

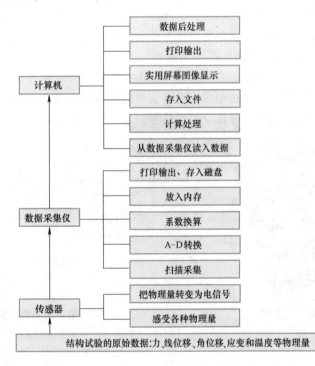

图 2-44　数据采集系统组成

传感器部分包括各种电测传感器，其作用是感受各种物理变量，如力、线位移、角位移、应变和温度等。传感器输出的电信号可以直接或间接输入数据采集仪，如果某些传感器的输出信号不能满足数据采集仪的输入要求，则还要使用放大器等仪器。

数据采集仪部分包括：①接线模块和多路开关，与相对应的传感器连接，并对各个传感器进行扫描采集；②A/D 转换器，实现模拟量与数字量之间的转换；③单片机，按照事先设置的指令来控制整个数据采集仪，进行数据采集；④存储器，存放指令、数据等；⑤其他辅助部件，如外壳、接口等。数据采集仪的作用是采集数据，把扫描得到的电信号进行A/D 转换，转换成数字量，再根据传感器特性对数据进行系数换算（如把电压数换算成应变或温度等），然后将这些数据传送给计算机，或者将这些数据打印输出、存入磁盘。

计算机部分包括主机、显示器、存储器、打印机、绘图仪和键盘等。计算机作为整个数据采集系统的控制器，控制着整个数据采集过程。在采集过程中，通过数据采集程序的运行，计算机对数据采集仪进行控制，对数据进行计算处理。

数据采集系统可以对大量数据进行快速采集、处理、分析、判断、报警、直读、绘图、存储、试验控制和人机对话等，还可以进行自动化数据采集和试验控制，采样速度高达每秒几万个数据。图 2-45 所示为数据采集仪 TDS-530。TDS-530 是一种全自动多通道数据采集仪，可测量应变计、热电偶、铂电阻式温度传感器、应变式传感器（全桥）和 DC

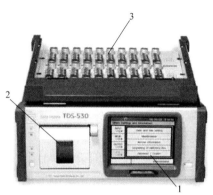

图 2-45　**数据采集仪 TDS-530**
1—显示及操作界面　2—打印机　3—接线区域

电压。新的 A/D 转换器技术确保在高速采样下保持精度和稳定度。TDS-530 与新的高速扫描箱 IHW-50G 组合，可扩展到 1000 通道，扫描通道的时间仅需 0.4s。用户可以通过该仪器的彩色 LCD 触摸显示屏方便地进行通道设置和操作。此外，计算机可通过 RS-232、USB2.0 或 LAN 以太网络接口对仪器进行控制。

2.9.2　数据采集的过程及分类

数据采集系统分为：①生产厂商为采集系统编制的专用程序，常用于大型专用系统；②固化的采集系统，常用于小型专用系统；③利用生产厂商提供的软件工具，用户自行编制的采集程序，主要用于合并式系统。数据采集过程是由数据采集程序控制的，数据采集程序的流程如图 2-46 所示。

目前，国内外数据采集系统的种类很多，按其系统组成的模式大致可分为以下几种：①大型专用系统，将采集、分析和处理功能融为一体，具有专门化、

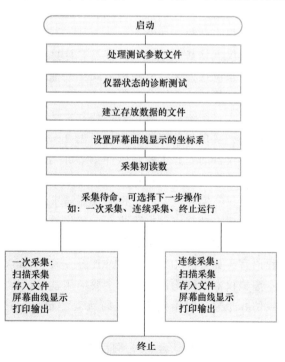

图 2-46　**数据采集程序的流程**

多功能和高档次的特点；②分散式系统，由智能化前端机、主控计算机或微机系统、数据通信及接口组成，其特点是前端可靠近测点，消除了长导线引起的误差，并且稳定性好、传输距离长、通道多；③小型专用系统，这种系统以单片机为核心，小型、便捷、单一、操作方便、价格低，适用于现场试验时的测量；④组成式系统，以数据采集仪和微型计算机为中心，按试验要求进行配置组合，它适用性广、价格便宜，是一种比较容易普及的形式。

2.10　虚拟仪器

以前很多测试仪器都是软硬件独立存在，但虚拟仪器的出现改变了这一现象。虚拟仪器（Virtual Instruments，简称 VI）是美国国家仪器公司（National Instruments，简称 NI）基于"软件即仪器"的核心思想于 1986 年提出的概念，虚拟仪器是在以计算机为核心的硬件平台上，测试功能由用户自定义、由测试软件实现的一种计算机仪器系统。其实质是利用计算机显示器的显示功能来模拟传统仪器的控制面板，以多种形式表达输出结果；利用 I/O 接口设备完成信号的采集与控制；利用计算机强大的软件功能实现信号数据的运算、分析和处理，从而完成各种测试功能的一个计算机测试系统。它是融合电子测量、计算机和网络技术的新型测量技术，在降低仪器成本的同时，仪器的灵活性和数据处理能力大大提高，是对传统仪器概念的重大突破。

虚拟主要包含两方面的含义：①虚拟仪器的面板是虚拟的。传统仪器面板上的各种器件所完成的功能由虚拟仪器面板上的各种控件来实现。如由各种开关、按键、显示器等实现仪器电源的通、断，设置被测信号输入通道、放大倍数等参数，设置测量结果的数值显示、波形显示等。②虚拟仪器测量功能是由软件编程来实现的。在以 PC 为核心组成的硬件平台支持下，可以通过软件编程来实现仪器的测试功能，而且可以通过不同测试功能的软件模块的组合来实现多种测试功能。

虚拟仪器是基于计算机的仪器。计算机和仪器的密切结合是目前仪器发展的一个重要方向，简单来说这种结合有两种方式：一种是将计算机装入仪器，典型的例子就是智能化的仪器。随着计算机功能的日益强大及其体积的日趋缩小，这类仪器功能也越来越强大，目前已经出现嵌入式系统的仪器。另一种方式是将仪器装入计算机，以通用的计算机硬件及操作系统为依托，实现各种仪器功能（见图 2-47）。虚拟仪器的主要特点有①尽可能采用通用的硬件，各种仪器的差异主要是软件；②可充分发挥计算机的能力，有强大的数据处理功能，可以创造出功能更强的仪器；③用户可以根据自己的需要定义和制造各种仪器。

虚拟仪器实际上是一个按照仪器需求组织的数据采集系统。虚拟仪器的研究中涉及的基础理论主要有计算机数据采集和数字信号处理。目前已经有多种虚拟仪器的软件开发工具，大体可分为两类：①文本式编程语言，如 C、VC++、VB、Lab Windows/CVI 等；②图形化编程语言，如 LabVIEW、HP VEE 等，其中 LabVIEW 应用最广。

虚拟仪器在结构试验中的主要应用就是结构仿真和三维可视化。

仿真是通过对给定模型进行计算，最后给出一系列数据，即数字仿真（digital simulation）。建筑结构如果采用实际尺寸的模型进行数据验证，成本太高，根本无法实现，只有采用比例模型进行试验。虽然此方式可降低试验成本，但是对数据的真实性和准确性会产生一定影响，如果反复试验，成本依然很高。随着有限元分析技术的发展，结构分析软件的大

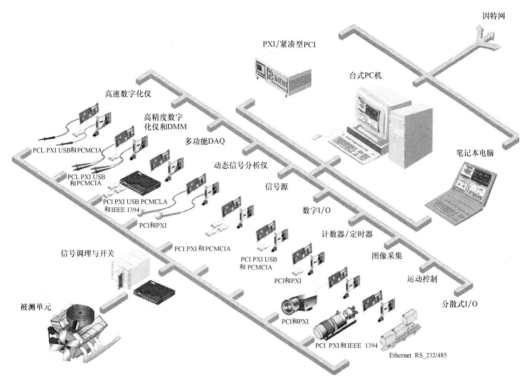

图 2-47 **虚拟仪器的采集系统**

量应用，可以实现在进行数字模型验证之前，先进行数值分析，根据分析结果再考虑进行物理模型的试验验证，这在很大程度上提高了工作效率，降低了试验成本。

结构分析软件根据数值分析（numerical analysis）结果，可以输出图形数据，但结果显示不够直观。另外，在分析过程中，人们不能直接感受到试验分析条件的物理现象，容易产生给定条件的错误，更不容易找出产生错误的原因。因此，如果能够创造出和实际实验室场景一致的环境即三维可视化（3D visualization），在该环境中组织结构和进行数值分析，就可以更好地对建筑结构进行研究，更直观地感受试验过程和试验结果，从而更有效地完成结构分析。虚拟仪器和虚拟现实技术（VR，virtual reality）的发展为这一需求提供了可能。

2.11 动载试验测量仪器

动力试验测振仪器系统由测振拾振器、测振放大器和测振记录仪三部分组成，如图 2-48 所示。测振拾振器又称为测振传感器。它将振动参数如位移、速度、加速度转换成电量输出。测振放大器是一种多功能、低噪声的放大器，除了可将输入的电信号放大外，还可以对电信号进行模拟运算，如对电信号进行微、积分等运算，然后提供给记录仪记录并储存。

图 2-48 **测振仪器系统**

2.11.1 常用拾振器（common Vibration Pickup）

1. 惯性式拾振器

在结构动力测试中，应用最多的测振传感器是惯性式拾振器（inertial vibration pickup）。它的力学模型（mechanical model）是在单自由度体系强迫振动理论基础上建立的，其工作原理如图2-49所示。该系统主要由仪器内部的质量块（质量为 m）、弹簧（弹性系数为 K）和阻尼器（阻尼 c）构成。使用时将测振传感器固定在振动体上，使测振传感器的外壳与振动体一起振动。通过测量质量块相对于仪器外壳的振动，间接反映振动体的振动。

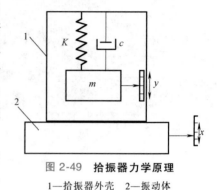

图2-49 拾振器力学原理
1—拾振器外壳 2—振动体

以振动物体做正弦规律振动为例，设振动体位移为 x，拾振传感器的输出（相对于仪器外壳的位移）为 y，则质量 m 的总位移为 $(x+y)$。该振动体系的惯性力为 $m(x''+y'')$，阻尼力为 cy'，弹性力为 Ky，则该振动体系的运动平衡方程式为

$$m(x''+y'')+cy'+Ky=0 \tag{2-5}$$

若被测振动体的振动为正弦振动，则振动体的振动表达式为

$$x=x_0\sin\omega t \tag{2-6}$$

式中 x_0——被测振动体的最大振动幅值；

ω——被测振动体的振动圆频率；

t——时间。

将式（2-5）代入式（2-6）则有

$$my''+cy'+Ky=mx_0\omega^2\sin\omega t \tag{2-7}$$

这是一个二阶微分方程，其解由齐次方程的通解和非齐次方程的特解构成。它的通解是一个阻尼自由振动，其幅值随时间而衰减，阻尼越大其幅值衰减越快。当有足够大的阻尼时，这部分振动实际上存在的时间十分短促。这种刚出现很快消失的阻尼自由振动被称为瞬态振动，可忽略不计。剩下的特解是一个稳态振动，即

$$y=y_0\sin(\omega t-\varphi) \tag{2-8}$$

其中

$$y_0=\frac{u^2 x_0}{\sqrt{(1-u^2)^2+(2\xi u)^2}} \tag{2-9}$$

式中 u——频率比，$u=\dfrac{\omega}{\omega_n}$，其中 ω_n 为拾振器的固有频率，$\omega_n=\sqrt{\dfrac{K}{m}}$；

ξ——阻尼比，$\xi=\dfrac{c}{c_c}$，其中 c_c 为拾振器的临界阻尼，$c_c=2\sqrt{mK}$。

比较可看出，拾振器的振动规律 y 与被测物体的振动规律 x 是一致的。其区别为：①相位相差一个相位角 φ；②拾振器中质量块的振幅 y_0 和振动体振幅 x_0、拾振器与被测物体的频率比 u 及阻尼比 ξ 有关。

拾振器中质量块的振幅 y_0 和被测振动体振幅 x_0 之比为

$$\frac{y_0}{x_0} = \frac{u^2}{\sqrt{(1-u^2)^2+(2\xi u)^2}}$$ （2-10）

当选择拾振器作测位移使用时，要使 $y_0/x_0 \to 1$，由式（2-10）可知，则要使 $u \gg 1$（当 $u \gg 1$，$D<1$ 时，$y_0/x_0 \to 1$）。在实际使用中通常使 $u>5$，即可满足要求；若要求较高时，可使 $u>10$。

拾振器中质量块的振幅 y_0 和被测振动体的加速度幅值 a_m 之比为

$$\frac{y_0}{a_m} = \frac{1}{\omega_n^2 \sqrt{(1-u^2)^2+(2\xi u)^2}}$$ （2-11）

当选择拾振器作测加速度使用时，要使（y_0/a_m）$\omega_n^2 \to 1$，由上式可知，即要使 $u \gg 1$（当 $u \ll 1$，$D<1$ 时，（y_0/a_m）$\omega_n^2 \to 1$）。在实际使用中通常使 $u<0.2$。

2. 磁电式拾振器

磁电式拾振器是一种惯性式拾振器，具有灵敏度高、性能稳定、输出阻抗频率的响应范围有一定宽度、能够线性地感应振动速度等特点。通过对质量-弹簧系统参数的不同设计，可以使磁电式拾振器既能够测量微弱的振动，又能够测量较强的振动，它是工程振动测量中的常用传感器。

使用时，磁钢和拾振器外壳固定安装在被测试件上，外壳随振动体振动，芯轴与线圈组成拾振器的可动系统，并与弹簧和外壳连接。测振时惯性质量块和外壳相对移动切割磁力线产生感生电动势，如图 2-50 所示。

依照电磁感应定律，在线圈中产生的感生电动势大小为

$$E = nBLv$$ （2-12）

式中　n——线圈的匝数；

　　　B——磁钢与线圈间的磁场强度；

　　　L——每匝线圈的平均长度；

　　　v——线圈的运动速度（也即振动体的振动速度）。

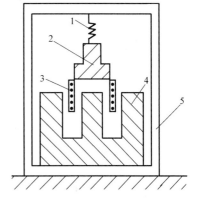

图 2-50　**磁电式拾振器换能原理**
1—弹簧　2—质量　3—线圈
4—磁钢　5—仪器外壳

由式（2-12）可知，当拾振器结构定型后，B、n、L 均为常数，故使用磁电式拾振器时，它的线圈运动所产生的感生电动势 B 与振动体的振动速度 v 成正比。因此，磁电式拾振器又称为速度计。

3. 压电式加速度拾振器

压电式加速度拾振器也以惯性式拾振器力学模型为基础，是一种以压电晶体的压电效应为换能原理的压电式拾振器。

压电效应（piezoelectric effect）指压电晶体在受到机械作用力时发生变形，在其表面产生电荷（所受到的机械作用力越大，则产生的电荷越多），而当作用力消失后，晶体又回到原来不带电荷状态的现象。

压电式加速度拾振器原理如图 2-51 所示。敏感元件是由两片或一片压电晶体片（如

石英、锆钛酸铅）组成。在压电晶体片的两面镀上银层，并在银层上引线。在压电片上放一质量块（相对密度较大的金属钨或相对密度高的合金），用一个硬弹簧压紧，使质量块预加荷载，整个组件安装在基座上，并用金属外壳加以密封。当压电式拾振器固定在被测件上而承受振动时，质量块作用于压电晶体片上，使压电晶体感受到一惯性力 F，则有：

$$F = ma = C_x q \tag{2-13}$$

式中　m——质量块的质量；

　　　a——振动体加速度；

　　　C_x——压电系数。

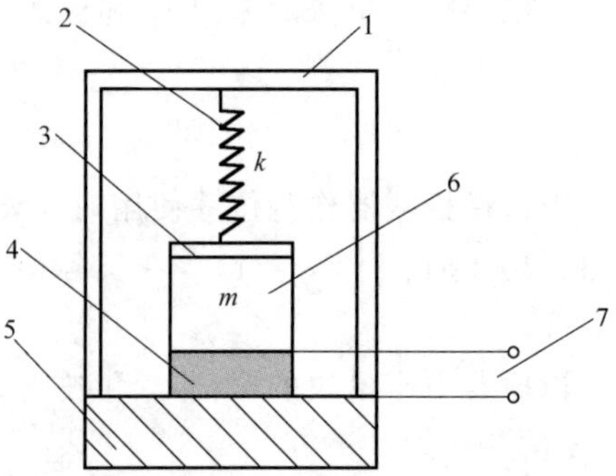

图 2-51　**压电式加速度拾振器换能原理**

1—仪器外壳　2—硬弹簧　3—绝缘垫　4—压电晶体片　5—基座　6—质量块　7—输出端

由于压电式拾振器结构定型后，式（2-13）中的 m、C_x 为常量，故作用在晶体片上的惯性力 F 所产生的电荷 q 与振动体的加速度 a 成正比，因此由 q 的大小可知被测振动体的加速度 a 的大小。所以压电式加速度传感器又称为压电式加速度计。

2.11.2　测振放大器（vibration measuring amplifier）

测振放大器是振动测量系统的一个重要的中间环节，传感器的信号往往难以直接用来显示或记录，需要放大（或衰减）。

1. 电压放大器

测振放大器除了有放大（或衰减）功能外，还有模拟运算的功能。磁电式拾振器输出的电动势与被测振动体的振动速度成正比，使用微分电路可得加速度信号，使用积分电路则可获得位移信号。压电式加速度拾振器输出的电荷与被测振动体的加速度成正比，使用积分电路可获得速度信号，再使用一次积分电路则可获得位移信号，故使用微积分电路是很有实际意义的。

微积分电路是由串入电路中的电阻、电容、电感元件所构成的，其原理如图 2-52 所示。

2. 电荷放大器

电荷放大器只适用于输出为电荷的传感器。它的功能是将输出电压正比于能产生电荷的传感器输出的电荷。电荷放大器原理如图 2-53 所示。图中 A 为放大器的放大增益；C_i 是压电式拾振器的电容、输入电缆分布电容和放大器输入电容等合成的等效电容；q 是压电式拾振器产生的电荷；U_0 是电荷放大器输出电压。

由于电荷放大器的输出电压与连接它的电缆电容无关，故电缆的传输距离可达数百米，有利于远距离测试。

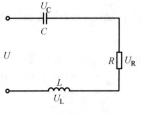

图 2-52　**微积分电路原理**

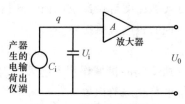

图 2-53　**电荷放大器原理**

3. 动态电阻应变仪

动态电阻应变仪主要用来测量数值或方向随时间而变化的应变，即动应变（dynamic strain）。因为动态应变仪是用桥盒的形式引接应变式传感器的电阻应变片来组成惠斯顿电桥（其原理与静态电阻应变仪一样），所以它的前一环节（一次仪表）只能是应变式传感器。

图 2-54　**动态电阻应变仪**

动态电阻应变仪（见图 2-54）除了测动应变外，还可以通过标定确定某一物理量（如位移、荷载、转角等）与应变量的线性关系，从而可在现场通过动态应变仪的应变量得知此时此刻某一物理量的具体数值及其变化过程。

由于动应变是动态的，它随时间改变，所以通常动应变是由记录仪以动态曲线来显示的。记录仪所记录的动应变曲线上没有动应变的刻度。如果需要知道任意时刻的动应变值，就要有一把测量动应变值的"尺子"，即标定。通常动态应变仪都有一个应变的标定电路，当标定旋钮旋至某一应变值时（如 $30\mu\varepsilon$），记录仪的记录笔会向上跳一高度。此高度所对应的应变量为 $30\mu\varepsilon$，则通过此高度可由正比关系推算任意高度所对应的应变量。

2.11.3　测振记录仪（vibration recorder）

在振动测试中，必须研究被测对象的振动过程及规律。记录仪的功用就在于把振动的时间历程记录下来，以便分析研究，它是振动测试不可缺少的仪器设备。测振记录仪有显示设备和记录设备。常用的显示设备是示波器，包括光线示波器、电子示波器、数字示波器等。其中，数字示波器是集数据采集、A/D 转换、软件编程技术为一体的高性能示波器。数字示波器一般支持多级菜单，给用户提供了多种选择和多种分析功能。还有一些示波器提供了存储功能，可对波形进行保存和处理。记录设备一般采用动态数据采集仪（dynamic data acquisition instrument）。

动态数据采集仪的工作过程由计算机来控制。采集的动态数据可直接由计算机通过专业软件对其进行处理，并在终端显示器显示测试波形。除此之外，还可编制动态数据分析软件对存储下来的动态数据进行各种动态分析、计算。可在时域或频域上任意转换，得出所需参数。振动波形及数据可由打印机输出，大大提高了工作效率，有效地克服了光线示波器等记录仪的种种缺陷。以下简单介绍动态数据采集仪的基本构成。

动态数据采集仪由接线模块、A/D 转换器、缓冲存储器及其他辅助件构成，如图 2-55 所示。接线模块与各种电式传感器的输出端相接，并将电式传感器输给的电信号（如电压信号）进行扫描采集。A/D 转换器则将扫描得到的模拟信

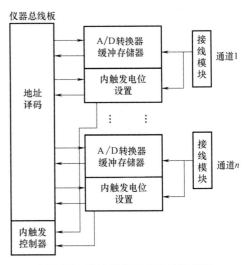

图 2-55　**动态数据采集仪结构原理**

号转换为数字信号。通常在数据采集仪中设置内触发功能，通过人为设置一个触发电位，即可捕捉任何瞬变信号，其触发电位由内触发控制器控制。缓冲存储器则用来存放指令和暂时存放采样数据，最后将采样得到的数字信号传给计算机。整个采集传输的过程由计算机设置的指令来控制。目前，整个动态测试仪器系统通常由测振拾振器、测振放大器和测振记录及显示系统三部分组成，如图 2-56 所示。

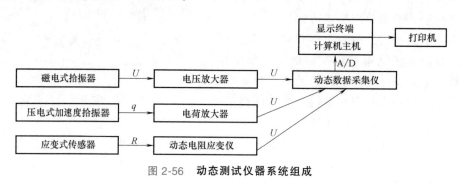

图 2-56　动态测试仪器系统组成

2.12　结构现场检测仪器

现有服役结构的内部缺陷、强度与性能、退化程度等都需要经过一定的现场测试手段并结合工程经验做出评定。检测内容包括强度、外观质量与缺陷、尺寸偏差、钢筋位置及锈蚀等工作，必要时可进行结构构件性能的实荷检验或结构的动力测试。回弹仪、钢筋检测仪、锈蚀检测仪等都是常用的设备。

2.12.1　混凝土强度检测仪器（concrete strength testing instrument）

1. 回弹仪（resiliometer）

回弹仪是一种直射锤击仪器，其构造如图 2-57 所示，主要由弹击杆、重锤、拉簧、压簧及读数标尺等部分组成。

一个标准质量的重锤，在标准弹簧弹力带动下，冲击一个与混凝土表面接触的弹簧杆，由于回弹力的作用，重锤又回跳一定距离，并带动滑动指针在刻度上指出回弹值 R。R 是重锤回弹距离与起跳点原始位置距离的百分比值，混凝土强度越高，表面硬度也越大，R 值就

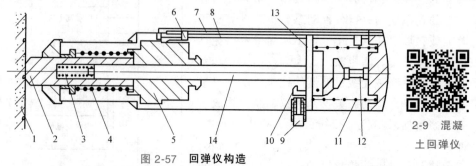

2-9　混凝土回弹仪

图 2-57　回弹仪构造

1—试件　2—弹击杆　3—缓冲拉簧　4—弹击拉簧　5—弹击簧　6—指针　7—刻度尺　8—指针导杆　9—按钮
10—挂钩　11—压力弹簧　12—顶杆　13—导向法拉　14—导向杆

越大。通过事先建立的混凝土强度与回弹值的关系曲线，R 值求得混凝土的强度值。

2. 混凝土强度超声检测系统（ultrasonic testing system for concrete strength）

由于混凝土内部存在着广泛分布的砂浆与骨料的界面和各种缺陷（微裂、蜂窝、孔洞等）形成的界面，所以混凝土是各向异性的多相复合材料。高频电震荡激励压电晶体发出的超声波在混凝土内部传播，其传播速度与混凝土的物理参数相关。在普通混凝土检测中，通常采用 20～500kHz 的超声频率。超声波检测系统包括超声波发生、传递、接收、放大，时间测量和波形显示部分，其检测系统示意与检测实景如图 2-58 和图 2-59 所示。

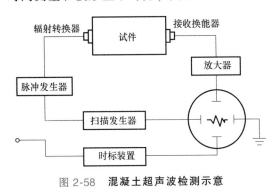

图 2-58　混凝土超声波检测示意

图 2-59　超声波检测实景

3. 超声回弹综合法检测仪（ultrasonic rebound testing instrument）

超声回弹综合法既能反映混凝土的弹性和塑性，又能反映混凝土的表层状态和内部构造。试验证明，超声回弹综合法的测量精度优于超声法或回弹法。采用超声回弹综合法检测混凝土强度时，应严格遵照《超声回弹综合法检测混凝土强度技术规程》（T/CECS 02—2020）的要求进行。超声的测点应布置在同一个测区回弹值的测试面上，测量声速的探头安装位置不宜与回弹仪的弹击点重叠。测点布置如图 2-60 所示。在结构或构件的每一测区内，宜先进行回弹测试，后进行超声测试，只有同一个测区内所测得的回弹值和声速值才能作为推算混凝土强度的综合参数。超声回弹综合法现场检测如图 2-61 所示。

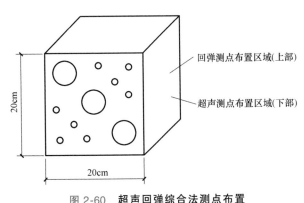

图 2-60　超声回弹综合法测点布置

图 2-61　超声回弹综合法现场检测

4. 钻芯取孔机（core drilling machine）

混凝土钻孔取芯机示意如图 2-62 所示。其优点为不需要建立混凝土的某种物理量与强度之间的换算关系，是一种较为直观可靠的检测混凝土强度的方法。其缺点为需要从结构构件上取样，对原结构有局部损伤，是一种能反映被测试结构混凝土实际状态的现场检测的半破损试验方法。钻芯法主要包括芯样钻取、芯样加工、芯样试验和强度推定4个方面。

5. 后装拔出法试验装置

后装拔出法的试验装置是由钻孔机、磨槽机、锚固件及拔出仪等组成。钻孔机与磨槽机在混凝土上钻孔，并在孔内磨出凹槽，以便安装胀簧和胀杆。钻孔机可用金刚石薄壁空心钻或冲击电锤，并应带有控制垂直度及深度的装置和水冷却装置。磨槽机可用电钻配以金刚石磨头、定位圆盘及水冷却装置。拔出试验的反力装置可采用圆环式，如图2-63所示，其原理：通过拉拔安装在混凝土中的锚固件，测定极限拔出力，并根据预先建立的极限拔出力与混凝土抗压强度之间的相关关系推定混凝土抗压强度。

圆环式后装拔出试验装置的反力支承内径 d_3 为 55mm，锚固件的锚固深度 h 为 25mm，钻孔直径 d_1 为 18mm。当混凝土粗骨料最大粒径不大于 40mm 时，宜优先采用圆环式拔出法检测装置。

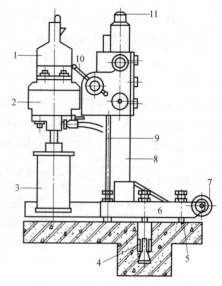

图 2-62　混凝土钻孔取芯机示意

1—电动机　2—变速箱　3—钻头　4—膨胀螺栓
5—支承螺栓　6—底座　7—行走轮　8—立柱
9—升降齿条　10—手柄　11—堵盖

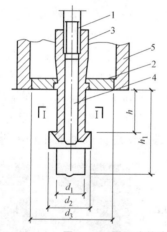

2-10　高精度粘结钢筋拉拔仪

图 2-63　圆环式拔出试验装置示意

1—拉杆　2—对中圆盘　3—胀簧　4—胀杆　5—反力支承

💡 **小贴士**

检测法精度与破损程度比较见表2-3。

表2-3　检测法精度与破损程度比较

混凝土强度检测法	破损度	精度
回弹法	无损	偏低
超声法	无损	偏低
超声回弹综合法	无损	较超声法高
钻芯法	损伤较大	最高
后装拔出法	有一定损伤	较高

2.12.2　砌体强度检测仪器（masonry strength testing instrument）

1. 原位压力机（in situ press）

原位压力机是采用液压系统，对砌体抗压强度进行现场检测的专用设备，与测试砖及砂浆强度间接推算砌体抗压强度相比更为直观，为房屋的可靠性鉴定、加固、改建、加层及工程事故的分析提供可靠的数据。图 2-64 与图 2-65 所示为原位压力机测试工作状况和墙体检测实景。

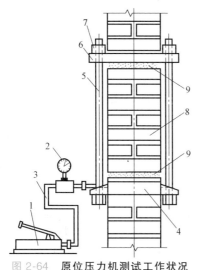

图 2-64　原位压力机测试工作状况

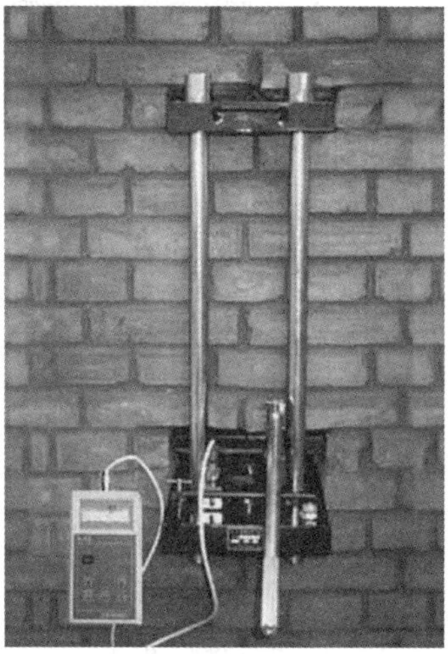

图 2-65　原位压力机墙体检测实景

1—手动油泵　2—压力表　3—高压油管　4—扁式千斤顶
5—拉杆（共 4 根）　6—反力板　7—螺母　8—槽间砌体　9—砂垫层

2. 扁顶法检测仪（flat top detector）

扁顶法检测仪是用于检测建筑砌体的受压弹性模量、抗压强度或墙体的受压工作应力的专用仪器。该仪器是由扁式液压千斤顶、手动油泵、压力表、反力架组成。仪器实物如图 2-66 所示。该仪器通过活塞上升推动盖板对砌块产生作用力，从而检测砌体抗压强度，测试结果直观性强，检测部位局部破损。检测时，在墙体的水平灰缝处开凿两条槽孔，安放扁式液压千斤顶、油泵等检测设备。加载设备由手动油泵、扁式液压千斤顶等组成。测试装置与变形测点布置如图 2-67 所示。

图 2-66　扁顶法砌体抗压强度检测仪

3. 原位剪切仪（in situ shear apparatus）

原位剪切仪是用于检测建筑砌体抗剪强度的专用仪器。该仪器是一台小型液压装置，通过活塞上升推动盖板对砌块产生作用力，使砌块上下两面发生剪切，通过测定砌块发生剪切时的力来计算砌体的抗剪强度。原位剪切仪的测试结果直观性强，检测部位局部破损。原位剪切仪示意与实物如图 2-68 和图 2-69 所示。检测时，将原位剪切仪的主机安放在墙体的槽孔内，并应以一或两块并列完整的顺砖及其上下两条水平灰缝作为一个测点（试件），其工作状况如图 2-70 所示。

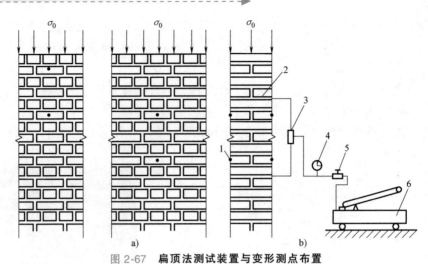

图 2-67　**扁顶法测试装置与变形测点布置**

a）测试受压工作应力　b）测试弹性模量、抗压强度

1—变形测量脚标（两对）　2—扁式液压千斤顶　3—三通接头　4—压力表　5—溢流阀　6—手动油泵

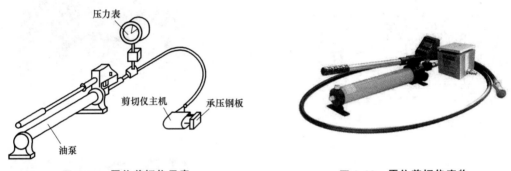

图 2-68　**原位剪切仪示意**　　　　　图 2-69　**原位剪切仪实物**

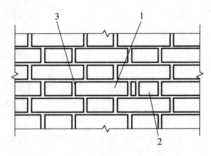

图 2-70　**原位单砖双剪试验示意**

1—剪切试件　2—剪切仪主机　3—掏空的竖缝

2.12.3　混凝土裂缝深度检测仪（concrete crack depth detector）

混凝土结构的裂缝深度测试通常用超声法（ultrasonic method）。20 世纪 40 年代，国外开始将超声法用于混凝土的测试，随后发展迅速，今已在工程中广泛应用。超声法基本原理：当混凝土中存在缺陷或损伤时，超声脉冲通过缺陷产生绕射，传播的声速比相同材质无

缺陷混凝土的传播声速要小，声时偏长。由于缺陷界面产生反射，能量显著衰减，将波幅和频率的相对变化与同条件下的混凝土进行比较，可以判断和评定混凝土的缺陷和损伤情况，如图 2-71 和图 2-72 所示。

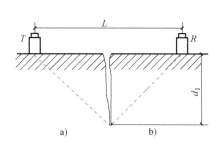

图 2-71　平法检测裂缝宽度

图 2-72　裂缝宽度平法实测

对于结构混凝土开裂深度小于或等于 500mm 的裂缝，可用平测法或斜测法进行检测。对于结构的裂缝部位只有一个可测表面时，可采用平测法检测。将仪器的发射换能器和接收换能器对称布置在裂缝两侧，如图 2-71 所示，其距离为 L，超声波传播所需时间为 t_0。再将换能器以相同距离 L 平置在完好混凝土的表面，测得传播时间为 t。裂缝的深度可以根据对比用计算公式换算。实际检测时，可进行不同测距的多次测量，取其平均值作为该裂缝的深度值。这里的裂缝深度 d_1 可按下式计算

$$d_1 = \frac{L}{2}\sqrt{\left(\frac{t_0}{t}\right)^2 - 1} \tag{2-14}$$

2.12.4　钢筋位置检测仪（rebar position detector）

混凝土结构中钢筋检测的主要内容包括钢筋的配置、钢筋的材质和钢筋的锈蚀。钢筋检测仪（见图 2-73）主要用于混凝土结构中钢筋位置、钢筋分布及走向、保护层厚度、钢筋直径的探测，结构中铁磁体（如电线、管线）走向及分布进行探测。主要应用于以下方面：①混凝土结构施工质量验收检测；②在建工程的安全性和耐久性评估；③旧有结构评估，改造时对配筋量的检测；④楼板或墙体内电缆、水暖管道等的分布及走向探测。

钢筋检测仪的工作原理：仪器通过传感器向被测结构内部局域范围发射电磁场，同时接收在电磁场覆盖范围内铁磁性介质产生的感生磁场，并转换为电信号。主

图 2-73　钢筋检测仪

机系统实时分析处理数字化的电信号，并以图形、数值、提示音等多种方式显示出来，从而准确判断钢筋位置、保护层厚度、钢筋直径。钢筋越接近探头、钢筋直径越大时，感应强度越大，相位差也越大。仪器主要由主机、信号传感器及数据传输线组成。

2.12.5 钢筋锈蚀检测仪 (steel corrosion detector)

既有结构钢筋的锈蚀是混凝土保护层胀裂和剥落等破坏现象产生的主要原因，直接影响到结构的承载能力和耐久性。因而在进行结构鉴定时，必须对钢筋锈蚀情况进行检测。

混凝土中钢筋的锈蚀是一个电化学的过程。钢筋因锈蚀而在表面有腐蚀电流存在，使电位发生变化。图 2-74 所示为检测仪器。检测时采用有铜-硫酸铜作为参考电极的半电池电位法测量钢筋表面与探头之间的电位差 (potential difference)。利用钢筋锈蚀程度与测量电位高低变

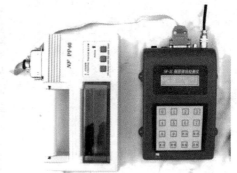

2-11 钢筋锈蚀与位置检测仪

图 2-74 **钢筋锈蚀检测仪**

化的一定关系，可以判断钢筋锈蚀的可能性及其锈蚀程度。

2.12.6 渗透性检测仪 (permeability testing equipment)

耐久性 (durability) 是当今土木工程界普遍关注的重大问题之一。耐久性与其自身渗透性 (permeability) 密切相关，因此抗渗性是评估耐久性的一项指标。目前常见的方法有水压法、气压法与离子法，下面对应用较广的 AUTOCLAM 渗透性检测仪与 GWT 渗透性检测仪进行简介。

AUTOCLAM 渗透性检测仪 (见图 2-75) 是北爱尔兰贝尔法斯特女王大学研制开发的。其主要原理：在透气性试验中，空气气压随时间的衰减被自动记录，用以计算混凝土的透气性指数；而在吸水率和透气性试验中，混凝土在恒定压力作用下 (吸水率试验为 0.02bar，透气性试验为 0.5bar) 吸水体积被自动记录，用以计算混凝土的吸水率和透水性指数。该试验不对混凝土表面造成损伤，是一种无损检测方法。

GWT 渗透性检测仪 (见图 2-76) 的工作原理：在混凝土表面施加水压力，通过水的渗透量来评价混凝土的表面情况。使用步骤如下：①用快凝 GRA 胶将防水垫圈牢固粘贴在混凝土表面，借助锚固在混凝土表面上的两个夹钳，将压力腔与垫圈黏结在一起，或使用吸板来固定；②打开阀门，充入水，在所设定的压力达到之前，应关闭阀门和腔顶的盖子；③用

图 2-75 **AUTOCLAM 渗透性检测仪**

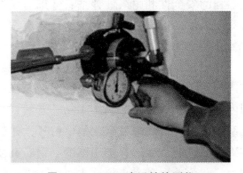

图 2-76 **GWT 渗透性检测仪**

测微计保持活塞压入压力室中的压力值，使水不断地向混凝土中渗入；④测微计随时间得到的读数便可用来评价被检测表面的渗水特性。

2-12　浙江理工大学墙体抗渗性能检测设备现场检测

2-13　随堂小测

本 章 小 结

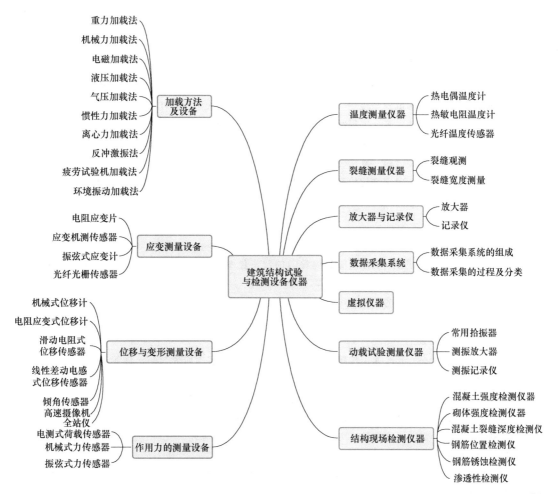

复习思考题

2-1 简单介绍常用的加载系统设备。

2-2 用长 370mm，宽 240mm 的混凝土砌块给双向宽度均为 6000mm 的矩形钢筋混凝土楼板加均布荷载，试进行区格划分。放置 8 层试块所加的均布荷载是多少？

2-3 在重力加载法中，为什么利用水进行重力加载是一种简易方便且较为经济的方法？

2-4 什么是电磁加载法？有哪两种加载设备？

2-5 液压加载有哪些优点？常用的液压加载设备有哪几种？

2-6 机械力加载的优缺点是什么？常用的加载设备有哪几种？

2-7 电测的应变理论根据是什么？

2-8 裂缝宽度如何测量？

2-9 简单介绍常用的现场试验的荷载装置。

2-10 简述惯性式拾振器的工作原理。动态数据采集系统由哪三部分组成？

2-11 写出数据采集系统进行数据采集的步骤。

参 考 文 献

[1] 张望喜. 结构试验 [M]. 武汉：武汉大学出版社，2016.

[2] 王天稳，李杉. 土木工程结构试验 [M]. 2版. 武汉：武汉大学出版社，2018.

[3] 熊仲明，王社良. 土木工程结构试验 [M]. 2版. 北京：中国建筑工业出版社，2015.

[4] 周明华. 土木工程结构试验与检测 [M]. 3版. 南京：东南大学出版社，2013.

[5] 朱尔玉，冯东，朱晓伟，等. 工程结构试验 [M]. 北京：北京交通大学出版社，2016.

[6] 赵来顺，张淑云. 土木工程结构试验与检测 [M]. 北京：化学工业出版社，2015.

[7] 马永欣，郑山锁. 结构试验 [M]. 北京：科学出版社，2015.

[8] 中国建筑工业出版社. 建筑结构检测维修加固标准汇编 [M]. 北京：中国建筑工业出版社，2016.

网 络 资 源

[1] 傅军，金伟良，康锋，等. 墙体浅层裂缝检测的数字化图像处理方法 [J]. 土木建筑与环境工程，2009，31（06）：137-141.

[2] 王瑞迪. 万能材料试验机的操作及维护保养 [J]. 设备管理与维修，2019（14）：17-18.

[3] 朱永，陈伟民，封君，等. 混凝土固化期收缩应变监测的光纤珐珀传感器 [J]. 土木工程学报，2001，34（5）：24-28.

[4] 孙丽，李宏男，任亮. 光纤光栅传感器监测混凝土固化收缩实验研究 [J]. 建筑材料学报，2006，9（2）：148-153.

[5] 徐国权，熊代余. 光纤光栅传感技术在工程中的应用 [J]. 中国光学，2013，6（03）：306-317.

[6] 白伟亮. 某现浇混凝土楼板裂缝检测评定与加固 [J]. 建筑结构，2020，50（13）：24-29.

[7] 冯少孔，黄涛，李海枫. 大型预应力混凝土立墙内裂缝检测与成因浅析 [J]. 上海交通大学学报，2015，49（07）：977-982.

[8] 伍星华，王旭. 国内虚拟仪器技术的应用研究现状及展望 [J]. 现代科学仪器，2011（04）：

112-116.

［9］　傅军，于悦，叶佳斌，等. 墙材孔隙结构及抗渗性能现场检测方法综述与墙体抗渗性测试仪器设计［C］//全国砌体结构委员会 2019 年新型墙体基本理论及工程应用学术大会论文集，2019.

［10］　张苑竹，金立乔，魏新江，等. 水压下开裂混凝土中水分渗透红外试验［J］. 中国公路学报，2018，31（08）：129-136.

［11］　王成辉，常乐，赵有山. 取芯法检测普通混凝土抗水渗透性能的研究［J］. 混凝土，2016（11）：149-151，154.

［12］　李正农，郝艳峰，刘申会. 不同风场下高层建筑风效应的风洞试验研究［J］. 湖南大学学报（自然科学版），2013，40（7）：9-15.

建筑结构试验设计基础 | 第3章

Design Foundation of Building Structural Test

内容提要

　　本章介绍了进行结构试验所要掌握的一些基础概念与知识。内容包括试验组织与程序，试件的形状、尺寸与数量设计，荷载的设计，动力试验的原理和参数，试验过程的观测和测量设计，应变和其他参数的测量，结构试验与材料力学性能关系，荷载反力设备等，最后介绍了试验报告的内容。教学重点：试件设计，加载制度，结构拟动力试验的原理，动力特性试验的方法，仪器测读的原则，应变测试和桥路连接原理，结构试验报告的内容。

能力要求

　　熟悉建筑结构试验的完整试验过程及注意事项。

　　掌握荷载图式，加载程序。

　　了解动力试验的工作内容。

　　掌握测点的选择和布置，测量仪器的选择。

　　掌握应变测试和桥路连接原理。

　　掌握试验参数的测读原则、设备的操作。

　　熟悉编写试验大纲与报告的步骤。

3.1　结构试验组织与程序

　　建筑材料试验有规范化的仪器仪表、试验程序和要求，大部分都是标准化的，而结构试验个性化很强。另外，结构试验试件的设计要求比较特殊，施工成本较高，设备数量、品种多，试验人员数量多，操作风险较大，易耗品数量大、费用高，测点数量、品种多，这些使得试验组织工作的难度大、成本高。故在试验进行前，应对试验进行严密的组织分析与程序规划，确保试验顺利进行。

3.1.1　结构试验组织（structure test organization）

　　建筑结构试验没有固定的模式，而且结构试验试件的设计要求比较特殊，施工成本较高，试验周期长、重复性差，试验一旦失败，其损失难以挽回。因此，结构试验组织工作非常重要，在试验前需对整个试验工作进行统筹，一般程序可以参见表3-1。

表 3-1　结构试验组织一般程序

方案设计准备	调研规划计划	步骤:了解试验任务、开展研究调查、收集试验资料、确定试验要素、进行试验设计 准备工作:试验调查、人员分工、技术准备、进度设计、经费预算和试验安全 调查方法:实地调查、信函调查、电话调查和网上调查等
试件的准备	试件设计	应考虑到试件安装、固定及加载测量的需要,在试件上做必要的构造处理
	试件制作	试件制作工艺必须严格按相应施工规范进行,并做详细记录,按要求留足材料力学性能试验试件并及时编号
	质量验收	检查设计图纸并详细记录存档。在既有房屋的鉴定性试验中,还必须对试验对象的环境和地基基础等进行一些必要的调查与考察
	表面处理及测点布置	修补有碍试验观测的缺陷,为方便操作,有些测点布置和处理也应同时进行(如手持应变计、杠杆应变计、百分表应变计脚标的固定,钢测点的去锈,应变计的粘贴,接线和材性非破损检测等)
试验设备的准备		试验之前应对加载设备和测量仪表进行检查、修整、率定(calibration)
场地的准备		试件进场前应对试验场地进行清理和安排,包括清除不必要的杂物、集中安排好试验使用的资源
辅助试验		辅助试验多半在加载试验阶段之前进行,以取得试件材料的实际强度,便于对加载设备和仪器仪表的量程等做进一步的验算。但对一些试验周期较长的大型结构试验或试件组别很多的系统试验,为使材性试件和试验结构的龄期尽可能一致,辅助试验也常常和正式试验穿插进行
试件的安装就位	简支结构	简支结构的两支点应在同一水平面上,高差不宜超过 1/50 试件跨度。试件、支座、支墩和台座之间应密合稳固,为此常采用砂浆坐浆处理
	超静定结构	超静定结构,包括四边支承和四角支承板的各支座应保持均匀接触,最好采用可调支座,也可采用砂浆坐浆或湿砂调节
	扭转试件	扭转试件安装应注意扭转中心与支座转动中心的一致,可用钢垫板等加垫调节
	嵌固支承	嵌固支承,应上紧夹具,避免松动或滑移
	卧位试验	卧位试验,试件应平放在水平滚轴或平车上,以减轻试验时试件水平位移的摩阻力,也防止试件侧向下挠
	吊装	试件吊装时,平面结构应防止平面外弯曲、扭曲等变形发生;细长杆件的吊点应适当加密,避免弯曲过大;钢筋混凝土结构在吊装就位过程中,应保证不出裂缝,尤其是抗裂试验结构,必要时应附加夹具,提高试件刚度
加载设备的安装		加载设备的安装,应根据加载设备的特点按照大纲设计要求进行。有的与试件就位同时进行,如支承机构,有的则在加载阶段加上许多加载设备,大多数是在试件就位后安装
测量仪表的安装		仪表安装位置按观测设计确定。安装后应及时把仪表号、测点号、位置和连接仪器上的通道号一并记入记录表中
试验的实施	加载	加载试验是整个试验过程的中心环节,应按规定的加载顺序和测量顺序进行
	测量	重要的测量数据应在试验过程中随时整理分析并与事先估算的数值比较,发现有反常情况时及时检查,查明原因后才能继续加载
	记录及描述	对节点的松动与异常变形,钢筋混凝土结构裂缝的出现和发展,特别是结构的破坏情况应进行详尽的记录及描述
	破坏后的处理	试件破坏后要拍照和测绘破坏部位及裂缝简图,必要时,可从试件上切取部分材料测定力学性能,试件须保留,以备进一步核查
试验过程整理及计算分析		根据材性试验数据和设计计算图式,计算出各个荷载阶段的荷载值和各特征部位的内力、变形值等 试验总结阶段的工作内容包括以下几方面:①试验数据处理;②试验结果分析;③完成试验报告

3.1.2 结构试验程序（structure test procedure）

一般建筑结构试验的程序如图 3-1 所示。

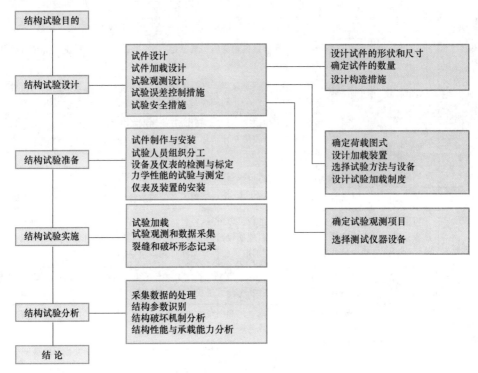

图 3-1　一般建筑结构试验的程序

3.2 试件设计

试件（test specimen）是结构试验的对象，它可以是实际结构的整体，也可以是单一构件。当不能用原型或足尺模型结构进行试验时，也可采用它的缩尺比例的模型结构或构件，此时试验的模型应考虑与原型之间的相似关系。结构试验的试件设计包括试件形状、尺寸、数量及构造措施，同时必须满足结构受力的边界条件（boundary condition）、试验的破坏特征、试验加载条件的要求，最后以最少的试件数量获得最多的试验数据，反映研究的规律，满足研究任务的需求。

3.2.1 试件形状（specimen shape）

在设计试件形状时最重要的是要创造和设计目的相一致的应力状态。对于静定系统中的单一构件，如梁、柱、桁架（truss）等，一般构件的实际形状都能满足要求，问题比较简单。若从整体结构中（比较复杂的超静定体系）取出部分构件进行试验，必须要注意其边界条件的模拟，使其能如实反映该部分结构构件的实际工作条件。

例如，对于砖石与砌块的墙体试件，可设计成带翼缘或不带翼缘的单层单片墙，也可采用双层单片墙或开洞墙体的形式，如图 3-2 所示。若纵墙（vertical wall）墙面开有大量窗

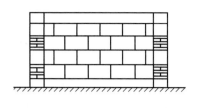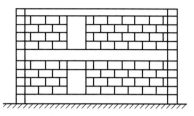

图 3-2　砖石与砌块的墙体试件

洞，可设计成有两个或一个窗间墙的双肢或单肢窗间墙的试件，如图 3-3 所示。

以上所示的任一种试件的设计，其边界条件的实现与试件的安装、加载装置与约束条件等也有密切关系，这必须在试验总体设计时进行周密考虑。

3.2.2　试件尺寸（specimen size）

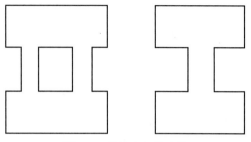

图 3-3　纵墙窗间墙试件

结构试验所用试件的尺寸和大小可分为原型（真型）和模型两类。模型试验是常用的方法，但是模型的尺寸和比例需要仔细研究。具体内容参见模型试验章节。

试件太小则为微型试件（miniature specimen），试验时要考虑尺寸效应（size effect）。

从国内外已发表的试验研究文献来看，钢筋混凝土试件的尺寸范围很广，其中小试件可以小到构件截面只有几厘米，大尺寸可以大到结构物的真型。

国内试验研究中采用框架截面尺寸约为真型的 1/4 ~ 1/2，还做过 3 ~ 5 层的足尺轻板框架试验。在框架节点方面，国内外一般都做得比较大，为真型的 1/2 ~ 1，这和节点中要求反映配筋特点有关。作为基本构件性能研究，压弯构件的截面为 16cm×16cm ~ 35cm×35cm，短柱（偏压剪）为 15cm×15cm ~ 50cm×50cm，双向受力构件为 10cm×10cm ~ 30cm×30cm，单层剪力墙的外形尺寸为 80cm×100cm ~ 178cm×274cm，多层剪力墙为真型的 1/10 ~ 1/3，砖石及砌块的砌体试件尺寸一般取为真型的 1/4 ~ 1/2。

国内外多层足尺房屋或框架试验的实践证明：足尺真型的试验并不合算，目标问题（如抗震能力的评定）无法解决，而足尺能解决的问题（如破坏机制等）小比例尺试件也可以。虽然足尺结构具有反映实际构造的优点，但试验所耗费的经费和人工如用来做小比例尺试件，可以大大增加试验数量和品种。而且试验室的条件比野外现场要好，测试数据的可信度也高。因此，局部性的试件尺寸可取为真型的 1/4 ~ 1，整体性的结构试验试件可取 1/10 ~ 1/2。

 小贴士　尺寸效应的定义及现象

尺寸效应，即当一个材料的尺寸减小至一定程度，其性质发生突变的效应。对于动力试验（dynamic test），试验尺寸经常受试验激振加载条件因素的限制，一般可在现场的真型结构上进行试验，测量结构的动力特征。对于在实验室内进行的动力试验，可以对足尺构件进行疲劳试验。在模拟振动台上试验时，由于受振动台台面尺寸和激振力大小等参数限制，一般只能进行模型试验。

3.2.3 试件数目（number of test pieces）

在进行试件设计时，除了需要对试件的形状、尺寸进行仔细研究外，试件数量也是一个不可忽视的重要问题。

生产性试验一般按照试验任务的要求来明确试验对象，按照《混凝土结构工程施工质量验收规范》（GB 50204—2015）的规定来确定试件数量；科研性试验按照研究要求专门设计制造试验对象，试件数量主要取决于测试参数的多少，需要测试的参数越多，试件数量越多。采用科学的正交设计法（orthogonal design）进行设计，则可在大幅度减少试件数量同时满足试验目标要求。

正交试验设计法是一种科学安排试验方案（试件设计方案）和分析试验结果的有效方法。它主要使用正交表这一工具来进行整体设计、综合比较，可以妥善解决实际所做少量试件试验与要求全面掌握内在规律之间的矛盾，合理安排试验。

常用正交表见表3-2和表3-3。在试验中被研究的因素，称为试验因子。其中的 $L_9(3^4)$ 表示有4个因子，每个因子有3个水平（变化的档次，称作水平），组成的试件数目为9个，即采用正交表 $L_9(3^4)$ 的组合，可将原来要求的81个试件综合为9个。

表3-2 **试件数目正交设计 $L_9(3^4)$**

试件数	因子1	因子2	因子3	因子4
1	1	1	1	1
2	1	2	2	2
3	1	3	3	3
4	2	1	2	3
5	2	2	3	1
6	2	3	1	2
7	3	1	3	2
8	3	2	1	3
9	3	3	2	1

表3-3 **试件数目正交设计 $L_{12}(3^1 * 2^4)$**

试件数	因子1	因子2	因子3	因子4	因子5
1	2	1	1	1	2
2	2	2	1	2	1
3	2	1	2	2	2
4	2	2	2	1	1
5	1	1	2	2	2
6	1	2	1	2	1
7	1	1	2	1	1
8	1	2	2	1	2
9	3	1	1	1	1
10	3	2	1	1	2
11	3	1	2	2	1
12	3	2	2	2	2

表 3-3 中的 L_{12} ($3^1 * 2^4$) 表示有 5 (1+4) 个因子，第一个因子有 3 个水平，第 2~5 个因子各有 2 个水平，组成的试件数目为 12 个。

✎ 小贴士

1）试件数量设计是一个多因素问题，在实践中应该使整个试验的数目少而精，以质取胜，切忌盲目追求数量，要以最少的试件，最小的人力、经费，得到最多的数据。

2）要使通过设计所决定的试件数量经试验得到的结果能反映试验研究的规律性，满足研究目的的要求。

3.2.4　试件设计的构造要求

在试件设计中，当确定了试验形状、尺寸和数量后，在每一个具体试件的设计和制作过程中，还必须考虑试件安装、加载、测量的需要，在试件上做出必要的构造措施（structural measures），这对于科研试验尤为重要。

这些构造是根据不同加载方法设计的，但在验算这些附加构造的强度时必须保证其强度储备大于结构本身的强度安全储备，这不仅要考虑到计算中可能产生的误差，还必须保证它不产生过大的变形，以致改变加荷点的位置或影响试验精度。当然更不允许因附加构造的先期破坏而妨碍试验的继续进行。

在试验中为了保证结构或构件在预定的部位破坏，以期得到必要的测试数据，就需要对结构或构件的其他部位事先进行局部加固，见表 3-4。

表 3-4　**试件加载装置构造要求**

强度要求	对于加载装置的强度，首先要满足试验最大荷载量的要求，保证有足够的安全储备，同时要考虑到结构受载后有可能使局部结构的强度有所提高
刚度要求	混凝土试件的支承点应预埋钢垫板，在试件承受集中荷载的位置上应预埋钢板，以防止试件因局部承压及变形而破坏，如图 3-4a 所示
	试件加载面倾斜时，应做出凸缘，以保证加载设备的稳定设置，如图 3-4b 所示
	在钢筋混凝土框架进行恢复力特征试验时，为了框架端部侧面施加反复荷载的需要，应设置预埋构件以便与加载用的液压加载器或测力传感器连接，为保证框架柱脚部分与试验台的固接，一般均设置加大截面的基础梁，如图 3-4c 所示
	在砖石或砌块的砌体试件中，为了使施加在试件上的垂直荷载能均匀传递，一般在砌体试件的上下均预先浇筑混凝土垫块，下面的垫梁可以模拟基础梁，使之与试验台座固定，上面的垫梁模拟过梁传递竖向荷载
	在做钢筋混凝土偏心受压构件试验时，在试件两端做成牛腿以增大端部承压面，以便施加偏心荷载，并在上下端加设分布钢筋网
真实性要求	试验加载装置设计要能符合结构构件的受力条件，要求能模拟结构构件的边界条件和变形条件，严防失真
	如柱的弯剪试验，若采用图 3-5 所示的加载方法，在轴向力的加力点处会有弯矩产生，形成负面约束，以致其应力状态与设想的有所不同，为了消除这个约束，在加载点和反力点处均应加设滚轴
简便性要求	试验加载装置应尽可能简单，组装时花费时间较少，特别是当要做若干同类型试件的连续试验时，还应考虑便于试件的安装，并缩短其安装调整的时间

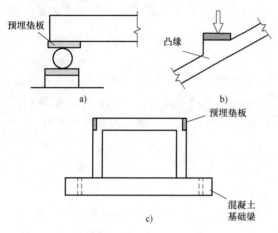

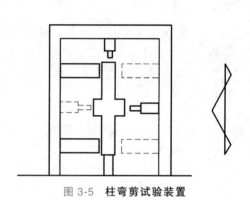

图 3-4 试件设计时考虑加载需要的构造措施

图 3-5 柱弯剪试验装置

3.3 荷载设计

结构试验荷载设计与试验目的、试件形式、试件承受荷载形式及试验加载条件等有关。正确、合理地进行荷载设计是完成试验工作、保证试验质量的重要环节之一。荷载设计的一般内容和要求包括试件就位形式、试验荷载图式确定、试验荷载值的计算依据、试验装置选择的一般要求、试验加载制度（test loading system）。

3.3.1 试件就位形式（specimen in place form）

1. 正位试验

正位试验（orthostatic test）是指试验试件与实际工作受力状态相一致的就位形式。正位试验的试件受力状态符合实际，结构试验应优先采用正位试验。如梁、板和屋架等简支静定构件，构件应受压面向上，受拉面向下。受弯构件正位试验如图 3-6 所示。

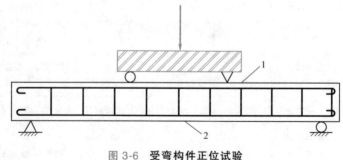

图 3-6 受弯构件正位试验

1—受压面 2—受拉面

2. 卧位试验

卧位试验（recumbent test）是指将试验试件平卧放置，与实际工作受力状态不一致的就位形式。为减少构件变形及支承面间的摩擦阻力和自重弯矩，应将试件平卧在滚轴或平台车上，使其保持水平状态。卧位试验适于自重较大的梁和柱，跨度大、矢高大的屋架及桁架等重型构件，不便于吊装运输和进行测量的构件。卧位试验可大幅度降低试验装置的高度，便于布置测量仪表和数据测量。由于受到反力装置的限制，一些现场卧位试验采用成对构件试验的方法，该法可简化平面外支撑系统，用比较简单的试验装置完成加载任务，适用于现场加载试验，如图 3-7 所示。

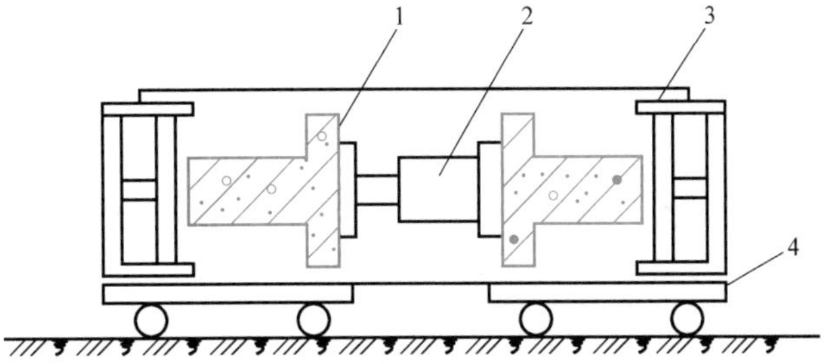

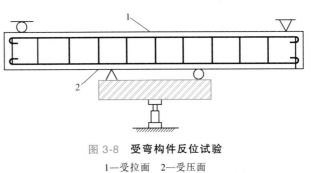

图 3-7　**吊车梁成对卧位试验**

1—试件　2—千斤顶　3—支承反力架　4—滚动平车

3. 反位试验

反位试验（inversion test）是指试验试件与实际工作受力状态相反的就位形式。反位试验可以简化和减少加载装置，但外荷载首先要抵消构件自重。因此，对于自重较大的混凝土构件，在反位试验安装时要注意自重作用可能会引起受压区的开裂。当研究混凝土构件抗裂或裂缝宽度时，可采用反位试验，使其受拉区向上，这样可方便观察裂缝的开展情况并获取裂缝宽度值，如图 3-8 所示。

图 3-8　**受弯构件反位试验**

1—受拉面　2—受压面

4. 原位试验

原位试验（in situ test）是指试验的构件处于实际工作位置的就位形式。原位试验的支承情况、边界条件与实际工作状态完全一致。对既有结构进行现场试验时，均采用原位试验。但原位试验构件与单个构件试验不完全一样，如果出现支承不是理想的支座，邻近构件对试件部分产生卸荷作用等情况，应在试验设计时引起注意。

3.3.2　试验荷载图式（test load pattern）

试验结构构件的试验荷载布置形式称为荷载图式。一般情况下，荷载图式应与理论计算简图一致，使试验结构构件的受力状态与实际情况接近。受试验条件限制时，可采用控制截面（或部位）上产生与某一相同作用效应的等效荷载（equivalent load）进行加载。如当进行承受均布荷载的简支梁试验时，以几个集中荷载代替均布荷载，且集中荷载点越多，结果越接近理论计算简图。简支梁的等效荷载如图 3-9 所示，可以看出，当采用八分点四集中荷载的加载形式时（见图 3-9d），截面内力图已较趋近理论计算结果。

采用等效荷载时，由于控制截面的其他效应和非控制截面的效应可能有差别，必须全面验算由于荷载图式改变对试验构件造成的各种影响。对关系明确的影响，必要时可对结构构件进行局部加强或对某些参数进行修正。如由外荷载作用产生的弯矩和剪力可能引起钢筋混凝土梁发生除弯曲破坏以外的剪切破坏（shear failure），因此，可以在钢筋混凝土梁剪跨区进行局部加强，防止钢筋混凝土梁剪切破坏先于弯曲破坏（bending failure）。另外，当等效荷载引起构件变形差别时，则需要对所测量的变形进行适当修正。

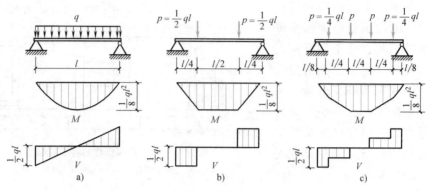

图 3-9　简支梁的等效荷载

小贴士　等效荷载

等效荷载不是全等效，如 M、V 等效时，刚度与挠度可能不等效。一般情况下，一个试件上仅允许施加一种加载图式。如果在一个试件上施加两种以上的加载图式，必须对已施加加载图式试验的构件进行补强，并确保构件损伤对要施加加载图式试验的结果不会带来任何影响，才能对同一个试件进行不同的加载图式的试验。

3.3.3　试验加载制度（test loading system）

试验加载制度是指试验进行期间荷载与时间的关系，包括加载速度、加载时间间隔、分级荷载值和加卸载循环次数等，也称加载谱（loading spectrum）。结构构件承载力和变形性质与受荷载作用的时间特征相关，不同性质试验对加载制度的要求不同；结构拟静力试验采用荷载控制和变形控制的低周反复加载；结构拟动力试验采用结构受地震地面运动加速度作用后的位移反应时程曲线进行加载；一般结构动力试验采用正弦激振试验；结构抗震动力试验则采用模拟地震地面运动加速度地震波的随机激振试验。

静载试验加载程序一般包括预加载、标准荷载、破坏荷载三个阶段的一次单调静力加载，如图 3-10 所示。

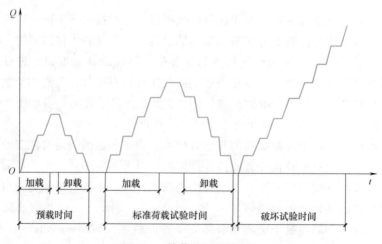

图 3-10　静载试验加载程序

试验加载分级加（卸）载主要是为了方便控制加（卸）载速度和观测分析结构的各种变化，也为了统一各点加载的步调，不同阶段的加（卸）载要求见表 3-5。

表 3-5　不同阶段的加（卸）载要求

预载		预载一般分三级进行，每级取标准荷载值的 20%。然后分级卸载，分 2～3 级卸完。加（卸）一级，停歇 10min。对混凝土等试件，预载值应小于计算开裂荷载值且不宜超过开裂荷载值的 70%
正式加载	荷载分级	在加载达到标准荷载前，每级加载值不应大于标准荷载的 20%，一般分五级加至标准荷载；达到标准荷载之后，每级不宜大于标准荷载的 10%；当荷载加至计算破坏荷载的 90% 后，每级应取不大于标准荷载的 5%；需要做抗裂检测的结构，加载规则同上，直至第一条裂缝出现 为了使结构在荷载作用下的变形得到充分发挥和达到基本稳定，每级荷载加完后应有一定的级间停留时间，钢结构一般不少于 10min，钢筋混凝土和木结构应不少于 15min
	满载时间	钢结构和钢筋混凝土结构不应少于 30min；木结构不应少于 1h；拱或砌体为 3h；预应力混凝土构件，满载 30min 后加至开裂，在开裂荷载下再持续 30min（检验性构件不受此限） 对于跨度大于 12m 的屋架、桁架等结构构件，为了确保使用期间的安全，要求在使用状态短期试验荷载作用下的持续时间不宜少于 12h，在这段时间内若变形不断增长，还应延长持续时间直至变形发展稳定。如果荷载达到开裂试验荷载计算值时，试验结构已经出现裂缝则开裂试验荷载可不必持续作用
	空载时间	受载结构卸载后到下一次重新开始受载的间歇时间称空载时间。对于一般的钢筋混凝土结构空载时间取 45min；对于较重要的结构构件和跨度大于 12m 的结构取 18h（满载时间的 1.5 倍）；对于钢结构不应少于 30min
卸载		卸载一般可按加载级距操作，也可放大 1 倍或分 2 次卸完。测残余变形应在第一次逐级加载到标准荷载完成恒载，并分级卸载后，再空载一定时间：钢筋混凝土结构应大于 1.5 倍标准荷载的加载恒载时间；钢结构应大于 30min；木结构应大于 24h

3.3.4　试验装置（test device）

梁（板）或屋架等受弯构件、柱（墙）等受压构件及构件抗剪试验装置简图如图 3-11、图 3-12 及图 3-13 所示。

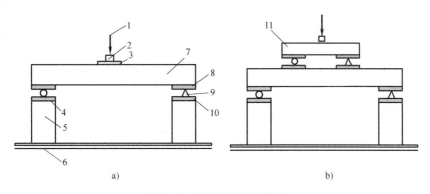

a)　　　　　　　　　　　　　　　　　b)

图 3-11　受弯构件试验装置

a) 单点原位集中加载　b) 单点变双点集中加载

1—荷载　2—荷载传感器　3、4、8、10—垫块　5—支墩　6—承载台　7—试件　9—支座　11—分配梁

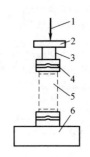

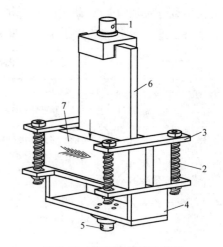

图 3-12　**受压构件试验装置**

1—荷载　2—垫块　3—传感器

4—支座　5—试件　6—承载台

图 3-13　**抗剪构件试验装置**

1—上夹头　2—螺杆　3—压板　4—固定台

5—下夹头　6—中间夹板　7—试件

3.4　结构动力试验设计

建筑结构在使用过程中除了承受静载作用外，还常常承受各种动荷载的作用，如风荷载、地震作用、动力设备对工业建筑的作用、冲击及爆炸荷载等。动荷载除了增大结构受力外，还会引起结构的振动，甚至会引起结构发生疲劳破坏。为了确定结构的动力特性及疲劳特性等，常常需要进行结构动力试验。动力与静力试验明显的区别在于荷载随时间连续变化、结构反应与自身动力特性相关。

3.4.1　结构动力特性试验（structural dynamic characteristics test）

结构动力特性试验的基本内容是测量一些结构动力特性的基本参数，包括结构的自振频率（natural frequency of vibration）、阻尼系数（damping coefficient）和振型（mode of vibration）等，这些参数是由结构形式、质量分布、结构刚度、材料性质、构造连接等因素决定，反映结构本身所固有的动力性能，与外荷载无关。

3-1　智能振弦频率测量仪

用试验法测定结构动力特性，应设法使结构起振，通过分析记录到的结构振动形态，获得结构动力特性的基本参数。结构动力特性试验方法有迫振方法和脉动试验方法两类。迫振方法是对被测结构施加外界激励，强迫结构起振，根据结构的响应获得结构的动力特性。常用的迫振方法有自由振动法和共振法。脉动试验方法是利用地脉动对建筑物引起的振动过程进行记录分析以得到结构动力特性的试验方法，这种试验方法不需要对结构另外施加外界激励。

1. 自由振动法

自由振动法（free vibration method）是设法使结构产生自由振动，通过分析记录仪记录下的有衰减的自由振动曲线，获得结构的基本频率和阻尼系数。使结构产生自由振动的方法较多，通常可采用突加荷载法和突卸荷载法，在现场试验中还可以使用反冲激振器对结构产生冲击荷载，使结构产生自由振动。

2. 共振法

共振（resonant）现象是结构在受到与其自振周期一致的周期荷载激励时，若结构的阻尼为零，则结构的响应随时间增加为无穷大；若结构的阻尼不为零，则结构的响应也较大。共振法就是利用结构的这种特性，使用专门的激振器，对结构施加简谐荷载，使结构产生稳态的强迫简谐振动，借助对结构受迫振动（forced vibration）的测定，求得结构动力特性的基本参数。

3. 脉动法

建筑物由于受外界环境的干扰而经常处于微小而不规则的振动之中，其振幅一般在0.01mm 以内，这种环境随机振动称为脉动（pulsation），脉动法即利用脉动来测量和分析结构动力特性。由于脉动源是一个随机过程，因此脉动也必然是一个随机过程。大量试验证明，建筑物或桥梁的脉动能明显反映结构本身的固有频率及其他自振特性。

采用脉动法的优点：不需要专门的激振设备，不受结构形式、大小的限制。但由于脉动信号较弱，测量时要选用低噪声、高灵敏度的测振传感器和放大器，并配有速度足够快的记录设备。

3.4.2　结构动力反应试验（structural dynamic response test）

1. 结构动态参数测量

结构动力反应试验测量的参数包括振幅、频率、速度、加速度、动应变等。

在测试时，需根据结构情况和试验目的布置适当的仪器，包括位移传感器、速度传感器、加速度传感器、电阻应变计等，并记录振动波形。

2. 结构振动形态测量

结构振动形态以振动变形图表示。通过记录仪器将测点的振动波形记录下来，根据相位关系确定变形的正负号，再根据振幅大小按一定比例绘制在图上，最后将其连接构成结构在动荷载作用下的振动变形图。

3. 结构动力系数测量

对于承受动荷载作用的结构，如交通工程中的桥梁工业建筑中的吊车梁等，需要确定其动力系数，用以判定结构的工作情况。

3.5　观测测量设计

在进行结构试验时，为了对结构物或试件在荷载作用下的实际工作有全面的了解，真实而正确地反映结构的工作，这就要求利用各种仪器设备测量出结构反应的某些参数，为结构分析工作提供科学的依据。因此在正式试验前，应拟定测试方案。

测试方案通常包括的内容：按整个试验目的要求，确定试验测试的项目；按确定的测量项目要求，选择测点位置；综合整体因素选择测试仪器和测定方法。

结构试验的测量技术是指通过一定的测量仪器或手段，直接或间接地取得结构性能变化的定量数据的技术。测量数据的获得是结构试验的最终结果，值得试验人员反复推敲。一般来说，建筑结构试验中的测量系统基本上由结构（试件）、敏感元件（感受装置）、变换器

（传感器）、控制装置、指示记录系统等测试单元组成。

敏感元件所输出的信号是一些物理量，如位移、电压等。测力计的弹簧装置、电阻应变仪中的应变片等都是敏感元件。

变换器（converter）（又叫传感器、换能器、转换器等）可以将被测参数转换成电量，并把转换后的信号传送到控制装置中进行处理。根据能量转换形式的不同，又可将变换器分成电阻式、电感式、压电式、光电式、磁电式等。

控制装置的作用是对变换器的输出信号进行测量计算，使之能够在显示器上显示出来。控制装置中最重要的部分就是放大器，这是一种精度高、稳定性好的微信号高倍放大器。有时在控制装置中还包括振荡电路（如静态电阻应变仪）、整流回路等。

指示记录系统是用来显示所测数据的系统，一般分为模拟显示和数字显示。前者常以指针或模拟信号表示，如 x-y 函数记录仪、磁带记录器；后者用数字形式显示，是比较先进的指示记录系统。

结构试验的主要测量参数包括外力（支座反力、外荷载）、内力（钢筋的应力，混凝土的拉、压力）、变形（挠度、转角、曲率）、裂缝等。相应的测量仪器包括荷载传感器、电阻应变仪、位移计、读数显微镜等。这些设备按其工作原理可分机械式、电测式、光学式、复合式、伺服式；按仪器与试件的位置关系可分为附着式与手持式、接触式与非接触式、绝对式与相对式；按设备的显示与记录方式又可分为直读式与自动记录式、模拟式和数字式。

3.5.1 确定观测项目（determine observation items）

结构在荷载作用下的各种变形可以分为两类：一类是反映结构整体工作状况，如梁的挠度、转角、支座偏移等，叫整体变形（integral deformation），又叫基本变形；另一类是反映结构的局部工作状况，如应变、裂缝、钢筋滑移等，叫局部变形（local deformation）。

在确定试验的观测项目时，应该优先考虑整体变形，整体变形能够概括结构工作的全貌，可以基本上反映出结构的工作状况。如对梁来说，优先考虑挠度、转角的测定往往用来分析超静定连续结构。

对于某些构件，局部变形也是很重要的。如钢筋混凝土结构的裂缝出现，能直接说明其抗裂性能；再如在进行非破坏试验应力分析时，截面上的最大应变往往是推断结构极限强度的最重要指标。因此只要条件许可，根据试验目的，也经常需要测定一些局部变形的项目。

总的来说，破坏性试验本身能够充分地说明问题，观测项目和测点可以少些，而非破坏性试验的观测项目和测点布置，则必须满足分析和推断结构工作状况的最低需要。表 3-6 ~ 表 3-8 列举了一些结构试验中的测试内容，以供参考。

表 3-6　结构静力试验中常用参量汇总

结构名称	结构分类	
	混凝土等非金属结构	金属结构
梁	1. 荷载、支座反力 2. 支座位移、最大位移、位移曲线、曲率、转角、裂缝 3. 混凝土应变、钢筋应变、箍筋应变、梁截面应力分布 4. 破坏特征	1. 荷载、支座反力 2. 支座位移、最大位移、位移曲线、曲率、转角、裂缝 3. 跨中及支座截面应力分布 4. 破坏特征

（续）

结构名称	结构分类	
	混凝土等非金属结构	金属结构
板	1. 荷载、支座反力 2. 支座位移、最大位移、位移曲线、曲率、转角、裂缝 3. 混凝土应变、钢筋应变、箍筋应变、梁截面应力分布 4. 破坏特征	—
柱	1. 荷载 2. 支座位移、水平弯曲位移、裂缝 3. 混凝土应变、钢筋应变、箍筋应变、柱截面应力分布 4. 破坏特征	1. 荷载 2. 支座位移、水平弯曲位移、裂缝 3. 跨中及柱头截面应力分布 4. 破坏特征
墙	1. 荷载 2. 支座位移、平面外位移曲线、曲率、转角、裂缝 3. 混凝土应变、纵横钢筋应变、纵横截面应力分布、剪应变 4. 破坏特征	—
屋架	1. 荷载、支座反力 2. 支座位移、整体最大位移、裂缝 3. 上下弦杆及腹杆混凝土应变、钢筋应变、箍筋应变、屋架端头及节点混凝土剪应力分布 4. 破坏特征	1. 荷载、支座反力 2. 支座位移、整体最大位移、裂缝 3. 上下弦杆及腹杆混凝土应变、屋架端头及节点处剪应力分布 4. 破坏特征
排架	1. 荷载 2. 支座位移、最大位移、位移曲线、曲率、转角、裂缝 3. 混凝土应变、钢筋应变、箍筋应变、梁截面应力分布 4. 破坏特征	1. 荷载 2. 支座位移、最大位移、位移曲线、曲率、转角、裂缝 3. 构件截面应力分布 4. 破坏特征
桥	1. 荷载 2. 支座位移、最大位移、位移曲线、裂缝 3. 根据测试目的确定测试构件及其应力（应变）的分布点 4. 破坏特征	1. 荷载 2. 支座位移、最大位移、位移曲线、裂缝 3. 根据测试目的确定测试构件及其应力（应变）的分布点 4. 破坏特征

表 3-7　结构拟静力试验中常用参量汇总

分类	检测内容
杆件	1. 荷载、支座反力 2. 支座位移、最大位移、曲率、转角、裂缝 3. 杆件截面应力分布 4. 滞回曲线，破坏特征
节点	1. 荷载 2. 支座位移、转角、裂缝 3. 根据测试目的确定节点应力（应变）的分布点 4. 滞回曲线，破坏特征
结构	1. 荷载、支座反力 2. 支座位移、最大位移、曲率、转角、裂缝 3. 根据测试目的确定结构的测试部位及其应力（应变）的分布点 4. 滞回曲线，破坏特征

表 3-8 **振动台试验中常用参量汇总**

分类	检测内容
杆件	1. 输入的加速度(速度、位移)时程曲线 2. 输出的加速度(力、速度、位移、应变)时程曲线 3. 裂缝开展状况,结构破坏特征

3.5.2 测点选择与布置

利用仪器仪表对试件的各类反应进行测量时,在满足试验目的的前提下,本着节省设备和人力、突出工作重点、提高效率、保证质量的要求,测点的布置宜少不宜多,且要便于试验时操作和测读及试验后的分析和计算。此外,为了保证测量数据的可靠性,应该在已知应力和变形的位置上布置一定数量的校核性测点,这样通过试验就可以获得两组测量数据,前者称为测量数据(measured data),后者称为控制数据或校核数据(check data)。如果控制数据在测量过程中是正常的,可知测量数据是比较可靠的;反之,测量数据的可靠性就较差。

对于缺乏认识的新型结构或科研的新课题,可以采用由粗到细、逐步增加测点的方法,直到足够了解结构物的性能。

3.5.3 仪器选择与测读原则

1. 仪器的选择

在选择仪器时,必须从试验实际需要出发,使所用仪器能很好地符合测量精度(accuracy)与量程(range)要求,但应避免盲目选用高准确度和高灵敏度的精密仪器。一般要求试验测定结果的相对误差不超过5%,同时应使仪表的最小刻度值小于5%的最大被测值。

仪器的量程应该满足最大测量值的需要。避免在试验中途调整而测量误差增大。因此,仪器最大被测值宜小于选用仪表最大测量值的80%,一般以最大测量值的1/5~2/3为宜。

选择仪表时必须考虑测读方便省时,必要时须采用自动记录装置(automatic recording device)。

为了简化工作,避免差错,测量仪器的型号规格应尽可能统一,种类越少越好。有时为了控制观测结果的正确性,常在校核测点上使用另一种类型的仪器。

选用动测试验使用的仪表时,尤其应注意仪表的线性范围、频响特性和相位特性等参数,要满足试验测量的要求。

2. 读数的原则

1) 在进行测读时,一般原则是全部仪器的读数必须同时进行,如不能同时至少也要基本上同时。目前,使用多点自动记录应变仪进行自动巡回检测(automatic patrol detection),对于进入弹塑性阶段(elastoplastic stage)的试件跟踪记录尤为合适。

2) 观测时间一般应选在加载间歇时间内的某一时刻。测读间歇可根据荷载分级粗细和荷载维持时间长短而定。

3) 每次记录仪器读数时,应该同时记下环境温湿度。

4) 重要的数据应边做记录,边做初步整理,同时算出每级荷载下的读数差,与预计的理论值进行比较。

3.5.4　仪表率定（calibration of the instrument）

为了确定仪表的精确度或换算系数，判定其误差，需要将仪表示值和标准量进行比较。这一工作称为仪表的率定。率定后的仪表按国家规定的精确度划分等级。

用来率定仪表的标准量应是经国家计量机构确认、具有一定精确度等级的专用率定设备产生的。率定设备的精确度等级应比被率定的仪器高。常用来率定液压试验机荷载度盘示值的标准测力计就是专用率定器。当没有专用率定设备时，可以用和被率定仪器具有同级精确度标准的标准仪器相比较进行率定。标准仪器是指精确度比被率定的仪器高，但不常使用，度量性能保持不变，精确度被认为是已知的仪器。此外，可以利用标准试件来进行率定，即把尺寸加工非常精确的试件放在经过率定的试验机上加载，根据此标准试件及加载后产生的变化求出安装在标准试件上的被率定仪表的刻度值，此法的准确度不高，但较简便，容易做到，所以常被采用。

为了保证测量数据的精确度，仪器的率定是一件十分重要的工作。所有新生产或出厂的仪器都要经过率定。正在使用的仪器之所以也必须定期进行率定，是因为仪器经长期使用，其零件总有不同程度的磨损或损坏，仪器经检修后，零件的位置会有变动，难免引起示值的改变。仪器除需定期率定外，在重要的试验开始前，也应对仪表进行率定。

按国家计量管理部门规定，凡试验用测量仪表和设备均属于国家强制性计量率定管理范围，必须按规定期限率定。

3.6　应变测量

应变测量（measurement of strain）是结构试验中的基本测量内容，主要包括钢构件、钢筋局部的微应变和混凝土表面的变形测量。另外，因为目前直接测定构件截面的应力还没有较好的方法，所以结构或构件的内力（钢筋的拉压力）、支座反力等参数实际上也是先测量应变，再通过 $\sigma = E\varepsilon$ 或 $F = EA\varepsilon$ 转化成应力或力，或由已知的 $\sigma\text{-}\varepsilon$ 关系曲线查得应力。由此可见，应变测量在结构试验测量内容中具有极其重要的地位，它往往是其他物理测量的基础。

应变测量的方法和仪表很多，主要有机测与电测两类。机测是指机械式仪表，如双杠杆应变仪、手持应变仪。机械式仪表适用于各种建筑结构在长时间过程中的变形，无论是构件制作过程中变形的测量，还是结构在试验过程中变形的观察，均可采用。它特别适用于野外和现场作业条件下结构变形的测试。机测法简单易行，适用于现场作业或精度要求不高的场合。电测法手续较多，但精度更高、适用范围更广。因此，目前大多数结构试验，特别是在实验室内进行的试验，基本上均采用电测法进行应变测量。

3.6.1　测量电路（measuring circuit）

通过应变片原理的分析可知，电阻值的变化量往往非常小。那么，如何通过测量电路将这样小的电阻变化值进行放大，就成为测量电路设计的关键问题。事实上，应变仪的测量电路一般均采用惠斯通电桥（wheatstone bridge）来解决这个矛盾，具体分为偏位法和零位法。

1. 偏位法

如图 3-14 所示是惠斯通电桥基本桥路 R_1、R_2、R_3、R_4 均为工作片，输出电压 U_{BD} 与输入电压 U 之间的关系为

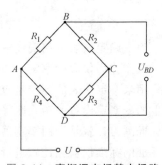

图 3-14　惠斯通电桥基本桥路

$$U_{BD} = U_{BA} - U_{DA} = U\frac{R_1}{R_1+R_2} - U\frac{R_4}{R_4+R_3} = U\frac{R_1+R_3-R_2R_4}{(R_1+R_2)(R_3+R_4)} \tag{3-1}$$

当 $R_1R_3 = R_2R_4$ 时，输出电压 $U_{BD} = 0$，称为电桥平衡（electric bridge balance）。如果某一个桥臂的电阻发生了变化，则输出电压 $U_{BD} \neq 0$，称为电桥不平衡。如当 AB 桥上的电阻从平衡时的阻值 R_1 变化到（$R_1+\Delta R_1$）时，根据式（3-1）知

$$U_{BD} = U_{BA} - U_{DA} = U\frac{R_1+\Delta R_1}{R_1+\Delta R_1+R_2} - U\frac{R_4}{R_4+R_3} \approx U\frac{R_2R_4}{(R_1+R_2)(R_3+R_4)}\frac{\Delta R_1}{R_1} \tag{3-2}$$

如果 AB 桥路上的电阻不是在应变仪的测量电路中，而是放在被测构件上，那么

$$U_{BD} \approx U\frac{R_2R_4}{(R_1+R_2)(R_3+R_4)}K\varepsilon \tag{3-3}$$

由此可见，输出电压 U_{BD} 与构件的应变成线性关系，知道了输出电压 U_{BD}，就可以求出构件的应变值。由于 4 个桥路（AB、BC、CD、DA）中只有 AB 桥路作为工作片接在被测试件上，因此这种接法又称为 1/4 电桥。同理，接 2 个应变片（R_1、R_2 为工作片），则为半桥接法。接 4 个应变片（R_1，R_2，R_3，R_4 均为工作片）则称为全桥接法。

对于全桥测量，设 4 个桥臂的电阻变化量分别为 ΔR_1、ΔR_2、ΔR_3、ΔR_4，且变化前电桥平衡，则

$$U_{BD} = U\frac{R_2R_4}{(R_1+R_4)(R_3+R_4)}\left(\frac{\Delta R_1}{R_1} - \frac{\Delta R_2}{R_2} + \frac{\Delta R_3}{R_3} - \frac{\Delta R_4}{R_4}\right) \tag{3-4}$$

式（3-4）忽略了分母中 ΔR 项及分子中 ΔR_i^2 的高阶小量。此时，如果 4 个应变片的规格相同，则有

$$U_{BD} = \frac{1}{4}UK(\varepsilon_1 - \varepsilon_2 + \varepsilon_3 - \varepsilon_4) \tag{3-5}$$

式（3-5）说明 4 个桥臂都工作时，输出电压和 4 个桥臂的电阻应变率有关，应变仪的总读数应变等于（$\varepsilon_1 - \varepsilon_2 + \varepsilon_3 - \varepsilon_4$）。

同理，对半桥测量，可写成

$$U_{BD} = \frac{U}{4}\left(\frac{\Delta R_1}{R_1} - \frac{\Delta R_2}{R_2}\right) = \frac{1}{4}UK(\varepsilon_1 - \varepsilon_2) \tag{3-6}$$

可见，电桥的邻臂电阻变化的符号相反，则相减输出；对臂符号相同，则相加输出。这种利用桥路的不平衡输出进行测量的方法称为直读法或偏位法。偏位法一般用于动态应变（应变仪测量信号与时间有关）的测量。

另外，如果各电阻应变片的阻值 R 相同，且电阻的变化值 ΔR 也相同，那么，公式可统一为

$$U_{BD} = \frac{1}{4}AUK\varepsilon \tag{3-7}$$

式中　*A*——桥臂系数，表示电桥对输入电压 *U* 的提高倍数。

桥臂系数 *A* 越大，则说明该种桥路的灵敏度越大。

因此，外荷载作用下的实际应变 ε_t，应该是实测应变 ε_0 与桥臂系数 *A* 之比，即 $\varepsilon_t = \varepsilon_0 / A$。

2. 零位法

偏位法的输出电压易受电源电压不稳定的干扰。零位法正是为了克服这个问题而提出的。

如图 3-15 所示，若在电桥的两臂之间接入一个可变电阻（variable resistance），当试件受力电桥失去平衡后，调节可变电阻，使 R_1 增加 Δr，R_4 减少 Δr，电桥将重新平衡，根据平衡条件

$$(R_1 + \Delta R_1)(R_4 - \Delta r) = R_2(R_3 + \Delta r) \qquad (3\text{-}8)$$

若 $R_1 = R_2 = R'$、$R_3 = R_4 = R''$，并忽略 Δr^2 的高阶小量，则式（3-8）可转化为

$$\varepsilon = \frac{1}{K}\frac{\Delta R_1}{R_1} = 2\frac{\Delta r}{KR''} \qquad (3\text{-}9)$$

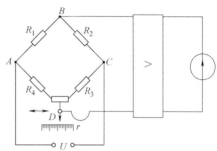

图 3-15　**零位法测量电路**

式（3-9）说明了电桥重新平衡时的可变电阻值 Δr 与试件的应变 ε 成线性关系，此时电流计仅起指示电桥平衡与否的作用，故可以避免偏位法测量电压不稳的缺点，此法称零位法测定。零位法一般用于静态应变（static strain，应变仪测量信号与时间无关）的测量。

3. 电阻应变片的温度补偿

在一般情况下，试验环境的温度总是变化的，即温度变化总是伴随着荷载一起作用到应变片和试件上去。当温度变化时，由温度产生的虚假应变（视应变）是不能忽略的，必须加以消除，主要是利用惠斯通电桥桥路的特性进行消除，此过程称为温度补偿（compensating for temperature）。

如图 3-16 所示，在电桥 *BC* 臂上接一个与工作片 R_1 阻值相同的应变片 $R_2 = R_1 = R$（温度补偿片），并将 R_2 贴在一个与试件材料相同、处在试件附近的位置。虽然 R_1、R_2 具有同样的温度变化条件，但是 R_2 不受外力作用，因此 $\Delta R_2 = \Delta R_{\varepsilon_t}$（由温度产生的阻值变化），而 ΔR_1 既受外力作用又受温度影响，故有 $\Delta R_1 = \Delta R_s + \Delta R_{\varepsilon_t}$。根据公式有

$$U_{BD} = \frac{U}{4}\left(\frac{\Delta R_s + \Delta R_{\varepsilon_t}}{R} - \frac{\Delta R_{\varepsilon_t}}{R}\right) = \frac{U}{2}\frac{\Delta R_s}{R} = \frac{UK}{2}\varepsilon$$

$$(3\text{-}10)$$

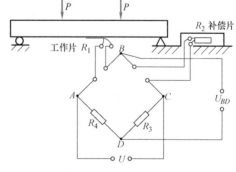

图 3-16　**温度补偿原理**

可见，温度产生的视应变（visual strain）将通过惠斯通电桥自动得到消除。由此进一步可知：如果试件上的两个工作片阻值相同 $R_2 = R_1 = R$，并且应变的符号相反，则式（3-11）可写成

$$U_{BD} = \frac{U}{4}\left(\frac{\Delta R_s + \Delta R_{\varepsilon_t}}{R} - \frac{-\Delta R_s + \Delta R_{\varepsilon_t}}{R}\right) = \frac{U}{2}\frac{\Delta R_s}{R} = \frac{UK}{2}\varepsilon \qquad (3\text{-}11)$$

即 $R_2 = \Delta R_1$ 互为温度补偿片。但这种方法一般不适用于混凝土等非匀质材料或不具有对称截面的匀质材料试件的测量。

以上这种温度补偿称为桥路补偿，该方法的优点是方法简单、经济易行，在常温下效果较好；缺点是在温度变化大的条件下，补偿效果差。另外，由于很难做到补偿片与工作片所处的温度完全一致，因此补偿效果常常受到影响。

目前除桥路补偿外，也可用温度自补偿应变片来消除温度的影响，但主要用于机械类试验中，建筑结构试验中尚少采用。

3.6.2 实用桥路

根据具体的试验条件，并结合材料力学的有关知识，可以通过合理地选择接桥方法，以获得更大、更灵敏的电桥输出值。测定各种荷载的布片和接桥方法见表3-9。

表 3-9　测定各种荷载的布片和接桥方法

序号	受力情况	测量要求	布片及接桥方法	输出电压	实际应变 ε 与应变仪读数 $\varepsilon_{仪}$ 的关系	特点
1			方案 1：半桥接法，单臂工作，另设温度补偿片 R_2 a)	$\Delta u = \dfrac{1}{4} u_0 k \varepsilon$	$\varepsilon = \varepsilon_{仪}$	不易消除由于偏心荷载作用引起的弯曲影响
2	拉伸或压缩	①测轴向力产生的应变或测轴向力 ②消除竖直平面内弯矩的影响 ③补偿温度效应	方案 2：半桥接法，单臂串联工作，另设温度补偿片 b)	$\Delta u = \dfrac{1}{4} u_0 k \varepsilon$	$\varepsilon = \varepsilon_{仪}$	因有平均作用，能消除偏心荷载作用引起的弯曲影响
3			方案 3：半桥接法，双臂工作，不另设补偿片 c)	$\Delta u = \dfrac{1+\mu}{4} u_0 k \varepsilon$	$\varepsilon = \dfrac{\varepsilon_{仪}}{1+\mu}$	输出电压提高 $(1+\mu)$ 倍，不能消除偏心荷载作用引起的弯曲影响
4			方案 4：全桥接法，四臂工作，不另设温度补偿片 d)	$\Delta u = \dfrac{1+\mu}{2} u_0 k \varepsilon$	$\varepsilon = \dfrac{\varepsilon_{仪}}{2(1+\mu)}$	输出电压提高 $2(1+\mu)$ 倍，因有平均作用，能消除弯曲影响

（续）

序号	受力情况	测量要求	布片及接桥方法		输出电压	实际应变 ε 与应变仪读数 $\varepsilon_{仪}$ 的关系	特点
5	弯曲	①测弯矩产生的应力或测弯矩②消除轴力的影响③补偿温度效应	方案1：半桥接法，双臂工作，不另设温度补偿片	e)	$\Delta u = \dfrac{1}{2}u_0 k\varepsilon$	$\varepsilon = \dfrac{\varepsilon_{仪}}{2}$	输出电压提高1倍，能消除拉（压）影响
6			方案2：全桥接法，四臂工作，不另设温度补偿片	f)	$\Delta u = u_0 k\varepsilon$	$\varepsilon = \dfrac{\varepsilon_{仪}}{4}$	输出电压提高4倍，能消除拉（压）影响
7	拉弯扭	①只测拉应变②消除弯曲应变和扭转应变	方案：全桥接法，四臂工作，不另设温度补偿片	g)	$\Delta u = \dfrac{1+\mu}{2}u_0 k\varepsilon$	$\varepsilon = \dfrac{\varepsilon_{仪}}{2(1+\mu)}$	输出电压提高 $2(1+\mu)$ 倍，因有平均作用，能消除弯曲影响
8		①只测弯曲应变②消除拉应变和扭转应变	方案：半桥接法，双臂工作，不另设温度补偿片	h)	$\Delta u = \dfrac{1}{2}u_0 k\varepsilon$	$\varepsilon = \dfrac{\varepsilon_{仪}}{2}$	输出电压提高1倍，能消除拉（压）影响
9		①只测扭转应变②消除拉应变	方案：全桥接法，四臂工作，不另设温度补偿片	i)	$\Delta u = u_0 k\varepsilon$	$\varepsilon = \dfrac{\varepsilon_{仪}}{4}$	输出电压提高4倍，能消除拉伸和弯曲影响

接桥方法的原则：在满足特殊要求的条件下，选择测量电桥输出电压较高、桥臂系数大、能实现温度互补且便于分析的接桥方法。电测法的一般流程如图 3-17 所示。

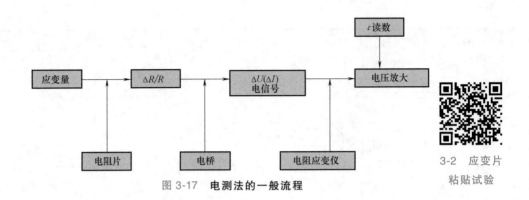

图 3-17 电测法的一般流程

3-2 应变片
粘贴试验

3.7 其他参数测量

应变测量是结构试验中的重要环节，如使用仪器对结构进行力、位移、裂缝的检测。除此以外，还应对结构其他参数进行测量。例如，为避免钢结构在使用过程中出现问题，应对焊缝缺陷、螺钉连接等关键节点进行检测。

3.7.1 力的测量

结构静载试验中的力，主要是指荷载和支座反力（support reaction）。其测量仪器有机械式测力计和电测传感器两种，是利用弹性元件的弹性变形或应变与其所受外力构成一定的比例关系而制成的测力装置。机械式测力计利用千分表等测量弹性元件的变形，电测传感器需要用二次电测仪器（如电子秤、电阻应变仪等）测量弹性元件的应变，由标定关系得到力值。其基本原理：弹性元件把被测力的变化转变为应变量的变化，粘贴在传感器内表面的应变片加以特殊固化处理后能检测到此应变，将其转换成电阻的变化，再把所贴的应变片接入电桥线路中，则电桥的输出变化就正比于被测力的变化。

3.7.2 位移的测量

结构的位移（displacement）主要指构件的挠度、侧移及可转化为位移测量的转角等参数。测量位移的仪器有机械式、电子式及光电式等多种仪表。机械式仪表主要包括建筑结构试验中常用的接触式位移计，以及桥梁试验中常用的千分表引伸仪和绕丝式挠度计。电子式仪表则包括广泛采用的滑线电阻式位移传感器和差动变压器式位移传感器等。

接触式位移计主要包括千分表、百分表和挠度计。其基本原理：测杆上下运动时，测杆上的齿条带动齿轮，使长、短针同时按一定比例关系转动，从而表示出测杆相对于表壳的位移值。千分表比百分表增加了一对放大齿轮或放大杠杆，因此灵敏度提高了 10 倍。

滑线电阻式位移传感器的工作原理也是利用应变片的电桥进行测量。测杆通过触头可调节滑线电阻的阻值，当测杆向下移动位移时，半桥接线输出电压与应变成正比，即与位移也成正比。这种滑线电阻式位移计的量程为 10~200mm，精度一般比百分表高 2~3 倍。

3.7.3 其他测量

其他常用的测量内容包括转角、曲率、节点剪切变形、裂缝测量等。利用 2 个百分表就可以测出构件的转角。受弯构件的弯矩-曲率（M-φ）关系是反映构件变形性能的主要指标，当构件表面变形符合二次抛物线时，可以根据曲率的数学定义，利用构件表面两点的挠度差，近似计算测区内构件的曲率。框架结构在水平荷载作用下，梁柱节点核心区将产生剪切变形，这种剪切变形可以用核心区角度的改变量来表示，并通过用百分表或千分表测量核心区对角线的改变量来间接求得。裂缝测量具体方法及使用仪器详见第 2 章所述。

3.8　结构试验与材料力学性能试验的关系

建筑材料的性能对结构或构件的质量有直接影响，因此结构材料性能的检测是结构试验中的重要组成部分，其中最主要的目的是充分了解材料的力学性能（mechanical property）。在测量材料各种力学性能时，应该按照国家标准或部颁标准所规定的标准试验方法进行，试件的形状、尺寸、加工工艺及试验加载、测量方法等都要符合规定的统一标准。

材料的主要力学性能指标见表 3-10。

表 3-10　**材料的主要力学性能指标**

类别	主要指标	说　明
弹性指标	弹性模量	理想材料有小形变时应力与相应的应变之比，用 E 表示；剪切形变时称为剪切模量，用 G 表示；压缩形变时称为压缩模量，用 K 表示
	比例极限	材料在弹性阶段分成线弹性和非线弹性两个部分，线弹性阶段材料的应力与变形完全为直线关系，其应力最高点为比例极限，用 σ_P 表示
	弹性极限	指材料在保持弹性形变不产生永久形变时所能承受的最大的应力，用 σ_e 表示
强度性能指标	抗拉强度	试样在拉伸过程中，材料经过屈服阶段后进入强化阶段，随着横向截面尺寸明显缩小，在拉断时所承受的最大力与原横截面积之比值即抗拉强度
	抗弯强度	指材料抵抗弯曲不断裂的能力。弯曲试验中测定材料的抗弯强度一般指试样破坏时拉伸侧表面的最大正应力
	抗压强度	指外力是压力时的强度极限
	抗剪强度	指外力与材料轴线垂直，并对材料呈剪切作用时的强度极限
	抗扭强度	用圆柱形材料试件作抗扭试验可求得扭矩和扭角的关系，相应最大扭矩的最大剪断应力即抗扭强度
塑性指标	伸长率（延伸率）	指在拉力作用下，材料伸长量占原来长度的百分比
	断面收缩率	材料受拉断裂时断面缩小，断面缩小的面积与原面积之比值即断面收缩率

3.8.1　材料力学性能确定

1. 直接试验法（direct mensuration）

这是最常见的测定方法，它将材料按规定做成标准试件，然后在试验机上用规定的标准试验方法进行测定。这时要求制作试件的材料应尽可能与结构试件的工作情况相同。同时，若采用的试件尺寸和试验方法有别于标准试件时，应对材料的试验结果进行修正，从而换算到标准试件的结果。

2. 间接测定法（indirect mensuration）

间接测定法包括非破损试验法与半破损试验法，对于既有结构的生产鉴定性试验，由于结构的材料力学性能随时间发生变化，为判断结构的实有承载能力，在没有同条件试块的情况下，必须通过对结构各部位现有材料的力学性能检测来决定。非破损试验是采用某种专用设备或仪器，直接在结构上测量与材料强度有关的其他物理量，通过理论或经验公式间接得到材料的力学性能。半破损试验是在构件上进行局部微破损或直接取样的方法得到材料的力学性能，从而鉴定结构的承载力。

3.8.2　材料试验结果对结构试验的影响

材料的力学性能指标是由钢材、钢筋和混凝土等各种材料制成试样试验结果的平均值。但由于混凝土强度的不均匀性等原因使此值产生波动，钢材的波动程度略小于混凝土。因此，若以材性试验测定的平均值进行结构试验数据处理或理论计算时，其结果会产生误差。

在实际结构试验时，由于混凝土浇筑方法、砖石砌块砌筑工艺、养护条件和试体加载速度等原因，其强度和材性试验结果也不尽相同，甚至同一批结构试件之间也会产生差异。为消除误差对试验结果的影响，在进行科研性试验研究中，要求同一型号的试件应严格保证以上条件一致。

3.8.3　试验方法对材料强度指标的影响

长期以来人们通过生产实践和科学试验发现试验方法对材料强度会产生影响，尤其是试件的形状、尺寸和试验加载速度等因素。下面以混凝土材料为例做进一步说明。

1. 试件尺寸的影响

国内外混凝土材料强度测定试验选用的试件是边长分别为200mm、150mm、100mm的三种立方体。试验中发现，随着材料试件尺寸的缩小，混凝土强度稍有提高。一般情况下，截面较小而高度较低的试件得出的抗压强度偏高。表3-11列出按我国试验研究结果得出的不同立方体试件抗压强度的换算系数。当采用非标准试件进行试验时，必须将试验结果按此表所列换算系数进行修正。

表 3-11　立方体试件抗压强度换算系数

试块尺寸 /mm×mm×mm	200×200×200	150×150×150	100×100×100
换算系数	1.05	1.00	0.95

2. 试件形状的影响

综合国内外情况，混凝土试块一般为立方体与圆柱体两类。两种试件形状对材料强度指标影响见表3-12。

表 3-12　试件形状对材料强度指标影响

形状	影　响
圆柱体	混凝土拌合物的颗粒分布与截面应力分布均匀，边界条件均一性好。试件试验加荷的受压面比较粗糙，难以保证两个试件的端面有完全相同的表面状态，造成试件抗压强度的离散性较大
立方体	制作方便，试件受压面是试件的模板面，平整度易于保证。试件有棱角，拌合物的颗粒分布不均匀，截面应力分布均匀性不如圆柱体试块

注：按照我国现行混凝土力学性能标准试验方法采用边长为150mm的立方体试件和150mm×150mm×300mm的棱柱体为标准试块。

3. 试验加载速度的影响

根据国内外试验研究表明，在测定材料力学性能试验时，加载速度越快，引起材料的应变速率越高，则试件的强度和弹性模量（elastic modulus）也会有相应提高。

对于钢筋而言，强度随加载速度（或应变速率）的提高而加大，但加载速度基本上不影响它的弹性模量。在冲击荷载（impact load）作用下，钢筋可以直接受到高速增加的荷载。但在地震力作用下，钢筋的应变速率取决于构件的反应。

混凝土作为非金属材料，其强度和弹性模量随着加载速度的增加而提高。在加载速度快的情况下，混凝土内部细微裂缝来不及发展，初始弹性模量随应变速率加快而提高，抗压强度指标也相应增长，反之则降低。

🔍 小贴士

请回忆以前课程知识，绘制出混凝土受压和钢材受拉典型应力-应变曲线，并指明弹性模量取值和特征点。

3.9　荷载反力设备

常用的荷载反力设备可分为竖向荷载反力设备、水平荷载反力设备和试验台座。

3.9.1　竖向荷载反力设备（vertical load reaction equipment）

1. 支座

结构试验中的支座是支承结构、正确传力和模拟实际荷载图式的设备，通常由支墩和铰支座组成。支墩在现场多用砖块临时砌成，支墩上部应有足够大的、平整的支承面，最好在砌筑时铺设钢板。支墩本身的强度必须进行验算，支承底面积要按地基承载力来复核，保证试验时不致发生沉陷（settlement）或过度变形。

支座按受力性质不同有嵌固端支座和铰支座之分。铰支座一般用钢材制作，按自由度不同分为滚动铰支座和固定铰支座两种形式，如图 3-18 所示；按形状不同分为轴铰支座和球铰支座；按活动方向不同分为单向铰支座和双向铰支座。对于梁、桁架等平面结构（plane structure），通常按结构变形情况可组合选用图 3-18 所示的一种固定铰支座和一种活动铰支座。

2. 分配梁

分配梁（distributing beam）是将一个集中力分解成若干个小集中力的装置。为了传力准确及计算方便，分配梁不用多跨连续梁形式，均为单跨简支形式。单跨简支分配梁一般为等比例分配，即将 1 个集中力分配成为 2 个 1∶1 的集中力，它们的数值是分配梁的两个支座反力。分配梁的层次一般不宜大于 3 层。如需要不等比例

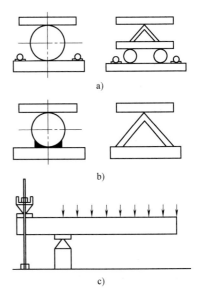

图 3-18　**支座的形式和构造**
a）滚动铰支座　b）固定铰支座
c）嵌固端支座

分配时，比例不宜大于1：4，并且必须将荷载分配比例大的一端设置在靠近固定支座的一端，以保证荷载的正确分配、传递和试验的安全。竖向荷载分配梁设置示意如图3-19所示。

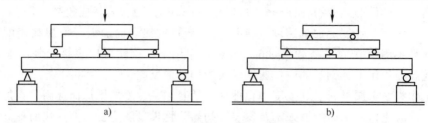

图 3-19 竖向荷载分配梁设置

a) 正确的设置形式　b) 错误的设置形式

当试验需要施加若干个水平荷载时，分配梁是可选方案之一。由于施加水平荷载的分配梁是竖向放置的，所以需要专门设计分配梁支撑架，并使分配梁的位置和高度能够调节，以保证荷载的传递路线明确，荷载分配正确。

3. 竖向荷载架

竖向荷载架（vertical load frame）是施加竖向荷载的反力设备，主要由立柱、横梁及地脚螺栓组成。竖向荷载架都由钢材制成，其特点是制作简单、取材方便，可按钢结构的柱与横梁设计，组成"Ⅱ"形支架。横梁与柱的连接采用精制螺栓或圆销（见图3-20）。这类支承机构的强度刚度都较大，能满足大型结构构件试验的要求，支架的高度和承载能力可

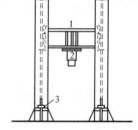

图 3-20 竖向荷载架

1—横梁　2—千斤顶　3—地脚螺栓

按试验需要设计，作为实验室内固定在大型试验台座上的荷载支承设备。

3.9.2　水平荷载反力设备（horizontal load reaction equipment）

1. 水平荷载架

水平荷载架（horizontal load bracket）是施加水平荷载的反力设备，主要由三角架、压梁及地脚螺栓组成，靠摩擦力传递水平力，如图3-21a所示。

2. 反力墙

水平荷载架的刚度和承载能力较小，为了满足试验要求的需要，近年来国内外大型结构实验室都建造了大型的反力墙（reaction wall），用以承受和抵抗水平荷载所产生的反作用力（见图3-21b）。反力墙的变形要求较高，一般采用钢筋混凝土、预应力混凝土的实体结构或箱形结构，在墙体的纵横方向按一定距离间隔布置锚孔，以便按试验需要在不同的位置上固定为水平加载用的液压加载器。

在试验台座的左右两侧设置两座反力墙，可以在试件的两侧对称施加荷载，也可在试验台座的端部和侧面建造在平面上构成直角的主、副反力墙，这样可以在 x 和 y 两个方向同时对试件加载，模拟 x 和 y 两个方向的地震荷载。

有的实验室为了提高反力墙的承载能力，将试验台座建在低于地面一定深度的深坑内，这样在坑壁四周的任意面上的任意部位均可对结构施加水平推力。

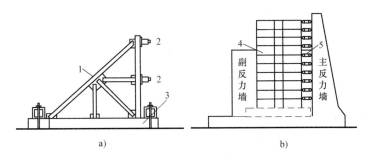

图 3-21　水平反力设备示意

a）水平荷载架　b）反力墙

1—三角架　2—千斤顶　3—压梁　4—试件　5—伺服千斤顶

3.9.3　结构试验台座（structural test stand）

1. 抗弯大梁式台座和空间桁架式台座

在预制构件厂和小型结构实验室中，由于缺少大型的试验台座，通常采用抗弯大梁式或空间桁架式台座来满足中小型构件试验或混凝土制品检验的要求。

抗弯大梁台座（bending girder pedestal）本身是刚度极大的钢梁或钢筋混凝土大梁，其构造如图 3-22 所示。当用液压加载器加载时，其所产生的反作用力通过加荷架传至大梁，试验结构的支座反力也由台座大梁承受，使之保持平衡。由于受大梁本身抗弯强度与刚度的限制，一般只能试验跨度为 7m 以下、宽度为 1.2m 以下的板和梁。

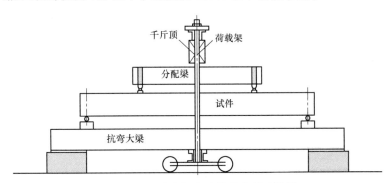

图 3-22　抗弯大梁台座的荷载试验装置

空间桁架台座（space truss pedestal）一般用于试验中等跨度的桁架及屋面大梁。通过液压加载器及分配梁可对试件进行为数不多的集中荷载加荷使用，液压加载器的反作用力由空间桁架自身进行平衡（见图 3-23）。

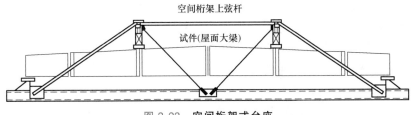

图 3-23　空间桁架式台座

2. 地面试验台座

在实验室内地面试验台座是永久性的固定设备，用以平衡施加在试验结构物上的荷载所产生的竖向反力或水平反力。

试验台座的长度和宽度可达十余米，台座的承载能力一般在 $200 \sim 1000 kN/m^2$。台座的刚度极大，受力后变形极小，可以在台面上同时进行几个结构试验而不考虑相互的影响，试验可沿台座的纵向或横向进行。

设计台座时，在其纵向和横向均应按各种试验组合可能产生的最不利受力情况进行验算与配筋，以保证它有足够的强度和整体刚度。用于动力试验的台座还应有足够的质量和耐疲劳强度，防止引起共振和疲劳破坏，尤其要注意局部预埋件和焊缝的疲劳破坏。如果实验室内同时有静力和动力台座，则动力台座必须有隔振措施，以免试验时相互干扰。

地面试验台座有板式和箱式之分。

1）板式试验台座（plate test stand）。通常把结构为整体的钢筋混凝土或预应力混凝土的厚板，由结构的自重和刚度来平衡结构试验时所施加荷载的试验台座称为板式试验台座。按荷载支承装置与台座连接固定的方式与构造形式的不同，又可分为槽式和地脚螺栓式两种。

槽式试验台座是目前用得较多的一种比较典型的静力试验台座。其构造特点是沿台座纵向全长布置几条槽轨，该槽轨是用型钢制成的纵向框架式结构，埋置在台座的混凝土内，如图 3-24a 所示。这种台座的特点是加载点位置可沿台座的纵向任意变动，不受限制，以适应试验结构加载位置的需要。

如图 3-24b 所示为地脚螺栓式试验台座。这类试验台座不仅可以用于静力试验，还可以安装结构疲劳试验机进行结构构件的动力疲劳试验（dynamic fatigue test）。其缺点是螺栓受损后修理困难，且由于螺栓和孔穴位置已经固定，试件安装就位的位置受到限制。

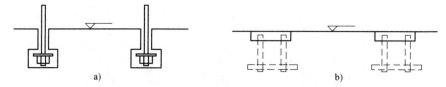

图 3-24　**两种板式试验台**

a）槽式　b）地脚螺栓式

2）箱式试验台座（box test stand）。箱式试验台座的规模较大，由于台座本身构成箱形结构，所以它比其他形式的台座具有更大刚度，如图 3-25 所示。台座结构本身是实验室的地下室，可供进行长期荷载试验或特种试验使用。大型的箱形试验台座可兼作为实验室房屋的基础。

3.9.4　现场试验的荷载装置（load device for field test）

由于受到施工运输条件的限制，对于一些跨度较大的屋架、吨位较重的吊车梁等构件，经常要求在施工现场解决试验问题，为此试验工作人员就必须考虑适于现场试验的加载装置。实践证明，现场试验装置的主要问题是液压加载器加载所产生的反力如何平衡，也就是要设计一个能够代替静力试验台座的荷载平衡装置。

在工地现场广泛采用的是平衡重式的加载装置，其工作原理与前述固定试验设备中利用抗弯大梁或试验台座一样，是利用平衡重来承受与平衡由液压加载器加载所产生的反力

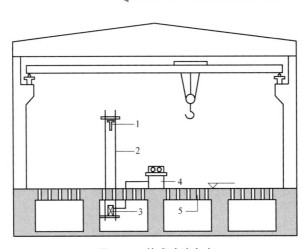

图 3-25　**箱式试验台座**

1—试验试件　2—荷载架　3—千斤顶　4—液压操作台　5—台座孔

（见图 3-26）。在加载架安装时，必须要有预设的地脚螺栓与之连接。为此在试验现场必须开挖地槽，在预制的地脚螺栓下埋设横梁和板，也可采用钢轨或型钢，然后在上面堆放块石、钢锭或铸铁，其质量必须经过计算。

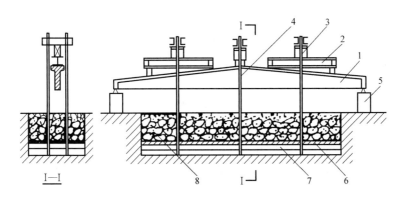

图 3-26　**现场试验用平衡重加载装置**

1—试件　2—分配梁　3—液压加载器　4—荷载架　5—支座　6—铺板　7—纵梁　8—平衡重

平衡重式加载装置的缺点是要耗费的劳动量较大。目前有采用打桩或用爆扩桩的方法作为地锚，也有利用厂房基础下原有桩头作锚固，在两个或几个基础间沿柱的轴线浇筑一钢筋混凝土大梁，作为抗弯平衡用，在试验结束后这大梁则可代替原设计的地梁使用。

3.10　试验大纲和报告

结构试验的技术性文件一般包括试验大纲、试验记录和试验报告三个部分。

3.10.1　试验大纲（test outline）

试验大纲是在取得了调查研究成果的基础上，为使试验有条不紊地进行，以取得预期效果而制订的纲领性文件，是进行整个试验工作的指导性文件。其内容的详略程度视不同的试验而定，一般包括如下几方面。

1）试验目的。通过该结构试验应该得到的数据，如破坏荷载、设计荷载下的内力分布和挠度曲线、荷载-变形曲线等。

2）试件的设计及制作要求。包括设计依据、理论分析和计算，试件的规格和数量，制作施工图及对原材料，施工工艺的要求等。对鉴定试验，也应阐明原设计要求、施工或使用情况等。试验数量按结构或材质的变异性与研究项目间的相关条件，按数理统计规律求得，宜少不宜多。一般鉴定性试验为避免尺寸效应，根据加载设备能力和试验经费情况，应尽量接近实际。

3）辅助试验内容。包括辅助试验的目的，试件种类、数量及尺寸，试件制作要求和试验方法等。

4）试件的安装与就位。包括试件的支座和支墩装置、试件就位形式等。

5）加载方法。包括荷载数量及种类、加载设备、加载装置、加载图式和加载制度等。

6）测量方法。包括测点选择与布置、测点编号、测量仪器型号、仪表标定方法、仪表安装方法和测量。

7）试验过程观察。包括每级荷载作用下构件的试验现象、环境温度和湿度等。

8）安全措施。包括技术安全规定、试件底部安全托架、保证侧向稳定的装置、脚手架等。

9）试验进度计划。

10）附件。包括经费预算、器材及仪器设备清单等。

3.10.2 试验记录 （test record）

除试验大纲外，每一项结构试验从开始到最终完成都需要有一系列的写实性的技术文件，主要有：

1）试件施工图及制作要求说明书。

2）试件制作过程及原始数据记录，包括各部分实际尺寸及疵病情况。

3）自制试验设备加工图样及设计资料。

4）加载装置及仪器仪表编号布置图。

5）仪表读数记录表，即原始记录表格。

6）测量过程记录，包括照片、测绘图及录像资料等。

7）试件材料及原材料性能的测定数值的记录。

8）试验数据的整理分析及试验结果总结，包括整理分析所依据的计算公式，整理后的数据图表等。

9）试验工作日志。

以上文件都是原始资料，在试验工作结束后均应整理装订归档保存。

3.10.3 试验报告 （experiment report）

试验报告是全部试验工作的集中反映，是主要的技术文件，概括了其他文件的主要内容。编写试验报告时，应力求精简扼要。试验报告有时也不单独编写，而作为整个研究报告中的一部分。

试验报告内容一般包括：①试验目的；②试验对象的简介和考察；③试验方法及依据；④试验过程及问题；⑤试验成果处理与分析；⑥技术结论；⑦附录。

应该注意，由于试验目的的不同，试验技术结论内容和表达形式也不完全一样。生产性试验的技术结论，可根据《建筑结构可靠性设计统一标准》（GB 50068—2018）中的有关规定进行编写。如该标准对结构设计规定了两种极限状态，即承载力极限状态和正常使用极限状态。因此，在结构性能检验的报告书中必须阐明试验结构在承载力极限状态和正常使用极限状态两种情况下，是否满足设计计算所要求的功能，包括构件的承载力、变形、稳定、疲劳及裂缝开展等。只要检验结果同时满足两个极限状态所要求的功能，则该构件的结构性能可评为"合格"，否则为"不合格"。

检验性（或鉴定性）试验的技术报告，主要应包括：

1）检验或鉴定的原因和目的。

2）试验前或试验后，存在的主要问题，结构所处的工作状态。

3）采用的检验方案或鉴定整体结构的调查方案。

4）试验数据的整理和分析结果。

5）技术结论或建议。

6）试验计划、原始记录、有关的设计、施工和使用情况调查报告等附件。

应该注意，结构试验必须在一定的理论基础上才能有效地进行。试验的成果为理论计算提供了宝贵的资料和依据，绝不能凭借一些观察到的表面现象，为结构的工作妄下断语。需要经过周详的考察和理论分析，才可能对结构做出正确的符合实际的结论。

3-3　随堂小测

本 章 小 结

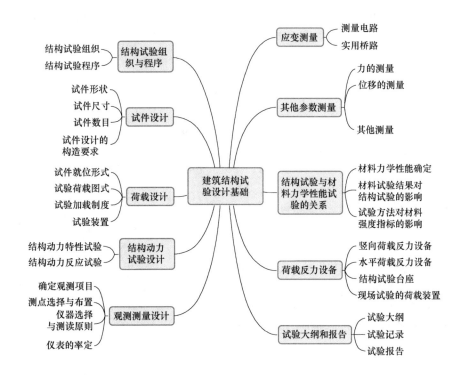

复习思考题

3-1　结构工程的测量系统基本上由哪些方面构成？请指出测量仪器的主要技术指标有哪些？其物理意义是什么？

3-2　某试验拟用3个集中荷载代替简支梁设计承受的均布荷载，试确定集中荷载的大小及作用点，画出等效内力图。

3-3　什么是正交试验？其目的是什么？

3-4　试件支承条件包括哪些？支座应如何设计和计算？对地基有哪些要求？

3-5　何谓结构的动力特性？结构动力特性包括哪些参数？测定方法有哪几种？这些方法各适用于什么情况下的测振及所能测定的参数是什么？

3-6　什么是试验大纲？为什么要制订试验大纲？试验大纲和试验报告的内容包括哪些？

3-7　为什么在试验前要做准备工作？试验前的准备工作大致有哪些？

3-8　静载试验的加载程序分为几个阶段？在各阶段应注意哪些事项？为什么要采用分级加（卸）载？

3-9　测量仪表为什么要率定？其目的和意义是什么？

3-10　电测应变为什么要温度补偿？温度补偿的方法有哪几种？

3-11　请介绍常用的荷载反力设备。

3-12　试验测量方案主要考虑哪些问题？测点的布置与选择的原则是什么？

3-13　何谓全桥测量和半桥测量？电桥的输出特性是什么？

3-14　结构受弯曲作用情况，采用测量应变片互补的全桥测试方案，该方案的布片和测量桥路的特点是什么？

3-15　使用应变片和应变仪进行建筑结构应变实际测量时应注意的事项有哪些？

3-16　拟研究混凝土强度、纵向受拉钢筋配筋率、纵向受拉钢筋强度对钢筋混凝土简支梁受弯性能的影响，考虑混凝土强度等级为C20、C30和C40，纵向配筋率为0.25%、1.75%和3.50%，纵向受拉钢筋强度考虑强度分别为300MPa、400MPa和500MPa的钢筋，梁承受均布荷载。试进行试件设计、加载设计和观测设计。

参 考 文 献

[1]　张望喜. 结构试验 [M]. 武汉：武汉大学出版社，2016.

[2]　王天稳，李杉. 土木工程结构试验 [M]. 2版. 武汉：武汉大学出版社，2018.

[3]　熊仲明，王社良. 土木工程结构试验 [M]. 2版. 北京：中国建筑工业出版社，2015.

[4]　周明华. 土木工程结构试验与检测 [M]. 3版. 南京：东南大学出版社，2013.

[5]　卜良桃，黎红兵，刘尚凯. 建筑结构鉴定 [M]. 北京：中国建筑工业出版社，2017.

[6]　中华人民共和国交通运输部. 车载式路面激光平整度仪：JT/T 676—2009 [S]. 北京：人民交通出版社，2009.

[7]　刘洪滨，幸坤涛. 建筑结构检测、鉴定与加固 [M]. 北京：冶金工业出版社，2018.

[8]　AASHTO. LRFD Bridge Design Specifications：LRFD-8 [S]. Washington，DC：AASHTO，2017.

[9]　AASHTO. Guide for Design of Pavement Structures：GDPS [S]. Washington DC：AASHTO，1993.

[10]　AISC. Code of Standard Practice for Steel Buildings and Bridges：ANSI/AISC 303-16 [S]. Chicago：AISC，2016.

网　络　资　源

［1］　董罡，陈云耀，曾金，等. 特大跨连续刚构桥高强混凝土浇筑施工温度实时监测研究［J］. 交通世界（下旬刊），2019（5）：93-95.

［2］　赵鹏飞. 大跨结构异型构件设计［J］. 建筑结构，2013，43（02）：36-40.

［3］　赵国忠，陈飚松，亢战，等. 不同截面梁构件的刚度和稳定性优化设计［J］. 工程力学，2002，19（3）：44-49.

［4］　吴其祥. 关于路基路面工程平整度检测技术的研究［J］. 福建建材，2019（8）：21-22.

［5］　北京交通大学朱尔玉等主讲课程《工程结构试验》.

［6］　西南交通大学崔凯等主讲课程《土木工程试验与测量技术》.

建筑结构静力试验 | 第4章

Static Experiment for Building Structure

内容提要

　　本章主要介绍结构静力试验的基本原理、特点与方法，系统总结各种常用受力构件及结构形式分别对应的试验研究方法与实用试验技术，内容包括结构静载试验的任务与目的，受弯构件的试验，压杆和柱的试验，屋架试验，薄壳、网架与单层厂房结构试验。

能力要求

　　了解结构静载试验的规划及准备工作，掌握各种试验装置的配置及安全措施的设置。

　　熟悉常用静载试验加载设备与测量仪器的原理及应用。

　　掌握确定常用静载试验的加载方案，包括加载装置、设备配置、加载制度等方法。

　　掌握制订静载试验观测方案的方法，观测项目的确定、测点布置、仪器设备配置及测试方法。

　　具备静载试验的结构构件内力及应力实测值的计算能力。

4.1　概述

　　结构静力试验（static experiment for structure）是为了确定工程结构在静荷载作用下的强度、刚度、稳定性而进行的力学试验。可通过对试验结构或构件直接施加荷载作用，采集试验数据，认识并掌握结构的力学性能。结构静力试验同理论分析计算一般是互相验证、互为补充的，但有时由于结构的复杂性和受力的特殊性，无法进行准确的理论分析或计算，结构静力试验就成为确定结构强度、刚度或稳定性的唯一方法。

4.1.1　结构静载试验的任务与目的

　　静载试验主要是通过在建筑结构上施加与设计荷载或使用荷载基本相当的外载，采用分级加载（hierarchical loading）的方法，利用检测仪器测试建筑结构的控制部位与控制截面在各级试验荷载作用下的挠度、应力、裂缝、横向分布系数等特性的变化，并将测试结果与结构按相应荷载作用下的计算值与有关规范规定值进行比较，从而评定建筑结构的承载能力。结构静载试验目的见表4-1。

表 4-1　结构静载试验目的

目的	说明
考虑安全	定量分析结构病害,分析结构承载能力的降低情况,判断结构能否满足设计荷载或现有荷载安全通行的要求
探测结构潜在承载力	测取校验系数和相对残余变形,探测结构的工作状态和潜在承载力
指导结构加固	指导承载能力不能满足的结构加固设计,明确需补强结构承载能力的量值(缺多少、补多少)
	指导承载力能满足的结构仅需进行日常维修养护,节省资金

4.1.2　结构静载试验的主要内容

结构静载试验的主要工作内容如下。

1）试验的准备工作。

2）加载方案设计。

3）测点设置与测试。

4）加载控制与安全措施。

5）试验结果分析与承载力评定。

6）试验报告的编写。

加载试验与观测是整个检测工作的中心环节。这一阶段的工作是在各项准备工作就绪的基础上，按照预定的试验方案与试验程序，利用适宜的加载设备进行加载，并运用各种测试仪器，对结构加载后的各种反应（如挠度、应变、裂缝宽度等）进行观测和记录。

分析总结阶段是对原始测试资料（original test data）进行综合分析的过程。需要运用数理统计（mathematical statistics）的分析手段并遵照有关规程进行分析，有的还要依靠专门的分析仪器和分析软件进行处理。

与动载试验相比，结构静载试验所需的技术和设备比较简单，对精度的要求一般较高。最常用的结构静载试验是单调加载静力试验（monotonic loading static test）。

4.2　受弯构件的试验

受弯构件（flexural member），通常指截面上有弯矩和剪力共同作用而轴力忽略不计的构件。在试验开始前，应进行试件的安装与加载方法的确定。钢筋混凝土梁板构件的生产鉴定试验一般只测定构件的承载力、抗裂度和各级荷载作用下的挠度及裂缝开展情况。而对于科学研究性试验，除了承载力、抗裂度、挠度和裂缝观测，还需要测量构件某些部分的应变，以分析构件中应力的分布规律及破坏形态。

4.2.1　试件的安装与加载方法

单向板（one-way slab）和梁是典型的受弯构件，也是土木工程中的基本承重构件。预制板（precast plate）和梁等受弯构件一般都是简支（simple support）的，在试验安装时多采用正位试验，一端采用铰支承，另一端采用滚动支承。为了保证构件与支承面的紧密接触，在支墩与钢板、钢板与构件之间应用砂浆抹平，对于板一类宽度较大的试件，要防止支承面产生翘曲（warping）。

板一般承受均布荷载，试验加载时应均匀施加荷载。梁所受的荷载较大，当施加集中荷载（point load）时，可以用杠杆重力加载，更多的则采用液压加载器通过分配梁加载，或用液压加载系统控制多台加载器直接加载。对于吊车梁的试验，由于主要荷载是起重机轮压所产生的集中荷载，试验加载图式要按抗弯抗剪的最不利组合来决定集中荷载作用位置并分别进行试验。

构件试验的荷载图式应符合设计规定和实际受载情况。考虑到加载的便捷性或受加载条件限制时，可以采用等效加载图式，使试验构件的内力图形与实际内力图形相等或接近，并使两者最大受力截面的内力值相等。

在受弯构件试验中经常利用几个集中荷载来代替均布荷载，采用等效荷载试验能较好地满足弯矩 M 与剪力 V 值的等效条件，但试件的变形（刚度）不一定满足等效条件，应考虑修正。

4.2.2 试验项目和测点布置

1. 挠度和应变的测量

梁的挠度是测量数据中最能反映其综合性能的一项指标，其中最主要的是测定梁跨度中最大挠度 f_{max} 及弹性挠度曲线。

为了求得梁的最大挠度 f_{max}，必须注意支座沉降的影响。对于图 4-1a 所示的梁，试验时由于荷载的作用，其两端支座常常会有沉降，致使梁产生刚性位移（rigid displacement）。因此，如果跨中的挠度是相对地面进行测定的话，同时必须测定梁两端支撑面相对同一地面的沉降值，所以最少要布置三个测点。

值得注意的是，支座下的巨大作用力可能引起周围地基的局部沉降。因此，安装在一起的表架必须离支座有一定距离。只有在永久性的钢筋混凝土台座上进行试验时，上述地基沉降才可以不予考虑。但此时两端部的测点可以测量梁端相对于支座的压缩变形，从而可以较准确地测得跨中的最大挠度 f_{max}。

对于跨度大于 6m 的梁，为了保证测量结构的可靠性，并求得梁在变形后的弹性挠曲线，应增加 5~7 个测点，并沿梁的跨间对称分布，如图 4-1b 所示。对于宽度较大的（大于 600mm）梁，必要时应考虑在截面的两侧

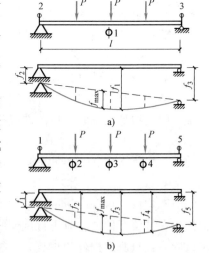

图 4-1　简支梁的挠度测点布置示意

布置测点，仪器的数量也需要增加一倍，此时各截面的挠度取两侧仪器读数平均值。如测定梁平面外的水平挠度曲线，可按上述原则进行布点。

对于宽度较大的单向板，一般需要在板宽的两侧布点，在有纵肋的情况下，挠度测点可按测量梁的挠度原则布置于肋下。对于肋性板的局部挠度（local deflection），则可相对于板肋进行测定。

对于预应力混凝土受弯构件，测量结构整体变形时，尚需考虑构件在预应力作用下的反

拱值（inverted arch value）。

梁是受弯构件，试验时要测量由于弯曲产生的应变，一般在梁承受正负弯矩最大的截面或弯矩有突变的截面上布置测点。对于变截面梁，有时也在截面突变处布置测点。

如果只要求测量弯矩引起的最大应力，则在截面上下边缘纤维处安装应变计即可。为了减少误差，在上下纤维上的仪表应设在梁截面的对称轴上（见图 4-2a），或是在对称轴的两侧各设一个仪表，取其平均应变量。

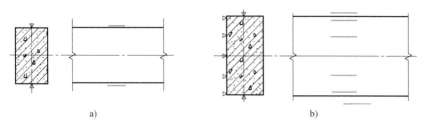

a)　b)

图 4-2　**测量梁截面应变分布的测点布置**

a）测量截面最大纤维应变　b）测量中和轴的位置与应变分布规律

对于钢筋混凝土梁，由于材料的非弹性（inelastic）性质，梁截面上的应力分布往往是不规则的。为了求得截面上应力分布的规律和确定中和轴（neutral axis）的位置，就需要增加一定数量的应变测点，一般情况下沿截面高度至少需要布置 5 个测点。测点越多，则中和轴位置确定越准确，截面上应力分布的规律也越清楚。应变测点沿截面高度的布置可以是等距的，也可以外密里疏（见图 4-2b）。对于布置在靠近中和轴位置处的仪表，由于应变读数值较小，相对误差可能较大，甚至不起效用。但在受拉区混凝土开裂以后，可通过该测点读数的变化来观测中和轴位置的变动。

2. 应力的测量

梁截面应力测量见表 4-2。

表 4-2　**梁截面应力测量**

类别	测量内容
单向应力测量	在梁的纯弯曲区域内，梁截面上仅有正应力，在该处截面上可仅布置单向的应变测点，如图 4-3 截面 1—1 所示。为了进一步探求截面的受拉性能，常常在受拉区的钢筋上也布置测点以便测量钢筋的应变。由此可获得梁截面上内力重分布（internal forces redistribution）的规律
平面应力测量	在荷载作用下的梁截面 2—2 上（见图 4-3）既有弯矩作用，又有剪力作用，为平面应力状态。可通过布置直角应变网络，测定 3 个方向上的应变，求得该截面上的最大主应力及剪应力的分布规律
钢筋应力测量	为研究钢筋混凝土梁斜截面的抗剪机理，除了在混凝土表面布置测点，通常在梁的弯起钢筋或箍筋上布置应变测点（见图 4-4）
翼缘应力测量	对于翼缘较宽较薄的 T 形梁，其翼缘部分受力不一定均匀，甚至不能全部参加工作，这时应该沿翼缘宽度布置测点，测定翼缘上应力分布情况（见图 4-5）
孔边应力测量	孔边应力集中（stress concentration）现象比较严重，而且往往应力梯度（stress gradient）较大。以图 4-6 空腹梁为例，可以利用应变计沿圆孔周边连续测量几个相邻点的应变，通过各点应变迹线求得孔边应力分布情况
校核测点	为了校核试验的正确性及便于整理试验结果时进行误差修正，经常在梁端部凸角上的零应力处设置少测点（图 4-3 的截面 3—3），以检验整个测量过程是否正常

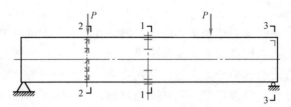

图 4-3　钢筋混凝土测量应变的测点布置

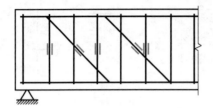

图 4-4　钢筋混凝土梁的弯起钢筋

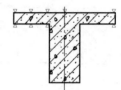

图 4-5　T 形梁翼缘的应变测点与钢箍上
的应变测点布置

3. 裂缝测量

在钢筋混凝土梁试验时，经常需要测定其抗裂性能（crack resistance）。一般垂直裂缝产生在弯矩最大的受拉区段，因此在这一区段连续布置测点，如图 4-7a 所示。这对于选用手持式应变仪测量时最为方便，它们各点间的间距按选用仪器的标距决定。如果采用其他类型的应变仪（如千分表杠杆应变仪或电阻应变计），由于各仪器的不连续性，为防止裂缝正好出现在两个仪器的间隙内，经常将仪器交错布置，如图 4-7b 所示。裂缝未出现前，仪器的读数是逐渐变化的；如果构件在某级荷载作用下开始开裂，则跨越裂缝测点的仪器读数将会有较大的跃变，此时相邻测点仪器读数可能变小，有时甚至会出现负值，而荷载应变曲线会产生突然转折的现象。至于混凝土裂缝的宽度，可根据裂缝出现前后两级荷载所产生的仪器读数差值来表示。

当裂缝肉眼可见时，其宽度可用最小刻度为 0.01mm 及 0.05mm 的读数放大镜测量。

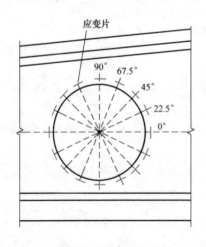

图 4-6　梁腹板圆孔周边的应变测点布置

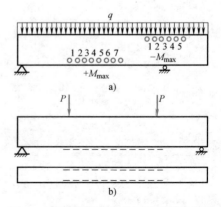

图 4-7　钢筋混凝土受拉区抗裂测点布置
a）手持式应变仪测点布置　b）电阻应变计测点布置

斜截面上的主拉应力（principal tensile stress）裂缝，经常出现在剪力较大的区段内。对于箱形截面或工字形截面的梁，由于腹板很薄，在腹板的中和轴或腹板与翼缘交接的腹板上常是主拉应力较大的部位，在这些部位可以设置观察裂缝的测点，如图 4-8 所示。由于混凝土梁的斜裂缝约与水平轴成 45°夹角，则仪器标距方向应与裂缝方向垂直。有时为了进行分析，在测定斜裂缝的同时，可设置测量主应力或剪应力的应变网络。在裂缝长度上的宽度是很不规则的，通常应测定构件受拉面的最大裂缝宽度、在钢筋水平位置上的侧面裂缝宽度及斜截面上由主拉力作用产生的斜裂缝宽度。每一构件中测定裂缝宽度的裂缝数目一般不少于 3 条，包括第一条出现的裂缝及开裂最宽的裂缝。凡选用测量裂缝宽度的部位应在试件上标明并编号，在各级荷载下的裂缝宽度数据应记在相应的记录表格上。

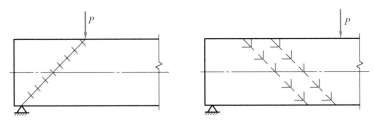

图 4-8　钢筋混凝土斜截面裂缝测点布置

每级荷载下出现的裂缝均需要在试件上标明，即在裂缝的尾端标注荷载级别或荷载数量。以后每加一级荷载后裂缝长度扩展，需在裂缝新的尾端注明相应的荷载。由于卸载后裂缝可能闭合，所以应紧靠裂缝的边缘 1～3mm 处平行画出裂缝的位置走向。

4-1　工字钢梁
加载试验

试验完毕后，根据上述标注在试件上的裂缝绘出裂缝开展图。

4.3　压杆和柱的试验

柱是工程结构中的基本承重构件，在实际工程中，钢筋混凝土柱大多数属偏心受压杆件（eccentrically compressed member）。

4.3.1　试件安装和加载方法

对于柱和压杆试验可以采用正位或卧位试验的安装加载方案。有大型结构试验机条件时，试件可在长柱试验机上进行试验，也可以利用静力试验台座上的大型荷载支承设备和液压加载系统配合进行试验。由于高大的柱子正位试验时安装和观测均较费力，这时改用卧位试验方案则比较安全，但安装就位和加载装置往往比较复杂，同时在试验中要考虑卧位时结构自重所产生的影响。

在进行柱与压杆纵向弯曲系数的试验时，构件两端均应采用比较灵活的可动铰支座形式。一般采用构造简单效果较好的刀口铰支座。当构件在两个方向有可能产生屈曲时，应采用双刀口铰支座。也可采用圆球形铰支座，但制作比较困难。

中心受压柱安装时一般先对构件进行几何对中（geometric alignment），将构件轴线对准作用力的中心线。几何对中后再进行物理对中（physical alignment），即加载达 20%～40%的试验荷载时，测量构件中央截面两侧或 4 个面的应变，并调整作用力的轴线至达到各点应变均匀为止。对于偏压试件，应在物理对中后，沿加力中线量出偏心距离，再把加载点移至偏心距的位置上进行试验。对钢筋混凝土结构，由于材质的不均匀性，物理对中一般比较难于满足，因此实际试验中仅需保证几何对中即可。

当要求模拟实际工程中柱的计算图式及受载情况时，试件安装和试验加载的装置将更为复杂，如图4-9所示为跨度36m、柱距12m、柱顶标高27m，具有双层桥式起重机重型厂房斜腹杆双肢柱的1/3模型试验柱的卧位试验装置。柱的顶端为自由端，柱底端用两个垂直螺杆与静力试验台座固定，以模拟实际柱底固接的边界条件。上下层起重机轮产生的作用 P_1、P_2 作用于牛腿，通过大型液压加载器（1000~2000kN的液压千斤顶）和水平荷载支承架进行加载。在柱端用液压加载器及竖向荷载支承架对柱施加侧向力。在正式试验前先施加一定大小的侧向力，用以平衡和抵消试件卧位后的自重和加载设备重力产生的影响。

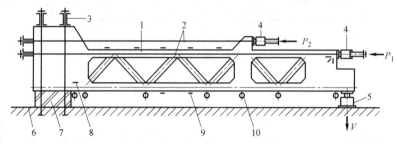

图 4-9　双肢柱卧位试验

1—试件　2—水平荷载支承架　3—竖向支承架　4—水平加载器　5—垂直加载器
6—试验台座　7—垫块　8—倾角仪　9—电阻应变计　10—挠度计

4.3.2　试验项目和测点设置

压杆与柱的试验一般要观测其破坏荷载、各级荷载下的侧向挠度值及变形曲线、控制截面或区域的应力变化规律及裂缝开展情况。图4-10所示为偏心受压短柱试验时的测点布置。试件的挠度由布置在受拉边的百分表或挠度计进行测量，与受弯构件相似，除了测量中点最大挠度值外，可用侧向5点布置法测量挠度曲线。对于正位试验的长柱，其侧向变位可用经纬仪（theodolite）观测。

受压区边缘布置应变测点，可以在试件侧面的对称轴线上单排布点，或在受压区截面的边缘两排对称布点。为验证构件平截面变形的性质，应沿压杆截面高度布置5~7个应变测点。受拉区钢筋应变同样可以用内部电测方法进行。

为了研究偏心受压构件的实际压区应力图形，可以利用环氧水泥-铝板测力块组成的测力板进行直接测定，如图4-11所示。测力板用环氧水泥块模拟有规律的"石子"，它由4个测力块和8个填块用1∶1水泥砂浆嵌缝做成，尺寸为100mm×100mm×20mm。测力块是由厚度为1mm的H形铝板浇筑在掺有石英砂的环氧水泥中制成，尺寸为22mm×25mm×30mm，事先在H形铝板的两侧粘贴2mm×6mm规格的应变计两片，相距13mm，焊好引出线。填充块的尺寸、材料与制作方法与测力块相同，但内部无应变计。

测力板先在100mm×100mm×300mm的轴心受压棱柱体中进行加载标定，得出每个测力块的应力-应变关系，然后从标定试件中取出，将其重新浇筑在偏压过件的内部，测量中部截面压区应力分布图形。

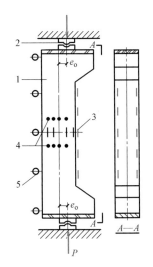

图 4-10　**偏压短柱试验测点布置**

1—试件　2—铰支座　3—应变计

4—应变仪测点　5—挠度计

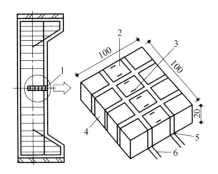

图 4-11　**测量受压区应力图形的测力示意**

1—测力板　2—测力块　3—贴有应变计的铝板

4—填充块　5—水泥砂浆　6—应变计引出线

4.4　屋架试验

屋架（roof truss）是建筑工程中常见的一种承重结构。其特点是跨度较大，但只能在自身平面内承受荷载，而平面外的刚度很小。在建筑物中要依靠侧向支撑（lateral bracing）体系相互联系，形成足够的空间刚度（space stiffness）。屋架主要承受作用于节点的集中荷载，因此大部分杆件受轴力作用。当屋架上弦有节间荷载作用时，上弦杆受压弯作用。对于跨度较大的屋架，下弦一般采用预应力拉杆，因而屋架在施工阶段就必须考虑到试验的要求，配合预应力张拉进行测量。

4.4.1　试件的安装和加载方法

屋架试验一般采用正位试验，即在正常安装位置情况下支撑及加载。由于屋架平面外刚度较弱，安装时必须采取专门措施，设置侧向支撑，以保证屋架上弦的侧向稳定。侧向支撑点的位置应根据设计要求确定，支撑点的间距应不大于上弦杆出平面的设计计算长度，同时侧向支撑应不妨碍屋架在其平面内的竖向位移。

如图 4-12a 所示是一般采用的屋架侧向支撑方式。支撑立柱可以用刚性很大的荷载支撑架，或者在立柱安装后用拉杆与试验台座固定，支撑立柱与屋架上弦杆之间设置轴承，以便于屋架受载后能在竖向自由变位。

如图 4-12b 所示是另一种设置侧向支撑的方法，其水平支撑杆应有适当长度，并能够承受一定压力，以保证屋架能竖向自由变位。

在施工现场进行屋架试验时可以采用两榀屋架对顶的卧位试验。此时屋架的侧面应垫平并设有相当数量的滚动支撑，以减少屋架受载后产生变形时的摩擦力，保证屋架在平面内自由变形。有时为了获得满意的试验效果，必须对用作支撑平衡的一榀屋架做适当加固，使其

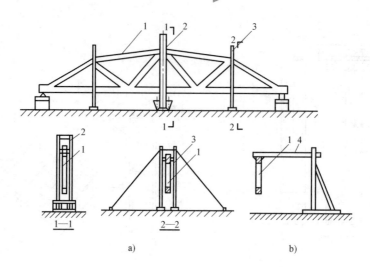

图 4-12　**屋架试验时侧向支撑形式示意**

1—试件　2—荷载支撑架　3—拉杆式支撑的立柱　4—水平支撑杆

在强度与刚度方面大于被试验的屋架。卧位试验可以避免试验时高空作业，便于解决上弦杆的侧向稳定问题，但自重影响无法消除，同时屋架贴近地面的侧面观测困难。

屋架试验时支撑方式与梁试验相同，但屋架端节点支撑中心线的位置对屋架节点局部受力影响较大，应特别注意。由于屋架受载后下弦变形伸长较大，导致活动支座的水平位移往往较大，所以支座上的支撑垫板应留有充分余地。

屋架试验的加载方式可以采用重力直接加载（当两榀屋架成正位试验时），屋架大多是在节点承受集中荷载，一般借助杠杆重力加载。为使屋架对称受力，施加杠杆吊篮应使相邻节点荷载相间地悬挂在屋架受载平面前后两侧。屋架受载后的挠度较大（特别当下弦钢筋应力达到屈服时），因此在安装和试验过程中应特别注意，避免杠杆倾斜太大产生对屋架的水平推力和吊篮着地而影响试验继续进行。在屋架试验中由于施加多点集中荷载，所以采用同步液压加载是最理想的试验方案，但也需要液压加载器活塞有足够的有效行程，适应结构挠度变形的需要。

当屋架的试验荷载不能与设计图式相符时，同样可以采用等效荷载的原则进行代替，但应使需要试验的主要受力构件或部位的内力接近设计情况，并应注意荷载改变后可能引起的局部影响，防止产生局部破坏。随着同步异荷液压加载系统的研制成功，屋架试验中要加几组不同集中荷载的要求已经可以实现。

部分屋架有时还需要做半跨荷载的试验，这时对于某些杆件可能比全跨荷载作用时更为不利。

4.4.2　试验项目和测点布置

屋架试验测试的内容，应根据试验要求及结构形式而定。对于常用的各种预应力钢筋混凝土屋架试验，试验测试项目见表 4-3。

有的项目在屋架施工过程中应配合进行测量，如测量预应力筋张拉应力及对混凝土的预压应力值、预应力反拱值、锚头工作性能等，这就要求试验根据预应力施工工艺的特点进行周密考虑，从而获得比较完整的数据来分析屋架的实际工作质量。

表 4-3　**屋架试验测试项目**

屋架试验测试项目	屋架上下弦杆的挠度
	屋架的抗裂度及裂缝
	屋架承载能力
	屋架主要杆件控制截面应力
	屋架节点的变形及节点刚度对屋架杆件次应力（secondary stress）的影响
	屋架端节点的应力分布
	预应力筋（prestressed reinforcement）张拉应力和对相关部位混凝土的预压应力
	屋架下弦预应力筋对屋架的反拱作用
	预应力锚头工作性能
	屋架吊装时控制杆件的应力

1. 屋架挠度和节点位移的测量

屋架跨度较大，测量其挠度的测点宜适当增加。如屋架只承受节点荷载，测定上下弦挠度的测点只要布置在相应的节点之下。对于跨度较大的屋架，其弦杆的节间往往很大，在荷载作用下可能使弦杆承受局部弯曲，此时还应测量该杆件中点相对其两端节点的最大位移。当屋架挠度值较大时，需用大量程的挠度计或者用厘米纸制成标尺通过水准仪进行观测。与测量梁的挠度一样，必须注意到支座的沉陷与局部受压引起的变位。如果需要测量屋架端节点的水平位移及屋架上弦平面外的侧向水平位移，可以通过水平方向的百分表或挠度计进行测量。图 4-13 所示为挠度测点布置。

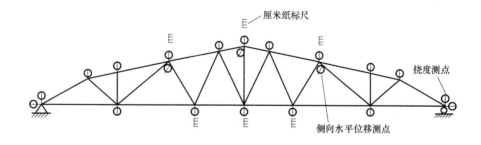

图 4-13　**屋架试验挠度测点布置**

2. 屋架杆件内力测量

当研究屋架实际工作性能时，常常需要了解屋架杆件的受力情况，因此要求在屋架杆件上布置应变测点来确定杆件的内力值。一般情况下，在一个截面上引起法向应力的内力最多是轴向力 N、弯矩 M_x 及 M_y，对于薄壁杆件则需再增加扭矩 M_T。分析内力时，一般只考虑结构的弹性工作。这时在一个截面上布置的应变测点数量只要等于未知内力数目，就可以用材料力学的公式求出全部未知内力数值。应变测点在杆件截面上的布置位置如图 4-14 所示。

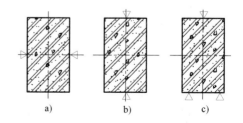

图 4-14　**屋架杆件截面上应变测点布置方式示意**

a) 只有轴力 N 作用　b) 有轴力 N 和弯矩 M_x 作用

c) 有轴力 N 和弯矩 M_x，M_y 作用

一般钢筋混凝土屋架上弦杆直接承受荷载，除轴向力外，还可能有弯矩作用，属压弯构件（compression bending member），截面内力主要是轴向力 N 和弯矩 M 组合。为了测量这两项内力，一般按图4-14b所示，在截面对称轴上下纤维处各布置一个测点。屋架下弦主要为轴力 N 作用，一般只需在杆件表面布置一个测点，但为了便于核对和使所测结果更为精确，经常在截面的中和轴（见图4-14a）位置上成对布点，取其平均值计算内力 N。屋架的腹杆主要承受轴力作用，布点可与下弦一样。应该注意，在布置屋架杆件的应变测点时，由于节点处截面作用面积不明确，绝不可将测点布置在节点上。图4-15所示屋架上弦节点中截面1—1的测点是测量上弦杆的内力，截面2—2是测量节点次应力的影响，比较两个截面的内力，就可以求出次应力，截面3—3是错误布置。

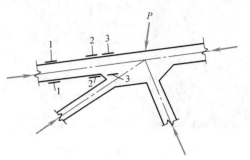

图 4-15　**屋架上弦节点应变测点布置**

如果用电阻应变计测量弹性匀质杆件或钢筋混凝土杆件开裂前的内力，除了可按上述方法求得全部内力值，还可以利用电阻应变仪测量电桥的特性及电阻应变计与电桥连接方式的不同，使测量结果直接等于某一个内力所引起的应变。

为了正确求得杆件内力，测点所在截面位置应经过选择，屋架节点在设计理论上均假定为铰接（hinge joint），但钢筋混凝土整体浇捣的屋架，其节点实际上是刚接（rigid connection）的，节点的刚度会在杆件中邻近节点处产生次弯矩（secondary moment）作用，并由此在杆件截面上产生应力。因此，如果仅希望求得屋架在承受轴力或轴力和弯矩组合影响下的应力，避免节点刚度影响，测点所在截面要尽量离节点远一些。反之，假如要求测定由节点刚度引起的次弯矩，则应该把应变测点布置在紧靠节点处的杆件截面上。

4.4.3　屋架端节点的应力分析

屋架端部节点的应力状态比较复杂，这里不仅是上下弦杆相交点，还是屋架支承反力作用处，对于预应力钢筋混凝土屋架，下弦预应力筋的锚头也直接作用在节点端。此外，构造和施工上的原因也会经常引起端节点的过早开裂或破坏。为了测量端节点的应力分布规律，要求布置较多的三向应变网络测点（见图4-16），一般由电阻应变计组成。从三向小应变网络各点测得的应变量，通过计算或图解法求得端节点上的剪应力、正应力及主应力的数值与分布规律。为了测量上下弦杆连接处豁口应力情况，可沿豁口周边布置单向应变测点。

4.4.4　预应力锚头性能测量

对于预应力钢筋混凝土屋架，有时还需要研究预应力锚头的实际工作和锚头在传递预应力时对端节点的受力影响。特别是采用后张自锚预应力工艺时，为检验自锚头的锚固性能与锚头对端节点外框混凝土的作用，需要在屋架端节点的混凝土表面沿自锚头长度方向布置若干应变测点，测量自锚头部位端节点混凝土的横向受拉变形，如图4-17所示的横向应变测点。如果按图示布置纵向应变测点，则可以同时测得锚头对外框混凝土作用下的压缩变形（compression deformation）。

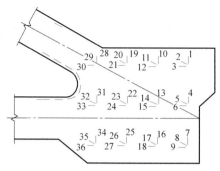

图 4-16　**屋架端部节点上应变测点布置**

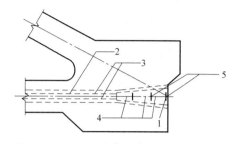

图 4-17　**屋架端节点自锚头部位测点布置**

1—混凝土自锚锚头　2—屋架下弦预应力筋预留孔　3—预应力筋
4—纵向应变测点　5—横向应变测点

4.4.5　屋架下弦预应力筋张拉应力测量

为测量屋架下弦的预应力筋在施工张拉和试验过程中的应力值及预应力的损失情况，需在预应力筋上布置应变测点，测点位置通常布置在屋架跨中及两端部位。当屋架跨度较大时，在 1/4 跨度的截面上可增加测点。如有需要，预应力筋上测点位置可与屋架下弦杆上的测点部位相一致。

在预应力筋上经常使用事先粘贴电阻应变计的办法测量其应力变化，但必须注意防止电阻应变计受损。比较理想的做法是在成束钢筋中部放置一段短钢管使贴片的钢筋位置相互固定，这样便可将连接应变计的导线束通过钢筋束中断续布置的短钢管后从锚头端部引出。有时为了减少导线在预应力孔道内的埋设长度，可从测点就近部位的杆件预留孔将导线束引出。

如屋架预应力筋采用先张法（pretensioning method）施工时，则上述测量准备工作均需在施工张拉前到预制构件厂或施工现场就地进行。

4.4.6　裂缝测量

预应力钢筋混凝土屋架的裂缝测量，通常要实测预应力杆件的开裂荷载值，测量使用状态试验荷载值作用下的最大裂缝宽度及各级荷载作用下的主要裂缝宽度。在屋架中，由于端节点的构造与受力复杂，经常会产生斜裂缝，应引起注意。此外，腹杆与下弦拉杆及节点的交汇之处，将会较早开裂。

在屋架试验的观测设计中，利用结构与荷载对称性特点，经常在半榀屋架上考虑测点布置与安装主要仪表，而在另半榀屋架上仅布置若干对称测点，作为校核之用。

4.5　薄壳、网架与单层厂房结构试验

薄壳和网架结构是工程结构中比较特殊的结构，一般适用于大跨度公共建筑。其中曲面状的网架又称为网壳。对于这类大跨度结构，一般都须进行大量的试验研究工作。

在科学研究和工程实践中，这种试验一般用实际尺寸缩小为 1/20～1/5 的大比例模型作

为试验对象，但材料、杆件、节点基本上与实物类似，可将这种模型当作缩小到若干分之一的实物结构直接计算，并将试验值和理论值直接比较。这种方法比较简单，试验出的结果基本上可以说明实物的实际工作情况。

4.5.1　薄壳结构（thin shell structure）

1. 试件安装和加载方法

薄壳结构有筒壳、扁壳、扭壳等，一般均有侧边构件，其支承方式可类似双向板，有四角支承或四边支承，这时结构支承可由固定铰、活动铰及滚轴支座等组成。

薄壳结构是空间受力体系，在一定的曲面形式下，壳体弯矩很小，荷载主要靠轴向力承受。壳体结构由于具有较大的平面尺寸，所以单位面积上荷载不会太大，一般情况下可以用重力直接加载，将荷载分垛铺设于壳体表面。也可以通过壳面预留的洞孔直接施加悬吊荷载（见图4-18），并可在壳面上用分配梁系统施加多点集中荷载。

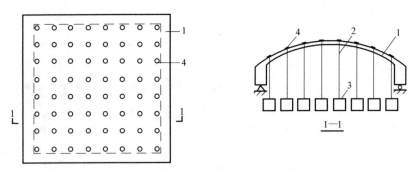

图4-18　通过壳面顶预留洞孔施加悬吊荷载
1—试件　2—荷重吊杆　3—荷重　4—桥面预留洞孔

为了加载方便，也可以通过壳面预留孔洞设置吊杆，在壳体下面用分配梁系统通过杠杆（lever）加载（见图4-19）。

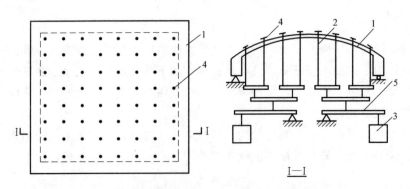

图4-19　用分配梁杠杆加载系统对壳体结构施加荷载示意
1—试件　2—荷重吊杆　3—荷重　4—桥面预留洞孔　5—分配梁杠杆系统

在薄壳结构试验中，也可利用气囊通过空气压力和支承装置对壳面施加均布荷载，有条件时可以通过密封措施，在壳体内部用抽真空的方法，利用大气压差（负压作用）对壳面进行加载。这时壳面由于没有加载装置的影响，比较便于进行测量和观测裂缝。

如果需要较大的试验荷载或要求进行破坏试验时，则可按图 4-20 所示的同步液压加载器和荷载支承装置施加荷载，以获得较好的效果。

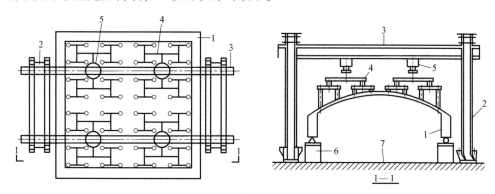

图 4-20　**用液压加载器进行结构加载试验**

1—试件　2—荷载支承架立柱　3—横梁　4—分配梁系统　5—液压加载器　6—支座　7—试验台座

2. 试验项目和测量值

薄壳结构与平面结构不同，它既是空间结构又具有复杂的表面外形，如筒壳、双曲抛物面壳和扭壳等，由于受力上的特点，其测量要比一般平面结构复杂得多。

壳体结构要观测的内容主要是位移和应变两大类。一般测点按平面坐标系统布置，所以测点的数量较多，如果在平面结构中测量挠度曲线按线向 5 点布置法，但在薄壳结构中为了测量壳面的变形，即受载后的挠曲面，就需要 $5^2 = 25$ 个测点。为此可利用结构对称和荷载对称的特点，在结构的 1/2、1/4 或 1/8 的区域内布置主要测点作为分析的依据，而在其他对称的区域内布置适量的测点，进行校核。这样既可减少测点数量，又不影响了解结构受力的实际工作情况，至于校核测点的数量可按试验要求而定。

薄壳结构都有侧边构件，为了校核壳体的边界支撑条件，需要在侧边构件上布置挠度计来测量它的垂直及水平位移。有时为了研究侧边构件的受力性能，还要测量它的截面应变分布规律，这时完全可按梁式构件测点布置的原则与方法进行。

对于薄壳结构的挠度与应变测量，要根据结构形状和受力特性分别加以研究决定。圆柱形壳体受载后的内力相对比较简单，一般在跨中和 1/4 跨度的横截面上布置位移和应变测点，测量该截面的径向变形和应变分布。图 4-21 所示为圆柱形金属薄壳在集中荷载作用下

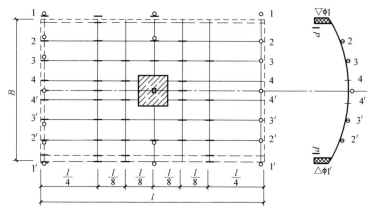

图 4-21　**圆柱形金属薄壳在集中荷载作用下的测点布置**

的测点布置。利用挠度计测量壳体与侧边构件受力后的垂直和水平变位，测试内容主要有侧边构件边缘的水平位移、壳体中间顶部垂直位移、壳体表面上 2 及 2′处的法向位移（normal displacement）。其中以壳体跨中 $L/2$ 截面上 5 个测点最有代表性，此外，应在壳体两端部截面布置测点。利用应变仪测量纵向应力，仅布置在壳体曲面之上，主要布置在跨度中央、$L/4$ 处与两端部截面上，其中 2 个 $L/4$ 截面和 2 个端部截面中的一个为主要测量截面，另一个与它对称的截面为校核截面。在测量的主要截面上布置 10 个应变测点，校核截面仅在半个壳面上布置 5 个测点。在跨中截面上，因为加载点使测点布置困难（轴线 4-4 和 4′-4′），所以在 $3L/8$ 及 $5L/8$ 截面的相应位置上布置补充测点。

对于双曲扁壳结构的挠度测点除一般沿侧边构件布置垂直和水平位移的测点外，壳面的挠曲可沿壳面对称轴线或对角线布点测量，并在 1/4 或 1/8 壳面区域内布点（见图 4-22a）。为了测量壳面主应力的大小和方向，一般均需布置三向应变网络测点。由于壳面在对称轴上的剪应力等于零，主应力方向明确，所以只需布置二向应变测点（见图 4-22b）。有时为了查明应力在壳体厚度方向的变化规律，则在壳体内表面的相应位置上也对称布置应变测点。

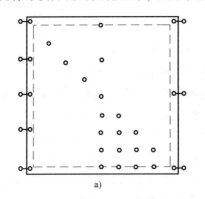 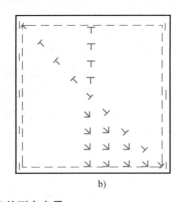

a) b)

图 4-22 双曲扁壳的测点布置

a）壳面区域内布点 b）二向应变测点

如果是加肋双曲壳，还必须测量肋的工作状况，这时壳面挠曲变形可在肋的交点上布置。由于肋主要是单向受力，所以只需沿其走向布置单向应变测点，通过在壳面平行于肋向的测点配合，即可确定其工作性质。

4.5.2 网架结构（grid structure）

1. 试件安装和加载方法

网架结构在实际工程中是按结构布置直接支承在框架或柱顶。在试验中，一般按实际结构支承点的个数将网架模型支承在刚性较大的型钢圈梁上。一般支座均为受压，采用螺栓做成的高低可调节的支座固定在型钢圈梁上，网架支座节点下面焊上带尖端的短圆杆，支承在螺栓支座的顶面，在圆杆上贴有应变计可测量支座反力，如图 4-22a 所示。由于网架平面体型的不同，受载后除大部分支座受压外，在边界角点及其邻近的支座经常可能出现受拉现象。为适应受拉支座的要求并做到各支座构造统一，既可受压又能抗拉，在有的工程结构试验中采用了钢球铰点支承形式，如图 4-23b 所示。钢球安置在特殊的圆形支座套内，钢球顶端与网架边节点支座竖杆相连，支座套上设有盖板，当支座受拉时，可限制球铰从支座套内拔出，同样可以由支座竖杆上的应变计测得支座拉力。圆形支座套下端用螺栓与钢圈梁连接，可以调整高低，使网架所有支座在加载前能统一调整，保证整个网架有良好的接触。图 4-23c 所示锁形拉压两用支座可安装于反力方向无法确定的支座上，它适应于受压或受拉的受力状态。在某体育馆四立柱支承的方形双向正交网架模型试验中，采用了球面板做成的铰接支座，柱子上端用螺杆可调节的套管调整网架高度，这种构造在承受竖向荷载时是可以的，但当有水平荷载作用时易使得变形较大，如图 4-23d 所示。

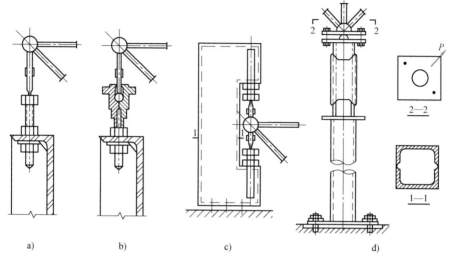

a)　　　　　　b)　　　　　　c)　　　　　　d)

图 4-23　网架试验的支座形式与构造

在我国建造的网架结构中，大部分是采用钢结构杆件组成的空间体系，作用于网架上的竖向荷载主要通过其节点传递。在较多试验中都用水压加载来模拟竖向荷载，为了使网架承受比较均匀的节点荷载，一般在网架上弦的节点上焊接小托盘，上放传递水压的小木板，木板根据网架的网格形状及节点布置形状而定，要求木板互不联系，以保证荷载传递作用明确，挠曲变形自由。当遇到变高度网架或上弦有坡度时，可通过连接托盘的竖杆调节高度，使荷载作用在同一水平，便于水压加载。在网架四周用薄钢板、铁皮或木板按网架平面体组成外框，用专门支柱支承外框的自重，然后在网架上弦的木板上和四周外框内衬以特制的开口大型塑料袋。当试验加载时，水的重力在竖向通过塑料袋、木板直接经上弦节点传至网架杆件，而水的侧向压力由四周的外框承受。因为外框不直接支承于网架，所以施加的荷载可直接由水面的高度来计算，当水面高度为 300mm 时，即相当于网架承受的竖向荷载为 $3kN/m^2$。图 4-24 所示为钢网壳试验用水加载的装置。

有些网架试验也用荷载重块通过各种比例的分配梁直接施加于网架下弦节点。一般 4 个节点合用 1 个荷重吊篮，有部分为 2 个节点合成 1 个吊篮。按设计计算，中间节点荷载为 P 时，网架边缘节点为 $P/2$，四角节点为 $P/4$，各种不同节点荷载均由同形式的分配梁组成（见图 4-25）。

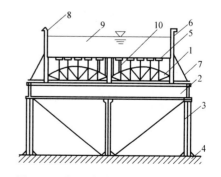

图 4-24　钢网壳试验用水加载的装置

1—试件　2—刚性梁　3—立柱　4—试验台座
5—分块式木板　6—钢板外框　7—支撑　8—塑料薄膜水袋
9—水　10—节点荷载传递短柱

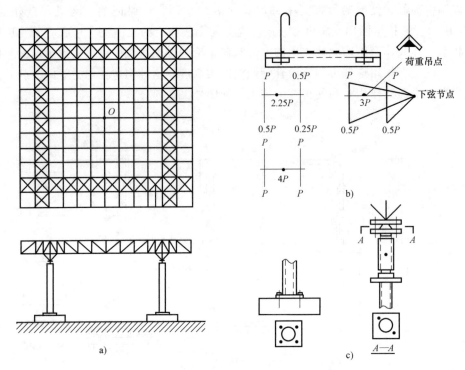

图 4-25　四立柱平板网架用分配梁在下弦节点加载

a）结构简图　b）荷载分配系统　c）支座节点

同薄壳试验一样，当需要进行破坏试验时，由于破坏荷载较大，可用多点同步液压加载系统经分配梁施加荷载（见图 4-26）。

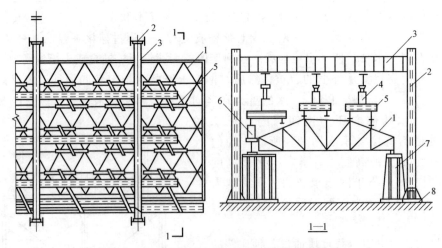

图 4-26　用多点同步液压加载对网壳加载试验

1—网壳　2—荷载支承架立柱　3—横梁　4—液压加载器　5—分配梁系统
6—平衡加载器　7—支座　8—试验台座

2. 试验项目和测量值

网架结构形式多样，有双向正交、双向斜交和三向正交等。因为网架结构可看作桁架梁相互交叉组成，所以其测点布置的特点也类似于平面结构中的屋架。

网架的挠度测点可沿各桁架梁布置在下弦节点。应变测点布置在网架的上下弦杆、腹杆、竖杆及支座竖杆上。由于网架平面体形较大，同样可以利用荷载和结构对称性的特点进行布置。对于仅有一个对称轴平面的结构，可在 1/2 区域内布点；对于有 2 个对称轴的平面，则可在 1/4 或 1/8 区域内布点；对于三向正交网架，则可在 1/6 或 1/12 区域内布点。与壳体结构一样，主要测点应尽量集中在某一区域内，其他区域仅布置少量校核测点（见图 4-27）。

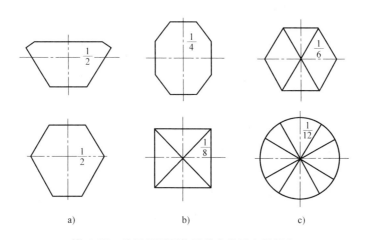

图 4-27　按网架平面体形特点分区布置测点

a）1/2 区域内布点　b）1/4 或 1/8 区域内布点　c）1/6 或 1/12 区域内布点

4.5.3　单层厂房结构（single-story factory structure）

单层工业厂房是个由排架、屋盖系统、山墙等组成的空间结构。在起重机水平荷载和偏心轮压作用下，排架同整个厂房共同起作用，将荷载分别传至基础与屋盖，而屋盖又将荷载沿纵向传给其他排架和山墙，这就形成了整体空间作用。过去在设计中按平面排架进行内力分析，这与实际工作情况不相符。

单层工业厂房整体工作的试验目的在于分析排架受力后厂房整体空间作用的性质，包括力沿纵向传播的范围和变化规律、空间作用的主要影响因素等，同时试验可以正确地确定空间作用分配系数（distribution coeffcient）的数值。

1. 试验荷载布置

在实测试验中，经常是采用机械力加载的方法，通过钢丝绳由滑轮组卷扬机（绞车）及拉力表等在排架柱顶或吊车梁轨顶位置上施加荷载。在实际试验中也可以用如图 4-28 所示的方法，在排架内采用花篮螺钉通过钢丝绳直接加载于起重机轨顶或柱顶，钢丝绳与地面斜交，荷载数值由拉力表来确定，分析时取其水平分力作用轨顶或柱顶的荷载。

2. 试验观测

试验主要测定在荷载作用下加载柱列各柱柱顶的横向水平位移。对于非受载柱列，一般仅对加载排架的非受载柱柱顶位移进行量测，以便与受载柱的位移进行比较，确定屋架变形的影响。位移量测可以采用百分表、挠度计进行，当位移较大时，测点可以采用经纬仪观测

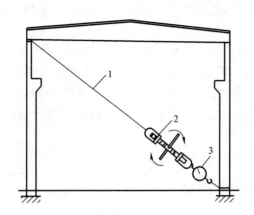

图 4-28　单层工业厂房整体工作排架试验加载布置

1—钢索　2—花篮螺钉　3—拉力表网壳

或采用激光位移计进行自动记录。因为排架受载后的变形与其所分配到的荷载大小成正比，所以可以用测得各排架的变形来求得空间作用的分配系数（distribution coefficient）。

单层工业厂房整体工作的试验研究也可以通过模型试验进行。国内早期研究这个课题时曾先后采用了 1∶10 与 1∶4 的模型试验，通过滑轮与细钢丝绳对模型施加水平荷载，其作用点可以在起重机轨顶，也可以作用在柱顶，来模拟厂房承受纵向及横向作用的水平荷载（见图 4-29）。图中字母 A、B 表示布置于起重机轨顶、柱顶的测点标号。用百分表或挠度计来量测排架柱顶或轨顶的纵横向水平变形。

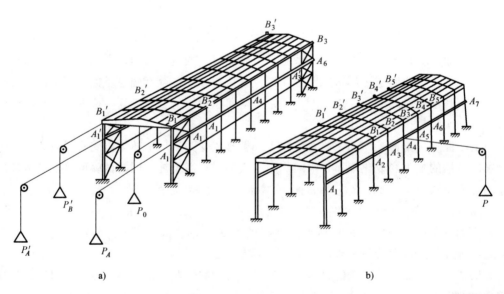

图 4-29　单层工业厂房整体工作模型试验加载

a）纵向加载测点布置　b）横向加载测点布置

4-2　随堂小测

本 章 小 结

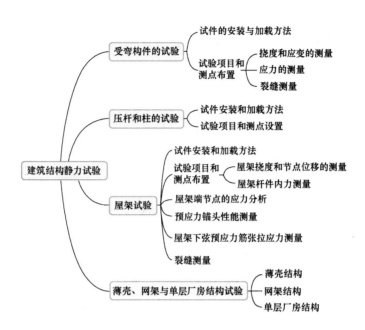

复 习 思 考 题

4-1　结构静载试验的任务是什么？主要内容有哪些？

4-2　何为正位试验及异位（卧位和反位）试验？

4-3　采用等效荷载时应注意哪些问题？

4-4　测点选择和布置的原则是什么？

4-5　结构构件裂缝测量分几种情况？构件开裂后测量哪些内容？

4-6　在构件开裂时，标距跨越裂缝的应变片和标距不跨越裂缝的应变片在荷载-应变曲线图上有什么现象发生？

4-7　钢筋混凝土梁、柱构件的应变如何进行测量？

4-8　柱子试验的观测项目有哪些？其试验有什么特点？

4-9　试制定偏心受压柱试验的测量方案（测量项目、仪表布置）。

4-10　对于常用的各种预应力钢筋混凝土屋架，一般有哪些试验项目？

4-11　屋架试验中如何分析其内力大小？

4-12　如何对薄壳结构进行加载试验？

参 考 文 献

［1］　朱尔玉，冯东，朱晓伟，等. 工程结构试验 ［M］. 北京：北京交通大学出版社，2016.

［2］　张望喜. 结构试验 ［M］. 武汉：武汉大学出版社，2016.

［3］　王天稳，李杉. 土木工程结构试验 ［M］. 2 版. 武汉：武汉大学出版社，2018.

［4］　熊仲明，王社良. 土木工程结构试验 ［M］. 2 版. 北京：中国建筑工业出版社，2015.

［5］ 周明华. 土木工程结构试验与检测［M］. 3 版. 南京：东南大学出版社，2013.

网 络 资 源

［1］ 王庆利，姜桂兰，高轶夫. CFRP 增强圆钢管混凝土受弯构件试验［J］. 沈阳建筑大学学报（自然科学版），2006，22（2）：224-227.

［2］ 李炜，陈以一. 不同系杆形式的部分组合钢-混凝土受弯构件试验研究［J］. 建筑钢结构进展，2015，17（03）：1-6.

［3］ 余小龙，王成刚，柳炳康，等. 方钢管再生混凝土长柱偏心受压试验研究［J］. 合肥工业大学学报（自然科学版），2017，40（8）：1110-1116.

［4］ 李斌，王柯程，李广，等. 圆钢管混凝土柱轴压性能试验研究［J］. 江西建材，2017（14）：1-2.

［5］ 徐菲，陈驹，金伟良，等. 轴心受压格构式钢骨-钢管混凝土柱试验研究［J］. 建筑结构学报，2013（S1）：227-232.

［6］ 陈以一，沈祖炎，赵宪忠，等. 上海浦东国际机场候机楼 R2 钢屋架足尺试验研究［J］. 建筑结构学报，1999，（2）：9-17.

［7］ 胡春林，罗仁安，章杰. 预应力钢筋混凝土折线形屋架荷载试验研究［J］. 武汉理工大学学报，2001，23（5）：75-77.

［8］ 张新玉，张文平，李全，等. 圆柱形薄壳结构的试验模态分析方法研究［J］. 哈尔滨工程大学学报，2006，27（1）：20-25.

［9］ 郑君华，罗尧治，董石麟，等. 矩形平面索穹顶结构的模型试验研究［J］. 建筑结构学报，2008，29（2）：25-31.

建筑结构动力试验 | 第5章

Dynamic Experiment of Building Structure

内容提要

本章介绍结构动力试验，内容包括动荷载的特性试验、结构的动力特性试验、结构的动力反应试验、动力反应信号分析处理技术。教学重点：结构的动力特性试验与结构动力反应试验。

能力要求

了解结构动载试验的基本内容。

了解动力反应信号分析处理技术。

熟悉结构动载试验的常用测量仪器、加载方法与设备。

掌握动荷载的特性和主振源的探测方法。

掌握结构动力反应指标及测量方法。

5.1 概述

各种类型的工程结构，在实际使用过程中除了承受静荷载作用外，还常常承受各种动荷载作用。为了解结构在动荷载作用下的工作性能及动力反应，一般要进行结构动力试验。土木工程中需要研究和解决的动力问题范围很广，常见动力问题见表 5-1。

表 5-1　**土木工程研究的常见动力问题**

类型	说　　明
工程结构的抗震问题	为地震设防和抗震设计提供依据，提高各类工程结构的抗震能力
工业厂房生产过程中的振动问题	设计和建造工业厂房时要考虑生产过程中产生的振动对厂房结构或构件的影响
桥梁设计	考虑车辆运动对桥梁的振动、流水浮冰对桥墩的冲刷和冲击、风雨使斜拉桥的斜拉索产生雨振和索塔产生振动等问题
高层建筑与高耸构筑物设计	解决风荷载所引起的振动问题
近海结构物设计	解决海浪拍击、风暴、浮冰冲击等引起的振动问题
国防建设	研究建筑物的抗爆问题，研究如何抵抗核爆炸等所产生的瞬时冲击荷载（即冲击波）

动载试验与静载试验相比，具有一些特殊的规律性。首先，造成结构振动的动荷载是随时间而变化的；其次，结构在动荷载的作用下的反应与结构本身动力特性密切相关。

结构动力试验分为结构动力特性基本参数（如自振频率、阻尼系数、振型等）和结构动力反应的测定等。概括起来，结构动力试验基本内容见表 5-2。

表 5-2　结构动力试验基本内容

类型	说　明
结构动力特性测试	结构动力特性也称为结构自振特性，是反映结构本身固有的动力性能，包括结构的自振频率、阻尼、振型等参数
振源识别	振源识别是寻找对结构振动起主导作用且危害最大的主振源，这是振动环境治理的前提
结构动荷载特性测定	动荷载特性测定是建筑结构进行动力分析和隔振设计所必须掌握的，直接影响到结构的动力反应。主要包括测定结构动荷载的大小、方向、频率及其作用规律等
结构动力反应测试	动力反应测试是测定实际结构在实际工作时的振动水平（如振幅、频率）及形状，在移动荷载作用下桥梁的振动，地震时建筑结构的振动反应（强震观测）等

为了模拟实际的动力荷载，试验时首先应设计一个符合试验目的要求的振动系统（vibration system）。振动系统由激励和记录两部分组成，如图 5-1 所示。激励装置是使结构产生振动的振源，振源的振动规律可根据试验需要设计为简谐振动或随机振动。

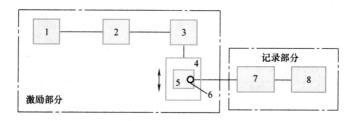

图 5-1　振动试验系统原理
1—信号源　2—功率放大器　3—激振器　4—振动台　5—模型
6—拾振器　7—放大器　8—记录器

研究工程结构的动态变形和内力是一个十分复杂的问题，它不仅与动力荷载的性质、数量、大小、作用方式、变化规律及结构本身的动力特性有关，还与结构的组成形式、材料性质及细部构造等密切相关。结构动力问题的精确计算具有一定难度，因而借助试验实测来确定结构动力特性及动力反应是不可缺少的手段。

5.2　动荷载的特性试验

动荷载的特性主要研究作用力、方向、频率等参数。

在研究风荷载、地震作用、工业建筑内的动力设备响应时，需要确定振源的大小和作用规律，虽然振源可以根据统计值进行动力荷载特性计算，但是有时实际动力特性与统计值有较大的差距，用计算方法往往不能获得振源的实际动力特性，因此，需要借助试验的方法进行确定。

5.2.1　测主振源的方法

作用在结构上的动荷载常常是很复杂的，一般是由多个振源（vibration source）产生的。首先要找出对结构振动起主导作用即危害最大的主振源，然后测定其特性。

1. 逐台开动法

结构发生振动，其主振源并不总是显而易见的。在工业厂房内有多台动力机械设备时，可以逐个开动，观察结构在每个振源影响下的振动情况，从中找出主振源，但是这种方法往往由于影响生产而不便实现。也可以分析实测振动波形，根据不同振源将会引起不同规律的强迫振动这一特点，来间接判定振源的某些性质，作为探测主振源的参考依据。

2. 波形识别法

图 5-2 给出了几种典型的振动记录波形图。其中图 5-2a 是间歇性的阻尼振动曲线，振动曲线上有明显的尖峰和衰减的特点，说明是撞击性振源所引起的振动；图 5-2b 的振动曲线是有周期性的简谐振动曲线，这可能是一台机器或多台转速一样的机器运转所引起的振动；图 5-2c 为两频率相差两倍的简谐振源引起的合成振动曲线图形；图 5-2d 为三简谐振源引起的更为复杂的合成振动曲线图形；图 5-2e 的振动曲线的记录波形符合拍振的规律，振幅周期性地由小变大，又由大变小，可能是由两个频率接近的简谐振源共同作用而成，也可能是只有一个振源，但其频率和结构的自振频率相近；图 5-2f 的振动曲线记录波形是随机振动的记录图形，它是由随机性动荷载引起的，如液体或气体的压力脉冲。

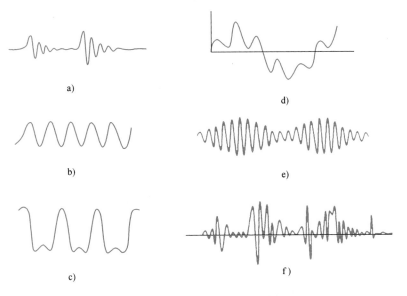

图 5-2　**各种振动记录波形图**

a）间歇性阻尼振动曲线　b）周期性简谐振动曲线　c）两倍差简谐振源合成振动曲线
d）三简谐振源合成振动曲线　e）"拍振"振动曲线　f）随机振动曲线

分析结构振动的频率，可以进一步判断主振源。通常情况下，结构强迫振动的频率和作用力的频率相同，因此具有这种频率的振源就可能是主振源。对于简谐振动可以直接在振动记录图上量出振动频率，而对于复杂的合成振动则需将合成振动记录图做进一步分析，得到复合振动频谱图，在频谱图上可以清楚地看出合成振动是由哪些频率成分组成的，哪一个频率成分具有较大的幅值，从而判断哪一个振源是主振源。

5.2.2 动荷载参数的测定方法

对于动荷载特性的测定，可以采用直接测定法、间接测定法和比较测定法等，具体见表 5-3。

表 5-3 动荷载特性的测定

方法	说　明
直接测定法	在测量对象上直接安装传感器，通过传感器的反应来测定动荷载的各项参数。此方法简单可靠，应用范围广
间接测定法	将需测定动力的机器安装在有足够弹性变形的专用结构上，结构下面为刚性支座。结构须避免与机器发生共振，以保证所测结果的准确度
比较测定法	通过比较振源的承载结构（楼板、框架或基础）在已知动荷载作用下的振动情况和待测振源作用下的振动情况，进而得出动荷载的特性数据

5.3 结构的动力特性试验

结构的动力特性，如自振频率、振型和阻尼系数（或阻尼比）等，是结构本身的固有参数，它们取决于结构的组成形式、刚度、质量分布、材料性质、构造连接等。对于比较简单的动力问题，一般只需测量结构的基本频率（basic frequency）。但对于比较复杂的多自由度体系，有时还需考虑第二、第三甚至更高阶的固有频率及相应的振型。结构物的固有频率及相应的振型虽然可由结构动力学原理计算得到，但由于实际结构物的组成和材料性质不同等因素，经过简化计算得出的理论数值一般误差较大。至于阻尼系数则只能通过试验来确定。因此，采用试验手段研究各种结构物的动力特性具有重要的实际意义。

土木工程各种结构形式有所不同。从简单的构件如梁、柱、屋架、楼板到整体建筑物、桥梁等，其动力特性相差很大，试验方法和所用的仪器设备也不完全相同。本节将介绍一些常用的动力特性试验方法。

用试验法测定结构动力特性，首先应设法使结构起振，然后记录和分析结构受振后的振动形态，以获得结构动力特性的基本参数。

5.3.1 自由振动法（free vibration method）

自由振动法是使结构产生自由振动，通过记录仪器记下有衰减的自由振动曲线，由此求出结构的基本频率和阻尼系数。

使结构产生自由振动的办法较多，详见第 2 章。

在测定桥梁的动力特性时，还可以采用载重汽车越过障碍物的办法产生一个冲击荷载，从而引起桥梁的自由振动。

采用自由振动法时，拾振器一般布置在振幅较大处，要避开某些杆件的局部振动。最好在结构物纵向和横向多布置几点，以观察结构整体振动情况。自由振动衰减系数测量系统如

图 5-3 所示。

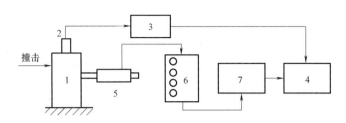

图 5-3 自由振动衰减系数测量系统

1—结构物 2—拾振器 3—放大器 4—显示器/示波器 5—应变位移传感器

6—应变仪桥盒 7—动态电阻应变仪

自由振动法一般只能测到少数的低阶固有频率，但对某些特殊结构，只要冲击激励位置与传感器安装位置选择恰当，也可以激发出并测到较多阶的固有频率。最典型的是拉索的索力测试，将传感器安装在拉索端部不远处，并在离传感器一定距离的位置敲击，采集拉索自由振动的曲线，可以获得不错的测试效果。

5.3.2 共振法（resonance method）

共振法又称强迫振动法，是利用专门的激振器对结构施加简谐动荷载，使结构产生稳态的强迫简谐振动，测定结构受迫振动，从而求得结构动力特性的基本参数。

试验时需将激振器牢固地安装在结构上，不使其跳动，否则将影响试验结果。激振器的激振方向和安装位置要根据试验结构的具体情况和试验目的而定。一般来说，整体结构的动荷载试验在水平方向激振，楼板和梁等的动力试验荷载为垂直方向激振。激振器沿结构高度方向的安装位置应选在所要测量的各个振型曲线的非零节点位置上，因此试验前最好先对结构进行初步动力分析，做到对所测量的振型曲线形式有所估计。

激振器的频率信号由信号发生器产生，经过功率放大器放大后推动激振器激励结构振动。当激励信号的频率与结构自振频率相等时，结构发生共振，这时信号发生器的频率就是试验结构的自振频率，信号发生器的频率由频率计来监测。只要激振器的位置不落在各阶振型的节点位置上，随着频率的增高即可测得一阶、二阶、三阶及更高阶的自振频率。在理论上，结构有无限阶自振频率，但频率越高输出越小，由于受检测仪表灵敏度的限制，一般仅能测到有限阶的自振频率。另外，对结构影响较大的是前几阶，而高阶的影响较小。强迫振动测量原理如图 5-4 所示。

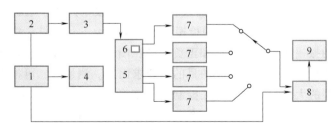

图 5-4 强迫振动测量原理

1—信号发生器 2—功率放大器 3—激振器 4—频率仪 5—试件

6—拾振器 7—放大器 8—相位计 9—记录仪

图 5-5 所示是对建（构）筑物进行频率扫描试验时所得时间历程曲线。试验时，首先逐渐改变频率从低到高，同时记录曲线，如图 5-5a 所示。然后在记录图上找到建（构）筑物共振峰值频率 ω_1、ω_2，再在共振频率附近逐渐调节激振器的频率，记录这些点的频率和相应的振幅值，绘制频率-振幅曲线，如图 5-5b 所示。由此得到建（构）筑物的第一频率（基频）ω_1 和第二频率 ω_2。

当采用偏心式激振器时，改变其频率则激振力也将随之改变，要做到力恒定不变比较困难。因此一般在分析数据时，先将激振力换算成恒定的力，再绘制曲线。换算方法：因为激振力与激振器频率 ω 的平方成正比，所以可将振幅换算为在相同激振力作用下结构的固有频率，即 $\dfrac{A}{\omega^2}$，用 $\dfrac{A}{\omega^2}$ 作为纵坐标和 ω 作为横坐标绘制共振曲线。曲线上峰值对应的频率值即结构的固有频率。

从共振曲线上也可以得到结构的阻尼系数（见图 5-6），具体做法：在纵坐标最大值 x_{max} 的 0.707 倍处作一水平线与共振曲线相交于 A 和 B 两点（称为半功率点），其对应横坐标 ω_1 和 ω_2，则阻尼比 ζ 为

$$\zeta = \frac{\omega_1 - \omega_2}{2\omega_0} \tag{5-1}$$

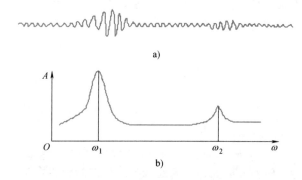

图 5-5　共振时时间历程曲线

a）记录曲线　b）频率振幅关系曲线

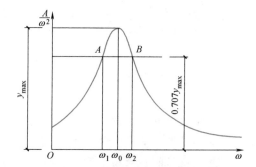

图 5-6　由共振曲线求阻尼比

用共振法测量振型时，要将若干个拾振器布置在结构的若干部位。当激振器使结构发生共振时，同时记录下结构各部位的振动图，通过比较各点的振幅和相位，即可给出该频率的振型图。图 5-7 所示为共振法测量某建筑物振型的具体情况。图 5-7a 为拾振器和激振器的测点布置，图 5-7b 为共振时记录下的振动曲线，图 5-7c 为振型曲线。绘制振型曲线时，要规定位移的正负值。在图 5-7 上规定顶层的拾振器 1 的位移为正，凡与它相位相同的为正，反之则为负。将各点的振幅按一定的比例和正负值画在图上即振型曲线（mode curve）。

拾振器的布置数目及其位置由研究的目的和要求而定。测量前，可根据结构动力学原理初步分析或估计振型的大致形式，然后在控制点（变形较大的位置）布置仪器。如图 5-8 所示框架，在横梁和柱子的中点、四分之一处、柱端点可布置 1~6 个测点。这样便可较好地连成振型曲线。测量前，要对各通道进行相对校准，使之具有相同的灵敏度。

有时由于结构形式比较复杂，测点数超过已有拾振器数量或记录装置能容纳的点数。这时，可以逐次移动拾振器，分几次测量，但是必须有一个测点作为参考点（reference point）。各次测量中位于参考点的拾振器不能移动，而且各次测量的结果都要与参考点的曲线比较相位。参考点应选在不是节点的部位。

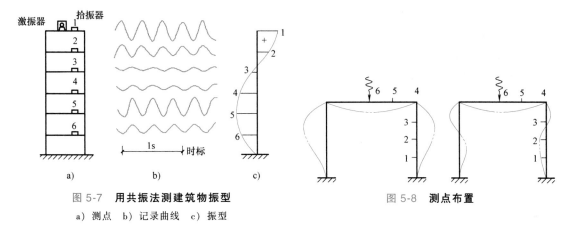

图 5-7　用共振法测建筑物振型
a）测点　b）记录曲线　c）振型

图 5-8　测点布置

5.3.3　脉动法（pulsation method）

1. 应用脉动法的注意事项

1）工程结构的脉动是由于环境随机振动引起的，这就可能带来各种频率分量，为得到正确的记录，要求记录仪器有足够宽的频带，使需要的频率分量不失真。

2）根据脉动分析原理，脉动记录中不应有规则的干扰或仪器本身带进的杂音，因此观测时应避开机器或其他有规则的振动影响，以保持脉动记录的"纯洁"性。

3）为使每次记录的脉动均能反映结构物的自振特性，每次观测应持续足够长的时间并且重复几次。

4）为使高频分量在分析时能满足要求的精度，减小由于时间分段带来的误差，记录仪的纸带应有足够快的速度，而且可变，以适应各种刚度的结构的测量。

5）布置测点时应将结构视为空间体系，沿高度及水平方向同时布置仪器，如仪器数量不足可做多次测量，这时应有一台仪器保持位置不动作为各次测量的标准。

6）每次观测应记下当时的天气状况、风向、风速及附近地面的脉动，以便分析这些因素对脉动的影响。

2. 分析脉动信号的具体方法

（1）模态分析法　工程结构的脉动是由随机脉动源所引起的响应，也是一种随机过程（random process）。随机振动是一个复杂的过程，对某一样本每次重复测试的结果也是不同的，因此一般随机振动特性应从全部事件的统计特性的研究中得出，并且必须认为这种随机过程是各态历经的平稳过程。如果单个样本在全部时间上所求得的统计特性（statistical characteristics）与在同一时刻对振动历程的全体所求得的统计特性相等，则称这种随机过程为各态历经的。另外因为工程结构脉动的主要特征与时间的起点选择关系不大，所以工程结构脉动又是一种平稳随机过程。

在随机振动中，由于振动时间历程是明显的非周期函数，用傅里叶积分（fourier integral）的方法可知这种振动有连续的各种频率成分，且每种频率有它对应的功率或能量，把它们的关系用曲线表示，称为功率在频率域内的函数，简称功率谱密度函数（power spectral density function）。

在平稳随机过程中，功率谱密度函数给出了某一过程的功率在频率域上的分布方式，可用它来识别该过程中各种频率成分能量的强弱，以及对于动态结构的响应效果。所以功率谱密度是描述随机振动的一个重要参数，也是在随机荷载作用下结构设计的一个重要依据。

在各态历经平稳随机过程的假定下，脉动源的功率谱密度函数 $S_x(\omega)$ 与结构反应功率谱密度函数 $S_y(\omega)$ 之间存在以下关系

$$S_y(\omega) = |H(j\omega)|^2 S_x(\omega) \tag{5-2}$$

$$H(j\omega) = \frac{1}{\omega_0^2 \left[1 - \left(\dfrac{\omega}{\omega_0}\right)^2 + 2j\zeta\,\dfrac{\omega}{\omega_0} \right]} \tag{5-3}$$

由此可知，当已知输入、输出时，即可得到传递函数。

> 🔍 **小贴士　噪声**
>
> 　　白噪声是指在较宽的频率范围内，各等带宽的频带所含的噪声功率谱密度相等的噪声。由于白光是由各种频率（颜色）的单色光混合而成，因而此信号的这种具有平坦功率谱的性质被称作是"白色的"，此信号也被称为白噪声。相对的，其他不具有这一性质的噪声信号被称为有色噪声。在建筑声学中，为了减弱内部空间中分散人注意力并且不希望出现的噪声（如人的交谈）时，一般会使用持续的低强度噪声作为背景声音。

在测试工作中，通过测振传感器（vibration sensor）测量地面自由场的脉动源 $x(t)$ 和结构反应的脉动信号 $y(t)$，将这些符合平稳随机过程的样本由专用信号处理机（频谱分析仪）通过使用具有传递函数功率谱程序进行计算处理，即可得到结构的动力特性（频率、振幅、相位等）。运算结果可以在处理机上直接显示。图5-9所示是利用专用计算机把时程曲线经过傅里叶变换，由数据处理结果得到的频谱图。在频谱曲线上用峰值法很容易定出各阶频率。在结构固有频率处必然会出现突出的峰值，一般在基频处非常突出，在第二、第三频率处也有较明显的峰值。

（2）主谐量法　利用模态分析法（modal analysis method）可以由功率谱得到工程结构的自振频率。如果输入功率谱是已知的，还可以得到高阶频率、振型和阻尼，但用上述方法研究工程结构动力特性参数需要专门的频谱分析设备及专用程序。

在实践中，人们从记录得到的脉动信号中可以明显地发现它反映出的结构的某种频率特性。由脉动法的基本原理可知，工程结构的基频谐量是

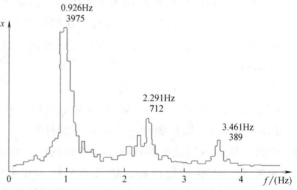

图 5-9　经数据处理得到的频谱

脉动信号中最主要的成分，记录里应有所反映。事实上在脉动记录里常常出现类似"拍"的现象，在波形光滑之处"拍"的现象最显著，振幅最大。凡有这种现象之处，振动周期

大多相同。这一周期往往就是结构的基本周期，如图 5-10 所示。

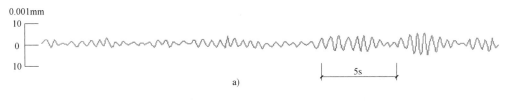

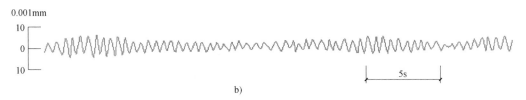

图 5-10 **脉动信号记录**

a）多层民用房屋的脉动记录 b）钢筋混凝土厂房的脉动记录

地面脉动是一种随机现象，在结构脉动记录中出现这种现象是不难理解的。它的频率是多种多样的。当这些信号输入到具有滤波器作用的结构时，由于结构本身的动力特性，使得远离结构自振频率的信号被抑制，而与结构自振频率接近的信号则被放大，这些被放大的信号恰恰揭示了结构的动力特性。

在出现"拍"的瞬时，可以理解为在此刻结构的基频谐量处于最大，其他谐量处于最小，因此表现有结构基本振型的性质。利用脉动记录读出该时刻同一瞬间各点的振幅，即可以确定结构的基本振型。

对于一般工程结构，用脉动法确定基频与主振型比较方便，有时也能测出第二频率及相应振型，但高阶振动的脉动信号在记录曲线中出现的机会很少，振幅也小，这样测得的结构动力特性误差较大。另外，主谐量法难以确定结构的阻尼特性。

5.4 结构的动力反应试验

生产和科研中提出的一些问题，往往要求对动荷载作用下的结构动力反应（动应变、动挠度和动力系数等）进行试验测定。如工业厂房在动力机械设备作用下的振动、桥梁在列车通过时引起的振动、高层建筑物和高耸构筑物在风荷载作用下的振动、有防震要求的设备及厂房在外界干扰力（如火车、汽车及附近的动力设备）作用下引起的振动、结构在地震作用或爆炸作用下的动力反应等。在这类试验中有些是实际生产过程中的动荷载，有些是用专门设备产生的模拟动荷载（simulated dynamic load）。

5.4.1 动应变测量（dynamic strain measurement）

随时间而变的应变称为动态应变。动态应变测量的特点是必须先把应变随时间变化的过程记录下来，再用适当的方法分析研究，图 5-11 所示为动应变测量系统的组成。

测定动应变时，要选用有足够疲劳寿命的应变片，不宜使用纸基片和丝绕片。为了获得较高的动态响应，高频应变测量时应选用小标距应变片。连接应变片的导线应捆扎成束，牢

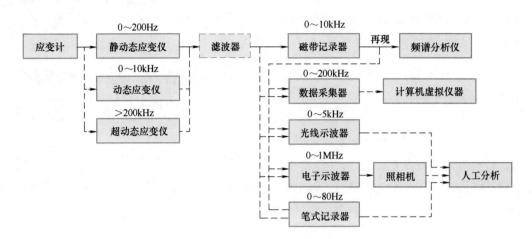

图 5-11 动应变测量系统

固定位，避免因导线之间或导线与大地之间分布电容的变动而引起较大的测量误差。仪器的工作频率范围必须大于被测动应变信号的频率，否则将会引起非线性失真（nonlinear distortion）。

图 5-12 所示为结构动应变时程曲线。ε_1、ε_2、ε_3 和 ε_4 是利用动态应变仪内标定装置标定的应变标准值，或称标准应变 ε_0。其值取测量前、后两次标定值的平均值为最值，即

$$\varepsilon_{01} = \frac{\varepsilon_1 + \varepsilon_3}{2} \quad 或 \quad \varepsilon_{02} = \frac{\varepsilon_2 + \varepsilon_4}{2} \tag{5-4}$$

曲线上任一时刻的实际应变 ε_i 可近似按线性关系推出

$$\begin{cases} \varepsilon_{1i} = c_1 h_{1i} = \dfrac{2\varepsilon_{01}}{H_1 + H_3} h_{1i} \\[3mm] \varepsilon_{2i} = c_2 h_{2i} = \dfrac{2\varepsilon_{02}}{H_2 + H_4} h_{2i} \end{cases} \tag{5-5}$$

式中　ε_{01}、ε_{02}——正应变和负应变标准值；

　　　c_1、c_2——正应变和负应变的标定常数。

动应变测定后，即可根据结构力学知识求得结构的动应力和动内力。

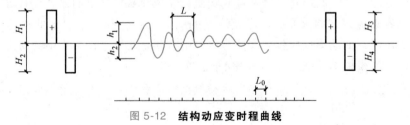

图 5-12 结构动应变时程曲线

动应变的频率可直接在图 5-12 上确定，或利用时间标志和应变频率的波长来确定，即

$$f = \frac{L_0}{L} f_0 \tag{5-6}$$

式中 L_0、f_0——时间标志的波长和频率；

L、f——应变的波长和频率。

5.4.2 动位移测量（dynamic displacement measurement）

若需要全面了解结构在动荷载作用下的振动状态，可以设置多个测点进行动态变位测量，绘制出振动变位图。图 5-13 所示为一根双外伸梁的动态变位。具体方法：沿梁跨度选定 1～5 个测点，在选定的测点上固定拾振器并与测量系统连接，用记录仪同时记录下这几个测点的振动位移时程曲线，根据同一时刻的相位关系确定变位的正负号，如图中 2、3、4 点的振动位移的峰值在基线的左侧，而 1、5 点的峰值在基线的右侧。若定义在基线左侧为正，右侧为负，并根据记录位移的大小按一定比例画在图上，连接各点位移值即得到结构在动荷载作用下的变位。

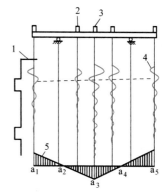

图 5-13 **双外伸梁**
的动态变位图

上述测量与分析方法虽与前面所述的确定振型的方法类似，但结构的振动变位与振型有原则区别。振型是按结构的固有频率振动，此时由惯性力引起的弹性变形曲线与外荷载无关，属于结构本身的动力特性。而结构的振动变位却是结构在特定荷载下的变形曲线。一般来说，它并不与结构的某一振型相一致。

构件的动应力和动内力也可以通过位移测定来间接推算。如在本例中，测得了结构的振动变位后，即可按结构力学理论近似地确定结构由于动荷载所产生的内力。设振动弹性变形曲线方程为 $y=f(x)$，$M=EIy''$，$V=EIy'''$。

测量结构在动力荷载作用下的动应变，可以确定动荷载在结构中引起的动应力，从而对结构强度验算。一般采用动态电阻应变仪配合高速记录仪记录动态应变。

5.4.3 动力系数测量（dynamic coefficient measurement）

动力系数（dynamic coefficient）是在移动荷载作用下，结构动挠度（dynamic deflection）与静挠度（static deflection）之比。承受移动荷载的结构如吊车梁、桥梁等，常常需要确定它的动力系数。对在使用过程中承受由起重机、列车车辆、汽车运输等所产生的动力荷载的结构，其计算方法虽然是以静力计算法为基础的，但在静力计算中需要引入动力系数，其目的是考虑动力效应的作用，用动力系数来判断结构的工作情况。动力系数的数值通常由设计规范加以规定，是对大量的实测资料加以统计得来的。

实践表明：在移动荷载作用下，结构上产生的挠度 $y_d > y_j$。这是附加动力作用的缘故，因此，动力系数总是大于 1 的。

动力系数的测定方法：将挠度计布置在被测结构的跨中处，并与动态电阻应变仪及记录仪连线；先使移动荷载慢行通过，测量被测结构跨中静挠度 y_j（见图 5-14a），然后以一定的速度通过，测量被测结构跨中动挠度 y_d（见图 5-14b）。上述方法只适用于一些有轨的动荷载，无轨的动荷载（如汽车）两次行驶的线路不可能完全一样，这时可以采取一次高速行驶测试，记录图形（见图 5-14c），取曲线最大值为 y_d，同时在曲线上绘出中线，相应于 y_d 处中线的纵坐标即 y_j，从而可求得动力系数。

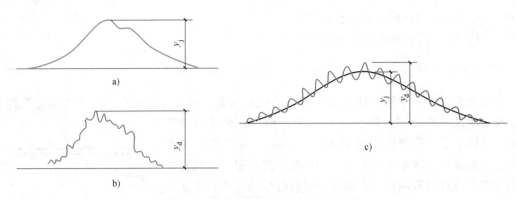

图 5-14　移动荷载作用下荷载变形结构

a）有轨慢速行驶工况　b）有轨按一定速度行驶工况　c）无轨高速行驶工况

5.5　动力反应信号分析处理技术

通过模数转换（A/D）电路对动力反应信号进行采集时，若操作不当易导致信号失去原波形特征。故在采样时与采样后需对其进行抗混滤波、加窗、信号平均处理，以保证采样得到的动力反应信号有效。

5.5.1　抗混滤波和加窗

有限离散傅里叶变换要求对连续信号进行采样和截断。不恰当的采样和截断会导致频率混淆和功率泄漏误差，解决的办法是恰当选择采样频率，使用抗混滤波器，采用特殊形式的窗函数。

1. 频率混淆和抗混滤波

波形采样一般通过模数转换（A/D）电路来完成。普通的模数转换电路通常只有一个固定的采样率，而数字式频率分析仪有与分析带宽相适应的不同采样率供操作者选择。采样率高，采样时间间隔小，意味着相同时间长度的样本能记录较多的离散数据，要求计算机有较大的内存容量及较长的处理机时，如果缩短记录的时间长度，则可能产生较大的分析误差。采样率过低，即采样间隔过大，则离散的时间序列可能不足以反映原来信号的波形特征，频率分析会出现频率混淆现象。

数字频率分析要求采样频率必须高于信号成分中最高频率的两倍，即采样定理。为了避免频率混淆，在信号进入 A/D 电路之前，先通过一个模拟式低通滤波器或在信号进入 A/D 电路之后，通过一个数字式低通滤波器，滤除信号中不必考虑的高频成分。这种用途的滤波器称为抗混滤波器。抗混滤波器的截止频率通常取为选定的最高分析频率。无论是模拟式还是数字式滤波器都不可能有理想的滤波特性，在其截止频率以外，总存在一段逐渐衰减的过渡带。因此，一般数字信号分析仪取采样频率为抗混滤波器截止频率的 2.5 ~ 4 倍。

2. 泄漏（leakage）和加窗（windowing）

数字信号分析仪只能对有限长度的离散时间序列进行离散傅里叶变换运算，这意味着对时域信号的截断。这种截断是导致谱分析出现偏差的另一原因，其效果是使得本来集中于某一频率的信号功率（或能量）部分被分散到该频率的邻近频域，这种现象称为泄漏效应。

为了抑制泄漏，需采用特种窗函数来替换矩形窗，即对截断的时间序列进行特定的不等加权。这一过程，称为窗处理或加窗。加窗的目的是在时域上平滑截断信号两端的波形突变，在频域上尽量压低旁瓣的高度。虽然压低旁瓣通常伴随主瓣的变宽，不过在一般情况下，旁瓣的泄漏是主要的，主瓣变宽的泄漏是次要的。

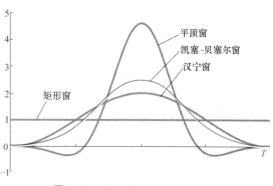

图 5-15　常用窗函数的时域图像

数字信号分析仪常用的窗函数有矩形（rectangular）窗、汉宁（hanning）窗、凯塞-贝塞尔（kaiser-bessel）窗、平顶窗。图 5-15 所示为上述 4 种窗函数的时域图像，4 种窗函数的频谱主要参数比较见表 5-4。

表 5-4　窗函数频谱主要参数

窗函数	主瓣有效噪声带宽	主瓣带宽	旁瓣最大值/dB	旁瓣滚降率/（dB/Decade）
矩形窗	1	0.89	-13.3	20
汉宁窗	1.50	1.44	-31.5	60
凯塞-贝塞尔窗	1.80	1.71	-66.6	20
平顶窗	3.77	3.72	-93.6	0

为了保持加窗后的信号能量不变，要求窗函数曲线与时间坐标轴所包围的面积相等。数字频率分析中要求对不同类型的时间信号选用适宜的窗函数。随机过程的测量，通常选用汉宁窗，由于它可以在不太加宽主瓣的情况下，较大程度地压低旁瓣的高度，从而有较地减少了功率泄漏。

对于本来就具有离散频谱的信号，如周期信号或准周期信号，分析时最好是选用旁瓣极低的凯塞-贝塞尔窗或平顶窗。加窗后的波形似乎发生了很大的变化，但其频谱却能较准确地给出原来信号的真实谱值。

冲击过程和瞬态过程的测量，之所以一般选用矩形窗而不宜用汉宁窗、凯塞-贝塞尔窗或平顶窗，是因为这些窗起始端很小的权会使瞬态信号加权后失去其基本特性。有时为了防止平滑冲击过程或瞬态过程终结后有随机干扰噪声，采用截短了的矩形窗（适用于冲击过程）或指数衰减窗（适用于衰减振动过程），这种方式主要用于冲击激励情况下的频响函数测量。

5.5.2　数字信号分析中的平均技术

一般信号分析仪常具有多种平均处理功能，它们各自有不同的用途，可以根据研究目的和被分析信号的特点，选择适当的平均类型和平均次数。

1. 谱的线性平均

这是最基本的平均类型。采用这一平均类型时，对每个给定长度的记录逐一进行谱分析运算，然后对每一频率点的频谱值分别进行等权线性平均。

对于平稳随机过程的测量分析，增加平均次数可减小相对标准偏差。对于平稳的确定性过程，如周期过程和准周期过程，其相对标准偏差应该为零，平均没有实质上的意义。实际的确定性信号总是或多或少混杂有随机的干扰噪声，采用线性谱平均能减小干扰噪声谱分量的偏差，但并不降低该谱分量的均值，不能增强确定性过程谱分析的信噪比。

2. 时间记录的线性平均

增强确定性过程谱分析信噪比的有效途径是采用时间记录的线性平均，或称为时域平均。与谱平均不同，时间记录平均的数据按相同序号样点进行线性平均，然后对平均后的时间序列再做频谱分析。

3. 指数平均（动态平均）

上述功率谱平均或时间记录平均通常都采用线性平均，指数平均常用于非平稳过程的分析。采用这种平均方式，既可考察"最新"测量信号的基本特征，又可通过与"旧有"测量值的平均（频域或时域）来减小测量的偏差或提高信噪比。

4. 峰值保持平均

峰值保持平均实际上不能说是平均，而是在频谱分析的各频率点上，保留历次测量的最大值。这种平均方式常用于监测信号的频率漂移，如监测环境振动模拟试验过程的频率漂移、电网的频率漂移、信号发生器的频率稳定性等。

5. 无重叠平均和重叠平均

设一个测量窗的长度为 T，一次快速傅里叶转换及其他运算的时间为 P。那么在信号的采样、存储及运算处理过程中，相邻两个测量窗内记录的数据可能出现有重叠和无重叠两种情况。当 $T>P$ 时，完成一次运算后，等待下一个记录采满 N 个数据后，才进行下一次的运算处理；当 $T<P$ 时，由于受到仪器的内存储器容量的限制，舍弃两个相邻记录之间的部分数据。这两种情况下的平均都是无重叠平均。如果 $T>P$，为充分利用 CPU 的效率，可以让相邻两个记录的部分数据重复使用，这样得到的平均称为重叠平均。

本 章 小 结

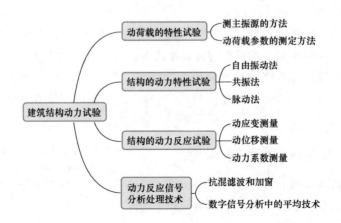

5-1 随堂小测

复习思考题

5-1　建筑工程中需要研究和解决的振动问题有哪些？

5-2　动载试验与静载试验比较有哪些特殊的规律性？

5-3　结构动力试验的内容主要有哪些？

5-4　如何探测结构振动的主振源？

5-5　引起结构自由振动的方法有哪些？如何用自由振动法求出结构的自振频率和阻尼比？

5-6　共振法测量结构自振频率和阻尼比的原理是什么？

5-7　采用偏心式激振器时如何绘制共振曲线？

5-8　拾振器的布置需注意哪些问题？

5-9　如何理解工程结构脉动是一种各态历经的平稳随机过程？什么是功率谱密度函数？

5-10　如何绘出结构的振动变位图？振动变位与振型有何区别？

5-11　什么是结构动力系数？如何用试验进行测定？

参 考 文 献

[1]　朱尔玉，冯东，朱晓伟，等. 工程结构试验 [M]. 北京：北京交通大学出版社，2016.

[2]　张望喜. 结构试验 [M]. 武汉：武汉大学出版社，2016.

[3]　王天稳，李杉. 土木工程结构试验 [M]. 2 版. 武汉：武汉大学出版社，2018.

[4]　熊仲明，王社良. 土木工程结构试验 [M]. 2 版. 北京：中国建筑工业出版社，2015.

[5]　周明华. 土木工程结构试验与检测 [M]. 3 版. 南京：东南大学出版社，2013.

[6]　卜良桃，黎红兵，刘尚凯. 建筑结构鉴定 [M]. 北京：中国建筑工业出版社，2017.

网 络 资 源

[1]　高艳斌. 某钢筋混凝土框架-核心筒结构的动力特性试验 [J]. 建材技术与应用，2015，(2)：4-8.

[2]　张振，陈勇，杨天亮，等. 分级循环动荷载下水泥土动力特性试验研究 [J]. 水文地质工程地质，2021，48 (2)：89-96.

[3]　吴占景，薛建阳，隋龚. 附设黏滞阻尼器的传统风格建筑钢结构双梁-柱节点动力试验研究 [J]. 振动与冲击，2020，39 (4)：199-206，214.

[4]　万华平，任伟新，颜王吉. 桥梁结构动力特性不确定性的全局灵敏度分析的解析方法 [J]. 振动工程学报，2016，29 (3)：429-435.

[5]　梁仁杰，吴京，何婧，等. $P\text{-}\Delta$ 效应对结构动力特性的影响 [J]. 土木工程学报，2013 (S2)：68-72.

[6]　刘红彪，李宏男. 超期服役大跨海港钢栈桥结构动力特性测试分析与安全评估 [J]. 振动与冲击，2016，35 (7)：62-68，95.

[7]　张爱林，牟俊霖，刘学春，等. 北京大兴国际机场航站楼屋盖大跨度钢结构动力特性及多维地震响应分析 [J]. 建筑结构，2019，49 (14)：1-7，17.

[8]　陈伏彬，李秋胜. 基于环境激励的大跨结构动力特性识别 [J]. 地震工程与工程振动，2015，35 (1)：58-65.

[9]　施卫星，魏丹，韩瑞龙. 钢结构房屋动力特性脉动法测试研究 [J]. 地震工程与工程振动，2012，32 (1)：114-120.

［10］　李斌，卢文胜，沈剑浩，等. 高层建筑结构动力特性测试实例分析［J］. 结构工程师，2006，22（2）：63-66，72.

［11］　聂振华，程良彦，马宏伟. 基于结构动力特性的损伤检测可视化方法［J］. 振动与冲击，2011，30（12）：7-13.

［12］　陶勇. 基于环境振动的高层建筑结构动力特性实测与数值模拟［J］. 建筑科学，2015，31（1）：110-114.

［13］　廖旭. 结构动力反应分析方法研究［J］. 建筑结构，2016，46（20）：9，22-26.

［14］　赵雅梅，宋红. 结构动力反应分析方法综述［J］. 山西建筑，2016，42（1）：42-43.

建筑结构防灾试验 第6章

Disaster Prevention Test of Building Structure

内容提要

本章介绍建筑结构部分防灾试验方法，内容包括工程结构疲劳试验、结构抗震试验与风洞试验。教学重点：结构疲劳试验、结构抗震试验、风洞试验的一般方法。

能力要求

了解结构在重复荷载作用下的性能及其变化规律。

熟练掌握结构抗震试验的加载装置、制订及测量方案。

了解风洞试验的基本原理及主要内容。

6.1 工程结构疲劳试验

工程结构中存在着许多疲劳（fatigue）现象。如连系梁、吊车梁、直接承受悬挂式起重机作用的屋架和其他主要承受重复荷载作用的构件等，其特点都是受重复荷载作用。这些结构物或构件在重复荷载作用下达到破坏时的强度比其静力强度要低得多，这种现象称为疲劳。结构疲劳试验的目的就是要了解在重复荷载作用下结构或构件的性能及其变化规律。

疲劳问题涉及的范围比较广，对某一种结构而言，它包含材料疲劳（material fatigue）和结构构件的疲劳。如钢筋混凝土结构中有钢筋的疲劳、混凝土的疲劳和组成构件的疲劳等。目前疲劳理论研究工作正在不断发展，疲劳试验也因目的和要求的不同而采取不同的方法。

近年来，国内外对结构构件，特别是钢筋混凝土构件疲劳性能的研究比较重视，其原因在于：

1）普遍采用极限强度（ultimate strength）进行设计，导致结构构件处于高应力工作状态。

2）钢筋混凝土构件在各种重复荷载作用下的应用范围不断扩大，如吊车梁、桥梁、轨枕、海洋石油平台、压力机架、压力容器等。

3）在使用荷载作用下，采用允许受拉开裂设计。

4）结构构件大部分采用脉冲千斤顶施加重复荷载，使构件处于反复加载和卸载的受力状态。

下面以钢筋混凝土构件为例介绍疲劳试验的主要内容和方法。

6.1.1 疲劳试验项目

疲劳试验主要分为鉴定性疲劳试验与科研性疲劳试验，表 6-1 中包含了这两类疲劳试验的试验项目。

表 6-1 疲劳试验项目

试 验 类 型	试 验 项 目
鉴定性疲劳试验	抗裂性及开裂荷载
	裂缝宽度及其发展
	最大挠度及其变化幅度
	疲劳强度
科研性疲劳试验	各阶段截面应力分布状况,中和轴变化规律
	抗裂性及开裂荷载
	裂缝宽度、长度、间距及其发展趋势
	最大挠度及其变化规律
	疲劳强度的确定
	破坏特征分析

6.1.2 疲劳试验荷载

1. 疲劳试验荷载取值

疲劳试验的上限荷载 Q_{max} 根据构件在最大标准荷载最不利组合下产生的弯矩计算而得，荷载下限 Q_{min} 根据疲劳试验设备的要求而定。如 AMSLER 脉冲试验机取用的最小荷载不得小于脉冲千斤顶最大动负荷的 3%。

2. 疲劳试验频率

疲劳试验荷载在单位时间内重复作用次数即荷载频率（load frequency），它会影响材料的塑性变形（plastic deformation）和徐变（creep）。另外，荷载频率过高对疲劳试验附属设施带来的问题也较多。目前，主要依据疲劳试验机的性能而定，且不应使构件及荷载架发生共振。同时，应使构件在试验时与实际工作时的受力状态一致。因此，荷载频率与构件固有频率之比应满足下列条件

$$\frac{\theta}{\omega} < 0.5 \quad 或 \quad \frac{\theta}{\omega} > 1.3 \tag{6-1}$$

式中　θ——荷载频率；

　　　ω——固有构件频率。

3. 疲劳试验的控制次数

构件经受下列控制次数的疲劳荷载作用后，抗裂性（裂缝宽度）、刚度和强度必须满足现行规范中有关的规定。中级工作制吊车梁：$n = 2 \times 10^6$ 次，重级工作制吊车梁：$n = 4 \times 10^6$ 次。

6.1.3 疲劳试验步骤

构件疲劳试验的过程，可归纳为以下几个步骤。

1. 疲劳试验前预加静载试验

对构件施加不大于上限荷载 20%的预加静载 1~2 次，消除松动及接触不良，压牢构件并使仪表运转正常。

2. 正式疲劳试验

第一步先做疲劳前的静载试验。其目的主要是对比构件经受重复荷载后受力性能有何变化。荷载分级加到疲劳上限荷载。每级荷载可取上限荷载的 20%，临近开裂荷载时应适当加密，第一条裂缝出现后仍以分级荷载施加，每级荷载加完后停歇 10~15min，记取读数，加满后分两次或一次卸载，也可采取等变形加载方法。

第二步进行疲劳试验。首先调节疲劳及上下限荷载，待示值稳定后读取第一次动载读数，以后每隔一定次数（如 30 万~50 万次）读取数据。根据要求可在疲劳过程中进行静载试验（方法同第一步），完毕后重新起动疲劳机继续进行疲劳试验。

第三步做破坏试验。达到所要求的疲劳次数后进行破坏试验时有两种情况：一种是继续施加疲劳荷载直至破坏，得出承受荷载的次数；另一种是做静载疲劳试验，方法同第一步，荷载分级可以加大。疲劳试验步骤如图 6-1 所示。

应该注意，不是所有疲劳试验都采取相同的试验步骤，随着试验目的和要求的不同，步骤多种多样。如带裂缝的疲劳试验，静载可不分级缓慢地加到第一条可见裂缝出现为止，然后开始疲劳试验，如图 6-2 所示。还有在疲劳试验过程中变更荷载上限，如图 6-3 所示。提高疲劳荷载的上限，可以在达到要求疲劳次数之前，也可在达到要求疲劳次数之后。

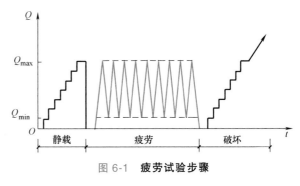

图 6-1　**疲劳试验步骤**

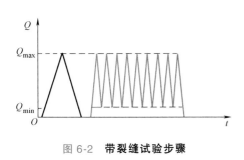

图 6-2　**带裂缝试验步骤**

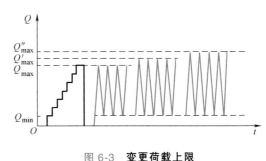

图 6-3　**变更荷载上限**

6.1.4　疲劳试验观测

1. 强度测量（strength measurement）

构件所能承受疲劳荷载作用次数 n 取决于最大应力值 σ_{max}（或最大荷载 Q_{max}）及应力变化幅度 ρ（或荷载变化幅度）。试验应按设计要求取最大应力值 σ_{max} 和疲劳应力比值 $\rho = \sigma_{min}/\sigma_{max}$ 进行。依据此条件进行疲劳试验，在控制疲劳次数内，构件的强度、刚度、抗裂性应满足现行规范要求。

当进行科研性疲劳试验时，构件是以疲劳极限荷载和疲劳极限强度作为最大的疲劳承载能力。构件达到疲劳破坏时的荷载上限值为疲劳极限荷载，此时的应力最大值为疲劳极限强度。为了得到给定 ρ 值条件下的疲劳极限荷载和疲劳极限强度，一般采取的办法是根据构件实际承载能力，取定最大应力值 σ_{max} 做疲劳试验，求得疲劳破坏时荷载作用次数 n，从 σ_{max} 与 n 双对数直线关系中求得控制疲劳次数下的疲劳极限强度，作为标准疲劳极限强度。它的统计值作为设计验算时疲劳强度取值的基本依据。

疲劳破坏的标志应根据相应规范的要求而定，在科研性疲劳试验中，有时为了分析和研究破坏的全过程及其特征，往往将破坏阶段延长至构件完全丧失承载能力。

2. 应变测量（strain measurement）

一般采用电阻应变片测量动应变，测点布置依试验具体要求而定。通常用动态电阻应变仪和记录仪器组成测量系统，这种方法简便且具有一定的精度，可多点测量。

3. 裂缝测量（crack measurement）

由于裂缝的开始出现和微裂缝的宽度对构件安全使用具有重要意义。因此，裂缝测量在疲劳试验中也是重要的内容，裂缝可利用光学仪器测量、利用应变传感器电测或进行目测。

4. 动挠度测量（dynamic deflection measurement）

疲劳试验中动挠度测量可采用接触式测振仪、差动变压器式位移计和电阻应变式位移传感器等，如国产 CW-20 型差动变压器式位移计（量程 20mm），配合 YJD-1 型应变仪和光线示波器组成测量系统可进行多点测量，并能直接读出最大荷载和最小荷载下的动挠度。

6.1.5　试件安装

构件的疲劳试验不同于静载试验，它连续进行的时间长，试验过程振动大，因此构件的安装就位及配合的安全措施必须认真对待，否则将会产生严重的后果。试件安装时应注意以下几点。

1. 严格对中

荷载架上的分布梁、脉冲千斤顶、试验构件、支座及中间垫板都要对中，特别是千斤顶轴心一定要同构件断面纵轴在一条直线上。

2. 保持平稳

疲劳试验的支座最好是可调的，即使构件不够平直也能调整安装水平。另外，千斤顶与试件之间、支座与支墩之间、构件与支座之间都要找平。由于原砂浆层易压酥，用砂浆找平时不宜铺厚。

3. 安全防护

疲劳破坏通常是脆性断裂（brittle fracture），事先没有明显预兆。为防止发生事故，应采取安全措施保证人身安全、仪器安全。

现行的疲劳试验都是采取实验室等幅疲劳试验方法，即疲劳强度是以一定的最小值和最大值重复荷载试验结果而确定。实际上，结构或构件是承受变化的重复荷载作用，随着测试技术的不断进步，等幅疲劳试验将被符合实际情况的变幅疲劳试验代替。

另外，疲劳试验结果的离散性（discreteness）是众所周知的。即使在同一应力水平下的许多相同试件，它们的疲劳强度也有显著的变异。因此，大都是采用数理统计的方法对试验结果进行处理和分析。

6-1　万能　6-2　疲劳
试验机试验　试验机

6.2 结构抗震试验

地震是地球内部应力释放的一种自然现象。结构抗震试验目的在于验证抗震设计方法、计算理论和采用的力学模型的正确性，通过试验观测和分析试验结构或模型的破坏机理和震害原因，综合评价试验结构或模型的抗震能力。

结构抗震试验的难度与复杂性比结构静力试验大得多。其主要原因如下：

1）结构抗震试验的荷载最好具有动态或模拟动态特性，即荷载能够使得结构产生动力响应。

2）结构抗震试验需注意加载速率对结构材料强度的影响。

3）为模拟地震作用的往复性与动态性，会使得结构抗震试验的加载装置与设备构造复杂，控制困难。

4）结构抗震试验的研究内容及数据采集不但要关注试件承载力、变形、刚度等指标，还要关注自振周期、振型、阻尼、强度与强度退化、耗能能力等指标。

抗震试验中常见的试验包括拟静力试验、拟动力试验、模拟地震振动台试验与人工地震试验。

6.2.1 拟静力试验 (pseudo-static test)

拟静力试验又称伪静力试验，指对结构或结构构件施加低周往复荷载的静力试验，使结构或结构构件在正反两个方向重复加载和卸载的过程，用以模拟地震时结构在往复振动中的受力特点和变形特点。

1. 加载装置

拟静力试验中的加载装置主要由能够产生竖向荷载的反力架和满足水平往复加载的反力墙或专用抗侧力构架组成。拟静力试验中的试验加载装置应尽可能地模拟结构的实际荷载与边界条件，同时注意满足加载装置需循环加载的要求。

2. 加载制度及加载方法

(1) 单向反复加载制度 目前国内外较为普遍采用的单向反复加载方案有控制位移加载、控制作用力加载及控制作用力和控制位移的混合加载三种方法。

控制位移加载法是目前在结构抗震恢复力特性试验中使用得最普遍的一种加载方案。这种加载方案在加载过程中以位移或以屈服位移的倍数作为加载的控制值。这里位移的概念是广义的，它可以是线位移，也可以是转角、曲率或应变等相应的参数。在控制位移的情况下，又可分为变幅加载、等幅加载、变幅等幅混合加载和模拟构件承受二次地震冲击影响专门设计的变幅等幅混合加载制度，如图6-4所示。

控制作用力的加载方法是通过控制施加于结构或构件的力的数值变化来实现低周反复加载的要求。控制作用力的加载制度如图6-5所示。纵坐标用力值表示，横坐标为加卸荷载的周次。因为它不如控制位移加载那样直观地可以按试验对象的屈服位移的倍数来研究结构的恢复特性，所以在实践中这种方法使用得比较少。

控制作用力和控制位移的混合加载法是先控制作用力再控制位移加载。先控制作用力加载时，不管实际位移是多少，一般是经过结构开裂后逐步加上去，一直加到屈服荷载，再用

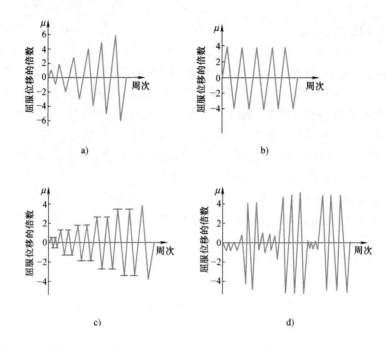

图 6-4　控制位移加载制度

a）变幅加载制度　b）等幅加载制度　c）变幅等幅混合加载制度　d）一种专门设计的变幅等幅混合加载制度

位移控制。开始施加位移时要确定标准位移，一般是结构或构件的屈服位移，在无屈服点的试件中标准位移由研究者自定数值。在转变为控制位移加载起，即按标准位移值的倍数控制，直到结构破坏。

根据《建筑抗震试验规程》（JGJ/T 101—2015），加载方法和加载程序应由结构构件特点和试验研究目的确定，并应符合下列规定：

1）正式试验前，为消除试件内部的不均匀性，应先进行预加反复荷载试验 2 次；混凝土结构试件预加载值不宜超过开裂荷载计算值的 30%；砌体结构试件不宜超

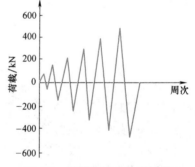

图 6-5　控制作用力加载制度

过开裂荷载计算值的 20%。试验时应首先施加轴向荷载，并在施加反复试验荷载时保持轴向荷载值稳定。

2）试验时应首先施加竖向荷载，先施加满载的 40%~60%，并重复 2~3 次，再逐步加至 100%。接近开裂和屈服荷载前应减小极差进行加载。

3）试验过程中，应保持反复加载的连续性和均匀性，加载或卸载的速度宜一致。

4）当进行承载能力和破坏特征试验时，应加载至试件极限荷载下降段，对混凝土结构试件下降值应控制到最大荷载的 85%。

5）往复荷载的加载程序宜采用荷载-变形双控制加载法：对于有屈服点的试件，在试件达到屈服荷载前，宜采用荷载控制并分级加载，在试件达到屈服荷载后，宜采用变形控制，并以屈服位移的倍数为级差进行控制加载，对于无屈服点的试件，在试件达到开裂荷载前，

宜采用荷载控制并分级加载，在结构构件达到开裂荷载后，宜采用变形控制，并以开裂位移的倍数为级差进行控制加载。

6）反复加载次数应根据试验目的确定。一般情况下每一级控制荷载或控制变形下的反复加载次数宜取为 3 次。若在某一级控制荷载下结构构件的残余变形很小，则可在该级控制荷载下进行一次反复加载。当研究承载力退化率时，在相应于某一位移延性系数下进行反复加载次数不宜少于 5 次。当研究刚度退化率时，在选定的荷载作用下进行反复加载次数不宜少于 5 次。试验中应保证反复加载过程的连续性，每次循环时间宜一致。

7）在结构构件的荷载达到屈服荷载前，宜取屈服荷载值的 0.5 倍、0.75 倍和 1.0 倍作为回载控制点。在结构构件的荷载达到屈服荷载后，宜取屈服变形的倍数点作为回载控制点。

（2）双向反复加载制度　为了研究地震对结构构件的空间组合效应，克服采用在结构构件单方向（平面内）加载时不考虑另一方向（平面外）地震力同时作用对结构影响的局限性，可在 x、y 两个主轴方向同时施加低周反复荷载。当对框架柱或压杆的空间受力和框架梁柱节点在两个主轴方向所在平面内采用梁端加载方案施加反复荷载试验时，可采用双向同步或非同步的加载制度。

与单向反复加载相同，低周反复荷载作用在与构件截面主轴成 α 角的方向进行斜向加载，使 x、y 两个主轴方向的分量同步作用。反复加载同样可以是控制位移、控制作用力和两者混合控制的力加载制度。

非同步加载是在构件截面的 x、y 两个主轴方向分别施加低周反复荷载，由于 x、y 两个方向可以不同步的先后或交替加载。因此，它可以有图 6-6 所示的各种变化方案。

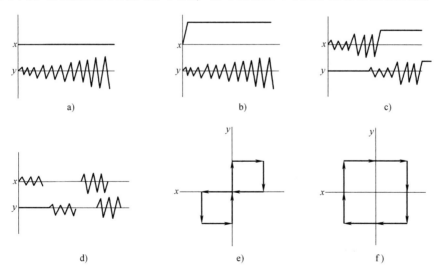

图 6-6　双向低周反复加载制度
a）单向加载　b）x 轴恒载，y 轴反复加载　c）x、y 轴先后反复加载
d）x、y 轴交替反复加载　e）8 字形加载　f）方形加载

当采用由计算机控制的电液伺服加载器进行双向加载试验时，可以对一结构构件在 x、y 两个方向成 90°作用，实现双向协调稳定的同步反复加载。

3. 测量方案

拟静力试验测量内容可根据试验研究的目的而定。不同试验结构构件有不同的测量内容，以梁柱节点为例（见图6-7），通常有表6-2测量项目。

表 6-2　梁柱节点测量项目

项目名称	项目内容
荷载和变形	通过数据采集仪或 x-y 函数记录仪记录整个试验过程的荷载-变形曲线的全过程
曲率与转角	对于梁、柱，一般可在梁顶与梁底处或柱左右两侧布设一对位移计，通过测量得到的位移，计算塑性铰区段曲率与转角
节点核心区剪切角	可通过测量核心区对角线的位移量来计算确定
梁柱纵筋应力	一般用电阻应变片测量。测点布置以梁柱相交处截面为主，在试验中为了测定塑性铰区段的长度或钢筋锚固应力，还可根据要求沿纵向钢筋布置更多的测点
核心区箍筋应力	测点按核心区对角线方向布置，一般可测得箍筋最大应力值。如果沿柱的轴线方向布点，则测得的是沿轴方向垂直截面上的箍筋应力分布规律
钢筋滑移	梁内纵向钢筋通过核心区的滑移量可以通过测量并比较靠近柱面处梁主筋上 B 点相对于柱面混凝土 C 点之间的位移 Δ_1 及 B 点相对于柱面处钢筋 A 点之间的位移 Δ_2 得到（见图6-8）
裂缝	在试验过程中认真观察裂缝的开展情况，做到及时记录。必要时，可暂停试验，以仔细观察结构开裂和破坏形态，描绘并标记裂缝开展情况

4. 试验数据整理分析

低周反复加载试验的结果通常由荷载-变形滞回曲线及相关参数描述，它们是研究结构抗震性能的基础数据，可用于评定结构构件的抗震性能。荷载-位移曲线的各级第一循环的峰值点（卸载顶点）连接起来的包络线即骨架曲线。骨架曲线在研究非线性地震反应时，反映了每次循环的荷载-位移曲线达到最大峰点的轨迹，反映了试验构件的开裂强度、极限强度和延性特征。滞回曲线的形状随反复加载次数的增加而改变，对混凝土结构来说，滞回曲线的形状可以反映钢筋的滑移或剪切变形的扩展情况。滞回曲线面积的缩小，标志着耗能能力的退化，因此根据滞回曲线的形状和面积可以衡量和判断试验构件的耗能能力和破坏机制。所以，进行结构抗震性能研究时，根据骨架曲线和滞回曲线，可从结构的承载力、延性、退化及能量耗散等方面进行综合分析来评定结构的抗震性能。

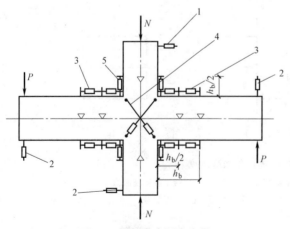

图 6-7　梁柱节点测点布置

1—柱端位移测点　2—梁端位移测点　3—梁塑性铰区段转角

4—节点核心区剪切角　5—柱塑性铰区段转角

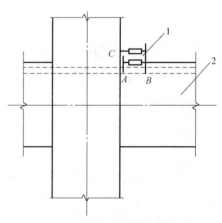

图 6-8　钢筋滑移时测点布置

1—钢筋滑移测点　2—试件

小贴士

一般来说，滞回曲线最直观的反映是试件受力和产生位移的关系，这样的曲线中可以看到在某个力作用下产生的位移有多少。通常曲线能简化为几个直段，第一个直段跟第二个直段的交点就是弹性段与塑性段的交点，即弹性段结束，塑性段开始的时刻，从这个点可以看出弹性模量、弹性极限等数据。以此类推，在塑性段的结束点也可以得出类似的关于塑性性能的数据。

由于位移与受力的乘积是能量，所以滞回曲线所围成的面积就是所消耗的能量。

（1）抗力与变形

1）开裂荷载和开裂变形。取试验的 P-Δ 曲线刚度有变化或肉眼首次观察到试件受拉区出现第一条裂缝时对应的荷载和变形。

2）屈服荷载和屈服变形。取试验结构构件在荷载稍有增加而变形有较大增长时所能承受的最小荷载为屈服荷载，其对应的变形为屈服变形。混凝土构件的屈服荷载或屈服变形指受拉区主筋达到屈服应变时的荷载或相应变形，受拉区主筋的屈服应变应取试件所用的钢筋进行材性试验测定。

3）极限荷载。取试验构件所能承受的最大荷载值。

4）破坏荷载和极限变形。在试验过程中，当试验构件丧失承载力或超过极限荷载后，下降到 0.85 倍极限荷载时所对应的荷载值即为破坏荷载，其相应变形为极限变形 Δ_{u}，如图 6-9 所示。

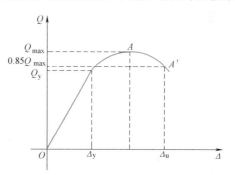

图 6-9　荷载-变形关系曲线

（2）延性系数　延性系数是试验结构构件塑性变形能力的一个指标，计算式为

$$\mu = \frac{\Delta_{u}}{\Delta_{y}} \tag{6-2}$$

式中　μ——试验结构构件的延性系数；

Δ_{u}——在荷载下降段相应于破坏荷载的变形；

Δ_{y}——相应于屈服荷载的变形。

（3）退化率　退化率反映试验结构构件抗力随反复加载次数增加而降低的指标。当研究强度退化时，用强度降低系数表示，并按下式计算

$$\lambda_{i} = \frac{F_{j}^{i}}{F_{j}^{i-1}} \tag{6-3}$$

式中　λ_{i}——强度降低系数；

F_{j}^{i}——位移延性系数为 j 时，第 i 次加载循环的峰值点荷载值；

F_{j}^{i-1}——位移延性系数为 j 时，第 $i-1$ 次加载循环的峰值点荷载值。

当研究刚度退化时，即在位移不变条件下，随反复加载次数的增加而刚度降低的情况，用割线刚度表示，并按下式计算

$$K_i = \frac{\sum\limits_{i=1}^{n} F_j^i}{\sum\limits_{i=1}^{n} \Delta_j^i} \qquad (6\text{-}4)$$

式中 K_i——环线刚度；

F_j^i——位移延性系数为 j 时，第 i 次循环的峰值点荷载值；

Δ_j^i——位移延性系数为 j 时，第 i 次循环的峰值点位移值；

n——循环次数。

（4）能量耗散 试件能量耗散能力可由滞回曲线所包围的滞回环面积和形状来衡量。通常用能量耗散系数 E 或等效黏滞阻尼系数 h_e（见图6-10）来评价，具体为

$$E = \frac{S_{(ABC+CDA)}}{S_{(OBE+ODF)}} \qquad (6\text{-}5)$$

$$h_e = \frac{1}{2\pi} \frac{S_{(ABC+CDA)}}{S_{(OBE+ODF)}} \qquad (6\text{-}6)$$

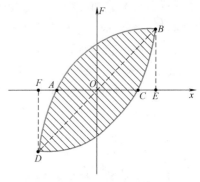

图6-10　等效黏滞阻尼系数计算

能量耗散系数 E 或等效黏滞阻尼系数是衡量试件抗震性能的一项指标。由式（6-5）与式（6-6）可知，滞回环 $ABCD$ 包围的面积越大，则 E 与 h_e 的值越高，结构的耗能能力也越强。

> **小贴士　退化的过程**
>
> 反复荷载作用下，当保持相同的峰值荷载时，峰值点位移随循环次数的增加而增大，这种现象称为刚度退化。刚度退化是裂缝的出现与开展、材料塑性变形发展的充分体现。在能用肉眼看见裂缝之前，其实材料内部已经出现了裂缝，刚度已有所退化。

6.2.2　拟动力试验（pseudo-dynamic test）

拟动力试验又称为计算机-加载器联机试验，是将地震实际反应所产生的惯性力作为荷载施加在试验结构上，使结构所产生的非线性力学特征与结构在实际地震动作下所经历的真实过程完全一致。该试验可以真实地模拟结构在地震下的动力响应，慢速再现结构在地震作用下弹性-弹塑性-倒塌的全过程反应。但这种试验是用静力作动器进行的而不是在振动过程中完成的，故称拟动力试验。

1. 拟动力试验的设备

拟动力试验系统应由试体、试验台座、反力墙、计算机、加载装置、加载控制系统、数据采集仪器仪表等组成。整个试验由专用软件系统通过数据库和运行系统来执行操作指令并完成整个系统的控制和运行。

计算机系统是整个试验系统的核心，试验由专用软件系统实现加载过程的控制和试验数据的采集，同时对试验结构的其他反应参数（如应变、位移等）进行演算和处理。

2. 运行步骤

拟动力试验是由专用软件系统通过数据库和运行系统来执行操作指令并完成预定试验过程的，原理及运行步骤如图 6-11 所示。

6.2.3　模拟地震振动台试验（simulated earthquake shaking table test）

地震对结构的作用是由地面运动而引起的一种惯性力。通过振动台对结构输入正弦波或地震波后，可以再现结构反应和地震震害发生的过程，观测试验结构在相应阶段的力学性能，进行随机振动分析，对地震破坏作用进行深入的研究。现阶段国内较为先进的振动台试验系统是由美国 MTS 公司生产的三维 6 自由度地震模拟振动台试验系统，主要应用于建筑结构、设备（核电、高压电气）等领域的抗震性能研究。

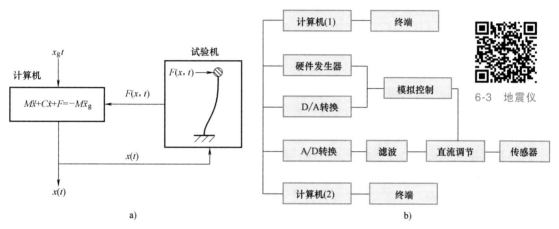

图 6-11　**拟动力试验运行原理及步骤**

a）原理　b）步骤

1. 试验模型的基本要求

在振动台上进行模型试验时，由于振动台面尺寸与负重限制，一般采用缩尺模型。试验模型要按相似理论考虑模型的设计问题，原型与模型必须在时间、空间、物理、边界和运动条件等方面都满足相似条件的要求。模型应符合如下要求。

1）模型结构应与原型结构的几何相似。

2）应采用与实际结构性能相近的材料制作模型。

3）振动台试验模型制作工艺应严格要求。

2. 加载过程

根据试验目的的不同，在选择和振动台面输入加速度时程曲线后，试验的加载过程可选择一次性加载或多次加载等不同方案。

（1）一次性加载　一次性加载是指在一次加载过程中，完成结构从弹性到弹塑性直至破坏阶段的全过程。在试验过程中，通过连续记录结构的位移、速度、加速度及应变等输出信号，并观察记录结构的裂缝形成和发展过程，可以研究结构在弹性、弹塑性及破坏阶段的各种性能，如刚度变化、能量吸收等，还可以从结构反应来确定结构各个阶段的周期和阻尼比。这种加载过程的主要特点是能较好地连续模拟结构在一次强烈地震中的整个表现及反应，但由于是在振动台台面运动的情况下对结构进行测量和观察，观测的难度较大。例如，在初裂阶段，很难观察到结构各个部位上的细微裂缝；在破坏阶段，观测有相当的危险。于是，用高速摄影机的方法记录试验的全过程不失为比较恰当的选择。因此，如果试验经验不足，最好不要采用一次性加载的方法。

（2）多次分级加载　与一次性加载方法相比，多次分级加载法是目前模拟地震振动台试验中比较常用的试验方法。多次分级加载法的试验步骤：在正式试验前进行模型结构的动力特性试验，测试结构的动力特性；开始逐级增大振动台台面输入加速度幅值，记录结构微裂、中等程度的开裂、主要部位产生破坏和结构变成机动体系（接近破坏倒塌）时结构的地震反应；每级加载试验完毕后，宜采用白噪声激振法测试模型结构的自振频率、阻尼比与振型形态。

在各个加载阶段，试验结构的各种反应测量和记录与一次性加载时应相同，便于得到并比较结构在不同试验阶段的周期、阻尼、振动变形、刚度退化、能量吸收和滞回特性等。值得注意的是，多次加载明显会对结构产生变形与损伤积累。

3. 测量方案

地震模拟振动台试验，一般需要观测结构的位移、加速度、速度、应变、结构的开裂部位、裂缝的发展、结构的破坏部位和破坏形式等。在试验中位移和加速度测点一般布置在产生最大位移或加速度的部位。对于整体结构的房屋模型试验，在主要楼面和顶层高度的位置上布置位移和加速度传感器（要求传感器的频响范围为 0～100Hz），且平面布置位置应基本一致并靠近楼层质心。当需要测量层间位移时，应在相邻两楼层布置位移或加速度传感器。当考察结构的扭转效应时，平面上须沿模型同一方向布置至少 2 个位移或加速度传感器，且宜尽量靠近平面边界。在结构构件的主要受力部位和截面，应测量钢筋和混凝土的应变。测得的位移、加速度和应变传感器的所有信号被连续输入计算机或由专用数据采集系统进行数据采集和处理，试验结果可由计算机终端显示或利用绘图仪、打印机等外围设备输出。

位移传感器分接触式和非接触式两种。采用接触式位移传感器时，有时会一端固定在试件模型上，另一端固定在支架上，支架应固定于振动台面或实验室地面，此时要求支架具有足够的刚度，减小因振动台的振动传至支架而引起支架的振动变形。

振动台试验得到的结构反应大部分是动态信号，对于试验过程中结构发生和出现的各种开裂、失稳、破坏甚至倒塌过程，采用录像等动态记录是最为理想的方式。对于结构裂缝的产生和扩展的过程及裂缝的宽度，可利用多次逐级加载的间隙进行描绘和记录，这都将有利于后期对结构的震害分析和破坏机理的研究。

4. 试验数据整理分析

试验数据分析前，应对数据进行下列处理。

1）当数据采集系统不能对传感器的标定值、应变计灵敏系数等进行自动修正时，应在数据处理时进行专门修正。为了消除噪声、干扰和漂移，减少波形失真，应采用滤波、零值均化和消除趋势项等数据处理方式。

2）当用白噪声激振法，根据台面输入和试件动力反应确定试体的自振特性时，宜采用分析功能较强的模态分析法。条件不具备时也可采用传递函数或互功率谱法求得试件的自振特性。

3）试件位移反应除采用位移计测量外，更多采用对加速度反应进行二次积分求得。在进行参量变换时，如振动加速度波形通过波形积分求得速度波形，速度波形求得位移波形等，即使是较小的波形基线移动量，在积分运算中的影响也是很大的，使积分运算结果产生较大的偏差。因此，需用加速度波形通过二次积分求得位移波形时，必须做好滤波处理。

4）试件动力反应的最大值、最小值和时程曲线等都是分析试件抗震性能和评价试件抗震能力的主要参数，试件的自振频率、振型和阻尼比是试件动力特性的基本特征，试验数据分析后必须提供这些数据。

5. 安全措施

试件在模拟地震作用下将进入开裂和破坏阶段，为了保证试验过程中人员和仪器设备的安全，振动台试验必须采取以下安全措施。

1）试件设计时应进行吊装验算，避免试件在吊装过程中发生破坏。

2）试件与振动台的安装应牢固，对安装螺栓的强度和刚度应进行验算。

3）试验人员在上下振动台台面时应注意台面和基坑地面之间的间隙，防止发生坠落或摔伤事故。

4）传感器应与试件牢固连接，并应采取预防掉落的措施，避免因振动引起传感器掉落或损坏。

5）有可能发生倒塌的试件。应在振动台四周铺设软垫，并利用起重机通过绳索或钢丝绳进行防护，防止试件倒塌时损坏振动台和周围设备。进行倒塌试验时，应将传感器全都拆除，同时认真做好摄像记录工作。

6）试验过程中应做好警戒标志，振动台起动和振动过程中任何人不得进入试验区。

国内外部分模拟地震振动台参数见表 6-3。

表 6-3　国内外部分模拟地震振动台参数

设置单位	台面尺寸/(m×m)	振动台质量/kg	最大载质量/kg	频率范围/Hz	激振力/kN	最大振幅/mm	最大速度/(mm/s)	最大加速度/g	激振方向
同济大学	4×4	10000	15000	0.1~50	x:200×2 y:135×2 z:150×4	±100 ±50 ±50	1000 600 600	1.2 0.8 0.7	x、y 和 z
水电部北京水利科学研究所	5×5	25000	20000	0.1~120	x:±40 y:±40 z:±30	400 400 300	1.0 1.0 0.7	x、y 和 z
国家地震局工程力学研究所	5×5	20000	30000	0~50	x:250×2 y:250×2	±30 ±30	600 600	1.0 1.0	x 和 y
日本科学技术厅国立防灾科学技术中心	15×15	160000	x:500000 z:200000	0~50	900×4 900×4	±30 ±30	370 370	0.55 1.00	x 和 z
日本鹿岛建设技术研究所	4×4	8500	20000	0~30	x:100×4 z:200×4	±150 ±75	1140 455	1.2 2.0	x 和 y
日本建设省土木研究所	4×4		40000	0~100	400	x:±100 z:±50	500 200	1.0 1.0	x 和 z
日本原子能工程试验中心	15×15	400000	1000000	0~30	x:30000 z:33000	±200 ±100	750 375	1.8 0.9	x 和 z
日本大成建设技术研究所	4×4		20000	0~50	x:±200 y:±200 Z:±100	1000 1000 500	1.0 1.0 1.0	x、y 和 z
日本科学技术厅国立防灾科学技术中心	6×6	25000	75000	0~50	100	x:±100 y:±100 z:±50	800 800 600	1.2 1.2 1.0	x、y 和 z
英国加利福尼亚大学，伯克利分校	6.1×6.1	45000	45000	0~50	x:225×3 z:113×4	±152 ±51	635 254	0.67 0.22	x 和 z

（续）

设置单位	台面尺寸/(m×m)	振动台质量/kg	最大载质量/kg	频率范围/Hz	激振力/kN	最大振幅/mm	最大速度/(mm/s)	最大加速度/g	激振方向
美国 E.G.&G	3×3		10000	0~30		$x:\pm152$ $z:\pm76$	635 318	1.0 0.5	x 和 z
英国纽约州立大学	3.65×3.65	20000	20000	0.1~60	$x:400$ $z:720$	±150 ±75	780 500	1.0 0.5	x 和 z
前南斯拉夫 Kiril & Metodij 大学	5×5		40000	0~30		$x:\pm125$ $z:\pm50$	635 380	0.67 0.40	x 和 z
意大利 A.M.N	3.5×3.5	9000	7000	0.1~60		$x:\pm75$ $y:\pm75$	900 600	1.65 1.65	x 和 y
希腊国立科技大学	4×4	10000	10000	0.1~60	$x:320$ $y:320$ $z:640$	±100 ±100 ±100	900 600 800	1.5 1.1 1.8	x、y 和 z

6.2.4 人工地震试验（artificial seismic test）

在结构抗震研究中，利用各种静力和动力试验加载设备对结构进行加载试验时，虽能够满足部分模拟试验要求，但都有一定局限性。针对各类型的大型结构、管道、桥梁、坝体及核反应堆工程等进行大比例或足尺模型试验可采用人工地震方法，即地面或地下爆炸法。

1. 爆破方式

爆破方式主要有直接爆破法和密闭爆破法，各自特点见表6-4。

表 6-4 两种爆破方式特点

爆破方式	特点
直接爆破	地震运动加速度峰值随装药量的增加而增高，地面运动加速度峰值离爆心距离越近则越高，地面运动加速度持续时间离爆心距离越远则越长。缺点是需要很大的装药量才能产生较好效果，而且所产生的人工地震与天然地震总是相差较远
密闭爆破	优点是可以用少量炸药取得接近天然地震的人工地震。利用圆形的爆破线源装置可以在一定条件下同时引爆多个，形成爆破阵。将这些爆破线源用点火滞后的办法逐个或逐批引爆，就可将人工地震引起的地面运动持续时间延长

2. 人工地震模拟结构动力试验的动力反应

人工地震与天然地震间存在着一定的差异：人工地震加速度的幅值高、衰减快、破坏范围小；人工地震主频高于天然地震；人工地震的主震持续时间一般为几十毫秒至几百毫秒，比天然地震持续时间短很多。天然地震波的频率在 1~6Hz 频域内幅值较大，而人工地震波在 3~25Hz 频域内幅值较大。

例如，当实际地震烈度为 7 度时，地面加速度最大值平均为 $0.1g$，一般房屋就已造成相当程度的破坏，但是人工爆破地面加速度达到 $1.0g$ 时才能引起房屋的轻微破坏。这主要是因为实际地震的主振频率更接近于一般建筑结构的自振频率，而且实际地震振动作用的持续时间长、衰减慢，所以能造成大范围的宏观破坏。

为了消除对建筑结构所引起的不同动力反应和破坏机理的差异，达到用爆破地震模拟天然地震并得到满意结果的目的，可采取以下措施来解决频率差异：

1）通过缩小试验对象尺寸提高试验对象的自振频率，一般缩小为原来的 1/3～1/2，仍保留结构构造和材料性能的特点，保持其真实性。

2）将试验对象建造在覆盖层较厚的土层上并利用松软土层的滤波作用，消耗地震波中的高频分量，相对提高低频分量的幅值。

3）试验对象远离爆心，使地震波的高频分量在传播过程中有较大的损耗，相对提高低频分量的影响。由于振幅会衰减下降，在人工地震模拟动力加载的荷载设计时，常将地面质点运动的最大速度的幅值作为衡量标准。

3. 人工地震模拟结构动力试验的量测技术

人工爆破模拟结构动力试验的测试技术应注意以下几点：

1）为测量地面与建筑物的动态参数，仪器的频率上限与结构动态参数的上限一致。

2）为减少爆破试验中的干扰，可以采用低阻抗的传感器，并尽可能地缩短传感器至放大器之间连接导线的距离，进行屏蔽和接地。

3）由于试验的爆炸时间较短，动应变测量中可以用线绕电阻代替温度补偿片，既节省了电阻应变计，减少了贴片工作量，又提高了测试工作的可靠性。

4）结构和地面质点运动参数的动态信号测量，在试验中应采用同步控制进行记录。在爆破地震波作用下的结构试验，具有不可重复性的特点。因此，试验计划与方案必须周密考虑。试验测量技术必须安全可靠，必要时可以采用多种方法同时测量。

6.2.5　天然地震试验（natural earthquake test）

根据经济条件和试验要求，天然地震试验大体上可以分为以下三类。

第一类是在地震频繁地区或高烈度地震区，结合房屋结构加固，有目的地采取多种方案的加固措施。当地震发生时，可以根据震害分析了解不同加固方案的效果。此外，可结合新建工程有意图地采取多种抗震措施和构造，以便发生地震时可以进行震害分析。应该指出，并非所有加固或新建房屋都能成为试验房屋，作为天然地震试验，在不装仪表的条件下，试验房屋至少具备下列基础资料：

1）场地土的钻探资料。

2）试验结构的原始资料：竣工图、材料强度、施工质量记录。

3）房屋结构历年检查及加固改建的全部资料等。

4）当地的地震记录。

第二类是强震观测。地震发生时，以仪器为测试手段，观测地面运动的过程和建筑物的动力反应，以获得第一手资料。强震观测最重要的是做好地震前的准备工作，如在高烈度区的某些房屋楼层安装长期观测的测振仪器，以便取得地震时的更多信息。天然地震试验的最好布置是在结构的地下室或地基上安装强震仪来测量输入的地面运动，同时在结构上部安置一些仪表以测量结构的反应。

通过强震观测，一方面可以取得地震的地面运动过程的记录地震波，为研究地震影响场和烈度分布规律提供科学资料；另一方面可以取得建筑物在强地震下振动过程的记录，为结构抗震的理论分析与试验研究及设计方法提供客观的工程数据。

第三类是建立专门的天然地震试验场。在场地上建造试验房屋，这样可以运用一切现代化手段取得建筑物在天然地震中的各种反应。从经济层面上来讲，此方法成本较高。

6.3 风洞试验

流体力学（fluid mechanics）方面的风洞试验指通过在风洞中安置飞行器或其他物体模型，研究气体流动及其与模型的相互作用，以了解实际飞行器或其他物体的空气动力学特性的一种空气动力试验方法。过去，建筑物和桥梁的设计可以忽略风荷载的影响，随着经济的发展，建（构）筑物越建越高，桥梁的跨度也越来越大，设计时无法忽视风荷载对高层建（构）筑物和大跨度桥梁产生的作用，因此现在也开始对各种建（构）筑物进行风洞试验，以取得建（构）筑物在风荷载下的反应。

6.3.1 试验思路与原理

在建筑结构的抗风研究中，主要研究任务是通过各种方法（如风洞试验、原型实测、数值模拟）从外形迥异的建筑形式中归纳出结构表面风压分布的规律，并对风振进一步分析，从而得到等效静风荷载。图 6-12 所示为结构风工程试验的基本思路。

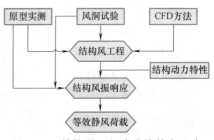

图 6-12　结构风工程试验的基本思路

风洞试验（Wind tunnel test）是依据运动的相似性原理，将被试验对象（飞机、大型建筑、结构等）制作成模型或直接放置于风洞管道内，通过驱动装置使风道产生人工可控制的气流，模拟试验对象在气流作用下的性态，进而获得相关参数，以确定试验对象的稳定性、安全性等性能。

6.3.2 试验模型

风洞试验模型制作有特殊要求，主要有刚性压力模型、气动弹性模型和刚性高频力平衡模型。

1. 刚性压力模型

此模型最常用，建筑模型的比例为 1：300～1：500，一般采用有机玻璃材料，建筑模型本身、周围建筑物模型及地形都应与实物相似，与风洞流动有明显关系的特征如建筑外形、突出部分都应在模型中正确模拟。模型上布置大量直径为 1.5mm 的测压孔，在孔内安装压力传感器，试验时可量测各部分表面上的局部压力，传感器输出电信号，通过采集数据仪器自动扫描记录并转换为数字信号，再由计算机处理数据，从而得到结构的平均压力和波动压力的量测值。这种模型是目前在风洞试验中应用最多的模型，主要是量测建筑物表面的风压力（吸力），以确定建筑物的风荷载，用于结构和维护构件的设计。对于刚性屋盖结构，可采用刚性模型风洞试验测量屋面的风压分布和体形系数，如北京西客站、深圳机场航站楼、浙江黄龙体育中心等。

2. 气动弹性模型

此模型可更精确地考虑结构的柔度和自振频率、阻尼的影响。在建模过程中，不仅要求模拟几何，还要求模拟建筑物的惯性矩、刚度和阻尼特性。对于高宽比大于 5 且需要考虑舒适度的高柔建筑，采用气动弹性模型更为合适，但这类模型的设计和制作比较复杂，风洞试验时间也长，有时采用刚性高频力平衡模型代替。代表性结构是上海"东方明珠"广播电视塔，通过全塔气动弹性模型风洞试验，得到了该电视塔塔体的振动加速度、结构风振系数及塔体振动位移等结果。

3. 刚性高频力平衡模型

此模型是将一个轻质材料的模型固定在高频反应的力平衡系统上，也可得到风产生的动力效应，但是它需要有能模拟结构刚度的基座杆及高频力平衡系统。代表性结构是广州海心塔，其结构复杂、细柔、阻尼低，对风荷载的静力和动力作用都很敏感，故分成 19 个节段，并对节段模型进行高频动态测力天平试验，获得作用在塔身上的非定常气动力，再将其作用在结构有限元模型上进行风振计算。

6.3.3　试验内容

对于超过我国荷载规范规定风荷载的建（构）筑物和结构，通常需要采用风洞试验（低速风洞）的方法来确定其风荷载和风效应。主要包括三大方面的内容。

1. 大气边界层模拟

大气边界层模拟包括风剖面、湍流结构、风场特性、周边建（构）筑物的干扰作用等。

2. 建筑模型表面压力测试

设计高层建（构）筑物和大跨屋盖时，采用刚性模型测压试验，目的是测量刚性模型表面各测点的局部风压，然后对压力时程数据进行统计分析，得到平均压力系数、脉动压力系数、最大压力系数、最上压力系数，再通过统计转换为结构荷载，表现为结构表面的平均风压等高线。

3. 风环境试验分析

风洞风环境试验可以对户外人行高度处的风环境提供可靠评估，也可考察风对温度、太阳辐射、湿度等关系到人舒适性的因素的影响，还可以用于指导雪荷载的分布，进而指导结构设计中的雪荷载取值。

对建（构）筑物模型进行风载荷试验（见图 6-13）从根本上改变了传统的设计方法和

a)　　　　　　　　　　　　　　　　　　　　b)

图 6-13　风洞试验模型现场

a）厦门会北片区三高层建筑风洞试验模型　b）上海东方体育中心跳水池风洞实验模型

规范。对于大型建（构）筑物如大桥、电视塔、大型水坝、高层建筑群、大跨度屋盖等超限建（构）筑物和结构，应按我国结构风荷载规范建议进行风洞试验。对于大型工厂、矿山群等也可以做成模型，在风洞中进行防止污染扩散的试验。

6.3.4　试验设备

风洞是能够产生和控制不同速度与方向（单向斜向、复杂方向）的气流，模拟建筑物周围气体的流动，并可测量气流对物体的作用，观察有关物理现象的一种管状实验设备。它是进行空气动力实验最常用、最有效的工具。为适应各种不同结构形式的风洞试验，风洞的构造形式和尺寸也各不相同。

风洞主要有开放式和封闭式两种。开放式风洞的一端为气流入口，另一端为气流出口，中间为试验段。封闭式风洞为环形，气流循环使用，中间为试验段。在风洞试验段一定长度和高度内可形成大气边界层，进行高层建筑、高耸结构大缩尺模型（1/300～1/50）的抗风试验。各类型风洞一般都由静流段收缩段、试验段、扩散段、动力段组成。

6-4　随堂小测

本 章 小 结

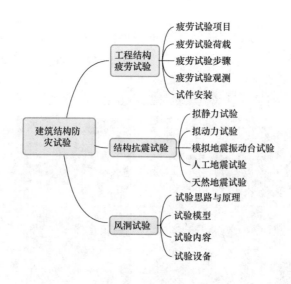

复习思考题

6-1　简述鉴定性疲劳试验、科研性疲劳试验的项目。

6-2　工程结构抗震试验分为哪几类？不同试验方法有哪些区别和联系？

6-3　结构抗震试验的任务是什么？

6-4　结构低周反复加载静力试验的目的是什么？有哪些优缺点？

6-5　单向反复加载采用哪三种方法？各自又包括哪几种加载？

6-6　为何需要主要研究钢筋混凝土框架梁柱节点抗震性能？

6-7　什么是拟静力试验？简述拟静力试验的加载程序。

6-8　什么是拟动力检测？必须使用哪种设备加载？它与拟静力检测有何异同之处？它与地震模拟台检测有何异同之处？

6-9　名词解释：极限荷载、破坏荷载、等效刚度、骨架曲线、延性系数、退化率、滞回曲线。

6-10　模拟地震振动台试验的优点是什么？

6-11　人工地震与实际地震之间的差异有哪些？

参 考 文 献

［1］　朱尔玉，冯东，朱晓伟，等. 工程结构试验［M］. 北京：北京交通大学出版社，2016.

［2］　张望喜. 结构试验［M］. 武汉：武汉大学出版社，2016.

［3］　王天稳，李杉. 土木工程结构试验［M］. 2 版. 武汉：武汉大学出版社，2018.

［4］　熊仲明，王社良. 土木工程结构试验［M］. 2 版. 北京：中国建筑工业出版社，2015.

［5］　周明华. 土木工程结构试验与检测［M］. 3 版. 南京：东南大学出版社，2013.

［6］　卜良桃，黎红兵，刘尚凯. 建筑结构鉴定［M］. 北京：中国建筑工业出版社，2017.

［7］　朱伯龙. 结构抗震试验［M］. 北京：地震出版社，1989.

网 络 资 源

［1］　戴国亮，蒋永生，梁书亭，等. 迭层空腹桁架转换层结构拟动力地震反应试验研究［J］. 工业建筑，2001，31（6）：66-68.

［2］　王涛，张锡朋，解晋珍，等. 钢框架减震结构拟动力试验［J］. 沈阳建筑大学学报（自然科学版），2018，34（5）：838-846.

［3］　彭斌，汪澜涯，王冬冬，等. 砌体墙抗震性能伪静力试验研究［J］. 上海理工大学学报，2016，38（4）：402-408.

［4］　李玉顺，单炜，李俊华. 子结构法拟动力试验技术研究［J］. 土木工程学报，2010，43（3）：119-123.

［5］　DI BENEDETTO S, FRANCAVILL A B, LATOUR M, et al. Pseudo-dynamic testing of a full-scale two-storey steel building with RBS connections［J］. Engineering structures, 2020, 212（1）：110494. 1-110494. 32.

［6］　陈云钢，刘家彬，郭正兴，等. 装配式剪力墙水平拼缝钢筋浆锚搭接抗震性能试验［J］. 哈尔滨工业大学学报，2013，45（6）：83-89.

［7］　钱稼茹，彭媛媛，张景明，等. 竖向钢筋套筒浆锚连接的预制剪力墙抗震性能试验［J］. 建筑结构，2011，41（2）：1-6.

［8］　周安. 结构拟动力试验的位移控制［J］. 合肥工业大学学报（自然科学版），2004，27（7）：788-791.

［9］　XUE J Y, ZHANG X, REN R. Psceudo-dynamic test investigation of recycled concrete-encased steel frame［J］. Journal of Building Engineering, 2020, 32.

［10］　韩学宏，陆秀丽. 钢吊车梁上部区域疲劳性能的研究［J］. 钢结构，1990，（1）：9-16.

［11］ 刘书锋. 某重级工作制钢吊车梁疲劳裂缝检测与应力特征分析 ［D］. 山东：青岛理工大学，2016.

［12］ GALVÍN P，ROMERC A，MOLINER E，et al. On the dynamic characterisation of railway bridges through experimental testing ［J］. Engineering Structures，2021，226.

［13］ 湖南大学尚守平主讲课程《结构抗震设计》.

［14］ 华中科技大学张耀庭主讲课程《建筑抗震设计》.

建筑结构试验现场检测技术 | 第7章

On Site Testing Technology of Building Structure Test

内容提要

　　本章介绍了建筑结构试验现场检测技术的一般要求、检测方法、检测结果的评定方法。

　　内容包括了概述、混凝土结构现场检测技术、砌体结构现场检测技术和钢结构现场检测技术。教学重点：混凝土、钢筋、砌体、钢结构现场检测原理与方法。

能力要求

　　熟练掌握混凝土检测中的检测强度、裂缝、内部缺陷、钢筋位置及锈蚀的方法。

　　掌握砌体结构检测中的强度、构造等方法。

　　熟悉测定钢结构检测中的检测强度、缺陷等方法。

　　了解其他建筑结构现场测试技术。

7.1　概述

7.1.1　结构检测分类 （structure detection classification）

　　建筑结构的检测（detection）可分为建筑结构工程质量的检测和既有建筑结构性能的检测。建筑结构的检测应根据《建筑结构检测技术标准》（GB/T 50344—2019）的要求，满足建筑结构工程质量评定或既有建筑结构性能鉴定的需要，合理确定检测项目和检测方案。建筑结构的检测应提供真实、可靠、有效的检测数据和检测结论。当遇到表 7-1 所述情况之一时，应进行检测。

表 7-1　**结构检测分类情况**

当遇到下列情况之一时,应进行建筑结构工程质量的检测	当遇到下列情况之一时,应对既有建筑结构现状缺陷和损伤、结构构件承载力、结构变形等涉及结构性能的项目进行检测
1）涉及结构安全的试块、试件及有关材料检验数量不足	1）建筑结构安全鉴定
2）对施工质量的抽样检测结果达不到设计要求	2）建筑结构抗震鉴定
3）对施工质量有怀疑或争议,需要通过检测进一步分析结构的可靠性	3）建筑大修前的可靠性鉴定

（续）

当遇到下列情况之一时,应进行建筑结构工程质量的检测	当遇到下列情况之一时,应对既有建筑结构现状缺陷和损伤、结构构件承载力、结构变形等涉及结构性能的项目进行检测
4）发生工程事故,需要通过检测分析事故的原因及对结构可靠性的影响	4）建筑改变用途、改造、加层或扩建前的鉴定
	5）建筑结构达到设计使用年限要继续使用的鉴定
	6）受到灾害、环境侵蚀等影响建筑的鉴定
	7）对既有建筑结构的工程质量有争议

既有建筑结构正常的检查包括：建筑构件表面的裂缝、损伤、过大的位移或变形，建筑物内外装饰层是否出现脱落空鼓，栏杆扶手是否松动失效等。建筑结构常规检测的重点部位如下：

1）出现渗水漏水部位的构件。

2）受到较大反复荷载或动力荷载作用的构件。

3）暴露在室外的构件。

4）受到腐蚀性介质侵蚀的构件，受到污染影响的构件，与侵蚀性土壤直接接触的构件，受到冻融影响的构件，容易受到磨损、冲撞损伤的构件。

5）年检怀疑有安全隐患的构件。

小贴士

建筑工程施工质量验收与建筑结构工程质量检测的区别与联系。

两者的区别在于实施的主体，建筑结构工程质量检测工作实施的主体是有检测资质的独立第三方，检测结果与评定结论可作为建筑工程施工质量验收的依据之一。两者的共同之处在于建筑工程施工质量验收所采取的一些具体方法可为建筑工程质量检测所采用，建筑结构工程质量检测所采用的检测方法和抽样方案可供建筑工程施工质量验收参考。

7.1.2 检测方法及方案（test method and scheme）

建筑结构的检测应有完备的检测方案，检测方案主要内容见表7-2。

表7-2 建筑结构的检测方案主要内容

检测项目	主要内容
现场资料	现场和有关资料的调查
检测资料	收集被检测建筑结构的设计图、设计变更、施工记录、施工验收和工程地质勘察等资料
变更情况	调查被检测建筑结构现状缺陷、环境条件、使用期间的加固与维修情况和用途与荷载等变更情况
基本概况	检测结构的基本概况,包括结构类型、建筑面积、总层数、设计、施工及监理单位、建造年代等
规模方法	检测项目和选用的检测方法及检测的数量
仪器设备	检测仪器设备情况,检测中的安全措施和环保措施

当发现检测数据数量不足或检测数据异常时，应及时补充检测。结构现场检测工作结束后，应及时修补因检测造成的结构或构件局部损伤，修补宜采用高于构件原设计强度等级的材料，修补后的结构构件应满足承载力的要求。

现场检测宜选用对结构或构件无损伤的检测方法。当选用局部破损的取样检测方法或原位检测方法时，宜选择结构构件受力较小的部位，且不得影响结构的安全性。当对古建筑或有纪念性的既有建筑结构进行检测时，应避免对建筑结构造成损伤。重要大型公共建筑的结构动力测试，应根据结构的特点和检测目的，分别采用环境振动或激振等方法。重要大型工程和新型结构体系的安全性检测，应根据结构的受力特点制订方案，并进行论证。

结构检测的抽样方案，可根据检测项目的特点按下列原则选择：

1）外部缺陷的检测，宜选用全数检测方案。

2）几何尺寸与尺寸偏差的检测，宜选用一次或二次计数抽样方案。

3）结构连接构造的检测，应选择对结构安全影响大的部位进行抽样检测。

4）构件性能的实荷检验，应选择同类构件中荷载效应相对较大和施工质量相对较差的构件或受到灾害影响、环境侵蚀影响构件中有代表性的构件。

5）按检测批检测的项目，应进行随机抽样，且符合最小样本容量相关规范。

7.2　混凝土结构现场检测技术

钢筋混凝土结构的检测分为原材料性能、混凝土强度、混凝土构件外观质量与缺陷、尺寸与偏差、变形与损伤和钢筋配置等多项工作。必要时，可进行构件性能的实际荷载检验或结构的动力测试。

混凝土原材料的质量或性能检测，可按下列方法检测：

1）当工程尚有与结构中同批、同等级的剩余原材料时，可对与结构工程质量问题有关的原材料进行检验。

2）当工程没有与结构中同批、同等级的剩余原材料时，可从结构中取样，检测混凝土的相关质量或性能。

钢筋的质量或性能检测，可按下列方法检测：

1）当工程尚有与结构中同批的钢筋时，可进行钢筋力学性能检验或化学成分分析；需要检测结构中的钢筋时，可在构件中截取钢筋进行力学性能检验或化学成分分析。

2）进行钢筋力学性能的检验时，同一规格钢筋的抽检数量应不少于一组。

3）既有结构钢筋抗拉强度的检测，可采用钢筋表面硬度等非破损检测与取样检验相结合的方法。需要检测锈蚀钢筋、受火灾影响等钢筋的性能时，可在构件中截取钢筋进行力学性能检测。

7.2.1　一般要求

1. 混凝土强度

混凝土抗压强度可采用回弹法、超声法、超声回弹综合法、后装拔出法或钻芯法等检测方法，不同的检测方法具有各自的优缺点，混凝土强度现场检测方法及各自优缺点见表 7-3。

表 7-3　混凝土强度现场检测方法及各自优缺点

检测方法	技术要求	优缺点
回弹法 （rebound method）	被检测混凝土的抗压强度和龄期不应超过相应技术规程限定的范围。混凝土自然养护且龄期为 14 ~ 1000d，抗压强度为 10~60MPa	优点：方便、快捷、不影响结构 缺点：测定的强度是推断值，精度不高

（续）

检测方法	技术要求	优缺点
超声回弹综合法 （ultrasonic-rebound method）	被检测混凝土的内外质量应无明显差异，且混凝土的抗压强度不应超过相应技术规程限定的范围	优点:可减小检测过程中龄期与含水率的影响 缺点:试件尺寸受超声波穿透距离的限制
后装拔出法 （post-install pull-out method）	被检测混凝土抗压强度和混凝土粗骨料的最大粒径不应超过相应技术规程限定的范围	优点:精确度较高，操作方法和过程较钻芯法简单 缺点:对结构有一定的损伤,检测后需进行修补
钻芯法 （drilled core method）	被检测混凝土的表层质量不具有代表性时	优点:直观、准确反映钻芯部位强度 缺点:效率低,会对原有结构造成一定的破坏

如受到环境侵蚀或遭受火灾、高温等影响，混凝土抗压强度可采用下列方法检测：

1）构件中未受到影响部分混凝土的强度，采用钻芯法检测时，在加工芯样试件时，应将芯样上混凝土受影响层切除。混凝土受影响层的厚度可依据具体情况分别按最大碳化深度、混凝土颜色产生变化的最大厚度、明显损伤层的最大厚度确定。

2）对混凝土受影响层能剔除时，可采用回弹法或回弹加钻芯修正的方法检测。

混凝土的抗拉强度，可采用对直径100mm的芯样试件施加劈裂荷载或直拉荷载的方法检测。

2. 混凝土构件外观质量与缺陷

混凝土构件外观质量与缺陷的检测可分为蜂窝、麻面、孔洞、夹渣、露筋、裂缝、疏松区和不同时间浇筑的混凝土结合面质量等项目的检测，混凝土构件外观质量与缺陷常见分类见表7-4。

混凝土构件外观缺陷，可采用目测与尺量的方法检测。结构或构件裂缝的检测应包括裂缝的位置、长度、宽度、深度、形态和数量。裂缝的记录可采用表格或图形的形式。裂缝深度可采用超声法（ultrasonic method）检测，必要时可钻取芯样予以验证。对于仍在发展的裂缝应进行定期观测，提供裂缝发展速度的数据。

混凝土内部缺陷的检测，可采用超声法、冲击反射法等非破损方法。必要时可采用局部破损方法对非破损的检测结果进行验证。

表 7-4 混凝土构件外观质量与缺陷常见分类

蜂窝	麻面	孔洞	夹渣

（续）

| 露筋 | 裂缝 | 疏松区 | 不同时间浇筑 |

3. 混凝土结构构件变形与损伤

混凝土结构构件变形的检测可分为构件挠度、构件结构倾斜和基础不均匀沉降等项目的检测，见表 7-5。

表 7-5　**混凝土结构构件变形检测项目及方法**

检测项目	设备及测试方法
构件挠度	可采用激光测距仪、水准仪或拉线等方法检测
构件结构倾斜	可采用经纬仪、激光定位仪、三轴定位仪或吊锤的方法检测,宜区分倾斜中施工偏差造成的倾斜、变形造成的倾斜、灾害造成的倾斜等
基础不均匀沉降	可用水准仪检测,当需要确定基础沉降发展的情况时,应在混凝土结构上布置测点进行观测,观测操作应遵循《建筑变形测量规范》(JGJ/8—2016)。混凝土结构的基础累计沉降差,可参照首层的基准线推算

混凝土结构构件损伤的检测可分为环境侵蚀损伤、灾害损伤、人为损伤、混凝土有害元素造成的损伤及预应力锚夹具的损伤等项目的检测，见表 7-6。

表 7-6　**混凝土结构构件损伤种类及检测内容**

损伤种类	检测内容
侵蚀	应确定侵蚀源、侵蚀程度和侵蚀速度
冻伤	应分类检测并测定冻融损伤深度、面积
灾害损伤	应确定灾害影响区域和受灾害影响的构件,确定影响程度
人为损伤	应确定损伤程度
各类损伤	应确定损伤对混凝土结构的安全性及耐久性影响的程度

4. 钢筋检测

对既有混凝土结构做可靠性诊断和对新建混凝土结构施工进行质量鉴定时，需要对其内部钢筋进行检测，其主要内容包括钢筋配置、钢筋材质和钢筋锈蚀三项。

5. 构件性能实际荷载检验与结构动测

当需要确定混凝土构件的承载力、刚度或抗裂等性能时，可进行构件性能的实际荷载检验。当仅对结构的一部分做实际荷载检验时，应使有问题部分或可能的薄弱部位得到充分的检验。

测试结构的基本振型时，宜选用环境振动法（脉动法），在满足测试要求的前提下也可选用初位移法等其他方法。测试结构平面内多个振型时，宜选用稳态正弦波激振法。测试结构空间振型或扭转振型时，宜选用多振源相位控制同步的稳态正弦波激振法或初速度法。评估结构的抗震性能时，可选用随机激振法或人工爆破模拟地震法。

7.2.2 混凝土强度检测方法（inspection method of concrete strength）

1. 回弹法检测混凝土强度（concrete strength with rebound method）

通过回弹仪测量混凝土的表面硬度来推算抗压强度，是混凝土结构现场检测中常用的一种非破损试验方法。回弹法检测混凝土强度技术按照《建筑结构检测技术标准》（GB/T 50344—2019）和《回弹法检测混凝土抗压强度技术规程》（JGJ/T 23—2011）。回弹仪工作原理和装置组成参考第 2 章。

（1）构件试样数量　一般情况下，混凝土强度可按单个或批量构件进行检测。对于相同的生产工艺条件下，强度等级相同，原材料、配合比、条件养护基本一致且龄期相近的同类结构或构件应采用批量检测的方法。按批量进行检测时，应严格遵守随机抽样原则，并保证所选结构具有代表性。

（2）测区布置　测量布置包括测区数量、测区间距、测区位置和测区表面等内容。对于一般构件，每一结构与构件的测区数目应不少于 10 个。两个相邻测区的间距应控制在 2m 以内，测区离构件端部或施工缝边缘的距离不宜大于 0.5m，且不小于 0.2m。测区位置宜选在使回弹仪处于水平方向检测的混凝土浇筑侧面。每个测区的面积不宜大于 0.04m^2，以能容纳 16 个回弹测点为宜。测点宜在测区内均匀分布，同一测点只允许弹击一次，测区表面应为混凝土原浆面，不应在气孔或外露石子上，相邻两测点的净距一般不小于 20mm。

（3）回弹值测量　测点距离结构或构件边缘或外露钢筋，预埋件的距离一般不小于 30mm。每个测区应读取 16 个测点回弹值，每一个测点的回弹值读数估读至 1。

（4）碳化深度（carbonation depth）测量　回弹值测完后，要在每个测区上选择一处测量混凝土的碳化深度。在测区表面用适当的工具形成直径为 15mm 的孔洞，其深度略大于混凝土的碳化深度，除去孔中的碎屑和粉末，但不能用水冲洗，同时应采用浓度为 1%~2% 的酚酞酒精溶液滴在孔洞内壁的边缘处，当已碳化与未碳化混凝土交界面清晰时开始测量，测量已碳化与未碳化混凝土交界面到混凝土表面的垂直距离，并应测量 3 次，每次测读精度至 0.25mm。

（5）回弹法数据处理　当回弹仪按水平方向测得试件混凝土浇筑侧面的 16 个回弹值后，分别剔除 3 个最大值和 3 个最小值，按余下的 10 个回弹值取平均值。当在回弹仪非水平方向测试混凝土浇筑侧面和当在回弹仪水平方向测试混凝土浇筑表面或底面时，应将测得回弹平均值按不同测试角度 α 和不同浇筑面的影响分别修正。

（6）混凝土强度推定　根据实测 R_w 和 d_w 的值，由《回弹法检测混凝土抗压强度技术规程》附录 A、附录 B 查表或内插法计算得到测区混凝土强度值。

2. 超声脉冲法检测混凝土强度（concrete strength with ultrasonic method）

混凝土的抗压强度 f_{cu} 与超声波在混凝土中的传播参数（声速、衰减等）之间的相关关系是超声脉冲法检测混凝土强度方法的基础，检测流程如图 7-1 所示。

7-1　回弹法检测混凝土强度

混凝土强度越高，相应超声声速也越大，通过试验可以建立混凝土强度与声速的经验公式。目前常用的相关关系表达式为

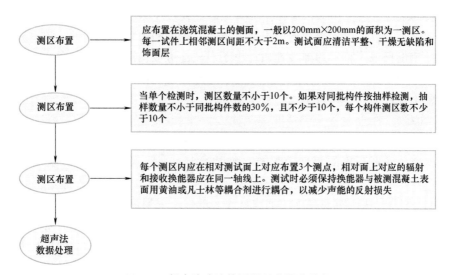

图 7-1　**超声脉冲法检测混凝土强度流程**

指数函数方程　　　　　　　　　　　$f_{cu}^{c} = A e^{Bv}$ 　　　　　　　　　　　　　　　(7-1)

幂函数方程　　　　　　　　　　　　$f_{cu}^{c} = A v^{B}$ 　　　　　　　　　　　　　　　(7-2)

抛物线方程　　　　　　　　　　　　$f_{cu}^{c} = A + Bv + Cv^2$ 　　　　　　　　　　　　(7-3)

式中　　f_{cu}^{c}——混凝土强度换算值;

　　　　　v——超声波在混凝土中的传播速度;

A、B、C——常数项。

　　测区声波传播速度为

$$v = l/t_m \qquad (7\text{-}4)$$

$$t_m = \frac{t_1 + t_2 + t_3}{3} \qquad (7\text{-}5)$$

式中　　　v——测区声速值;

　　　　　l——超声测距;

　　　　t_m——测区平均声时值;

t_1、t_2、t_3——测区中 3 个测点的声时值。

　　当在试件混凝土的浇筑顶面或底面测试时,声速值应修正,修正后为

$$v_u = \beta v \qquad (7\text{-}6)$$

式中　v_u——修正后的测区声速值;

　　　　β——超声测试面修正系数,在混凝土顶面和底面间对测、斜测时,在混凝土浇筑的
　　　　　　　顶面、底面平测时,$\beta = 1.034$;顶面平测时,$\beta = 1.05$;底面平测时,$\beta = 0.95$。

　　由试验测量的声速,按 f_{cu}^{c}-v 曲线求得混凝土的强度换算值。

　　混凝土的强度和超声波传播声速间的定量关系受混凝土的原材料性质及配合比的影响,
包括骨料的品种、粒径的大小、水泥的品种、用水量和水胶比、混凝土的龄期、测试时试件
的温度和含水率的影响等。鉴于混凝土强度与声速传播速度的相应关系随各种技术条件的不
同而变化,所以对于各种类型的混凝土不可能有统一的 f_{cu}^{c}-v 曲线。

3. 超声回弹综合法检测混凝土强度（concrete strength with ultrasonic-rebound method）

超声和回弹都是以混凝土材料的应力应变行为与强度的关系为依据的。超声波在混凝土材料中的传播速度反映了材料的弹性性质，由于声波穿透被检测的材料，因此也反映了混凝土内部构造的有关信息。回弹法的回弹值反映了混凝土的弹性性质，同时在一定程度上也反映了混凝土的塑性性质。

（1）超声回弹综合法较超声法或回弹法的优点

1）回弹法仅反映混凝土表层约30mm厚度的状态，而超声和回弹综合法既能反映混凝土的弹性，又能反映混凝土的塑性；既能反映混凝土的表层状态，又能反映混凝土的内部构造。

2）超声回弹综合法能对混凝土的某些物理参量在采用超声法或回弹法单一测量时产生的影响得到相互补偿。如对回弹值影响最为显著的碳化深度在回弹法检测时是一项重要的参数，但在综合法中碳化因素可不予修正。由于碳化深度较大的混凝土的龄期较长而其含水量相应降低，声速稍有下降，因此在综合关系中可以抵消回弹值上升所造成的影响。

3）超声回弹综合法的测量精度优于超声法或回弹法。

（2）超声回弹综合法数据处理　在进行超声回弹综合检测时，结构或构件上每一测区的混凝土强度是根据该区实测的超声波声速 v 及回弹平均值 R，按事先建立的 $f_{cu}^c\text{-}v\text{-}R_m$ 关系曲线推定的，目前常用的曲面方程为

$$f_{cu}^c = Av^B R_m^C \tag{7-7}$$

由于针对性强，专用的 $f_{cu}^c\text{-}v\text{-}R_m$ 曲线与实际情况比较吻合。如果选用地区曲线或通用曲线时，必须进行验证和修正。

4. 钻芯法检测混凝土强度（concrete strength with drilled core method）

钻芯法使用取芯钻机，从被检测的结构或构件上直接钻取圆柱形的混凝土芯样，并根据芯样的抗压试验，由抗压强度推定混凝土的立方抗压强度。

（1）钻芯法流程　钻芯法流程见表7-7。

表 7-7　钻芯法流程

流程	内　容	注 意 事 项
芯样钻取	用钻孔取芯机从被测试件上直接截取与空芯筒形钻头内径相同的圆柱形混凝土芯样	1）钻头内径不宜小于混凝土骨料最大粒径的3倍，并在任何情况下不得小于2倍，且其直径不应小于70mm；抗压芯样试件宜使用直径为100mm的芯样 2）应避开主筋、预埋件和管线的位置 3）对于单个构件检测时，钻芯数量不应少于3个，对于对构件工作性能影响较大的小尺寸的构件，不得小于2个 4）钻孔取芯后结构上留下的孔洞必须及时进行修补，以保证其正常工作
芯样加工	为防止芯样端面不平整导致应力集中和实测强度偏低，所以对芯样端面必须进行加工	通常用磨平法和端面用硫黄胶泥或环氧胶泥补平，补齐厚度不应大于2mm
芯样试验	按照《混凝土物理力学性能试验方法标准》（GB/T 50081—2019）进行抗压芯样试验	芯样试件宜在与被检测结构或构件混凝土湿度基本一致的条件下进行抗压试验

（2）强度换算　芯样试件的混凝土强度换算值可通过测试芯样试件抗压试验测得的破坏荷载、芯样试件抗压截面面积并结合芯样试件强度的换算系数（通常取 1.0）进行计算。

（3）强度推定　在确定抗压强度推定区间的上限值和下限值后即可得到检测批混凝土抗压强度推定值。

（4）钻芯修正　对间接测强方法进行钻芯修正时，宜采用修正量的方法，也可采用其他形式的修正方法。

5. 拔出法检测混凝土强度（concrete strength with pull-out method）

拔出法试验是用金属锚固件预埋入未硬化的混凝土浇筑构件内，或在已硬化的混凝土构件上钻孔埋入膨胀螺栓，然后测试锚固件或膨胀螺栓被拔出时的拉力，由被拔出的锥台形混凝土块的投影面积，确定混凝土的拔出强度，并由此推算混凝土的立方体抗压强度。这也是一种半破损试验的检测方法。预埋法与后装拔出法试验的区别见表 7-8。

表 7-8　预埋法与后装拔出法试验的区别

预埋法试验	在浇筑混凝土时预埋锚固件,常用于确定混凝土的停止养护、拆模时间及施加后张法预应力的时间,按事先计划要求布置测点
后装拔出法试验	在混凝土硬化后再钻孔埋入膨胀螺栓作为锚固件,较多用于既有结构混凝土强度的现场检测,检测混凝土的质量和判断硬化混凝土的现有实际强度

（1）后装拔出法的测点布置　当按单个构件检测时，应在构件上均匀布置 3 个测点。如果 3 个拔出力中的最大值和最小值与中间值之差均小于中间值的 15%，仅布置 3 个测点即可；当最大值或最小值与中间值之差大于中间值的 15%，包括两者均大于中间值的 15% 时，应在最小拔出力测点附近再加测 2 个点。当按批抽样检测时，每个构件宜布置 1 个测点，且最小样本容量不宜小于 15 个。测点应避开表面缺陷及钢筋、预埋件，反力支承面应平整、清洁、干燥，饰面层、浮浆、薄弱层等应清除。

（2）试验步骤　拔出法检测混凝土强度流程如图 7-2 所示。

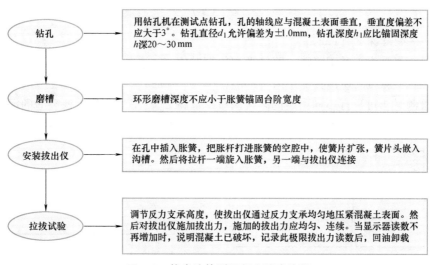

图 7-2　拔出法检测混凝土强度流程

（3）混凝土强度换算及推定　目前国内拔出法的测强曲线一般都采用一元回归直线

方程

$$f_{cu}^c = aF + b \qquad (7\text{-}8)$$

7-2 混凝土强度拉拔仪

式中　f_{cu}^c——测点混凝土强度换算值（MPa），精确至0.1MPa；

　　　F——测点拔出力（kN），精确至0.1kN；

　　　a、b——回归系数，圆环式后装拔出法$a = 1.55$，$b = 2.35$，三点式后装拔出法$a = 2.76$，$b = -11.54$。

7.2.3　混凝土构件外观质量与缺陷（appearance and deflects of concrete member）

对于一般结构或构件的破损、缺陷，可通过目测、敲击、卡尺及放大镜进行检测。对于裂缝、内部缺陷和损失，一般情况下可采用超声波检测（ultrasonic detection）。

1. 混凝土裂缝检测

裂缝检测根据裂缝出现的位置及走向，对裂缝产生的原因进行分析和判断，采用合理的方法对裂缝形状、宽度和深度等几何尺寸进行测量，可分为浅裂缝检测和深裂缝检测。

（1）浅裂缝检测　当结构混凝土裂缝开裂深度小于或等于500mm时，可用单向平测法或双向斜测法进行检测。当结构的裂缝部位只有一个可测表面时，可采用平测法检测。当结构裂缝部位有两个相互平行的测试表面时，可采用斜测法检测。

1）单向平测法。将仪器的发射换能器和接收换能器对称布置在裂缝两侧，如图7-3所示，其距离为L，超声波传播所需时间为t_0。再将换能器以相同距离L平置在完好的混凝土的表面，测得传播时间为t。裂缝的深度d_c的计算式为

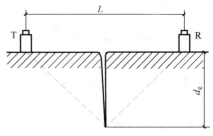

图 7-3　平测法检测裂缝深度

$$d_c = \frac{L}{2}\sqrt{\left(\frac{t_0}{t}\right)^2 - 1} \qquad (7\text{-}9)$$

式中　d_c——裂缝深度（mm）；

　　　t、t_0——测距为L时不跨缝、跨缝平测的声时值（μs）；

　　　L——平测时的超声传播距离（mm）。

实际检测时，可进行不同测距的多次测量，取得d_c的平均值作为该裂缝的深度值。

2）双面斜测法。将两个换能器分别置于对应测点的位置，如图7-4所示，读取相应声

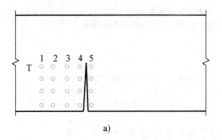

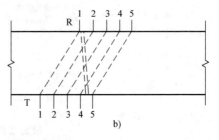

图 7-4　斜测法检测裂缝深度

a）立面图　b）平面图

时值 t_i、波幅值 A_i 和频率值 f_i。当两个换能器连线通过裂缝时，根据波幅、声时和频率的突变，可以判定裂缝的深度及是否在所处断面内贯通。检测时，在裂缝中不允许有积水或泥浆。

（2）深裂缝检测　对于大体积混凝土结构中预计深度在 500mm 以上深裂缝，采用平测法和斜测法不便检测时，可采用钻孔探测，如图 7-5 所示。

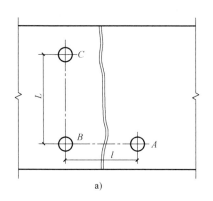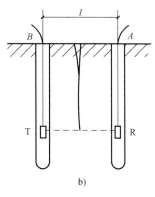

图 7-5　**钻孔检测裂缝深度**

a）平面图（C 为比较孔）　b）立面图

在裂缝两侧钻两孔，孔距宜为 2m。测试前向测孔中灌注清水作为耦合介质（coupling medium），将发射和接收换能器分别置入裂缝两侧的对应孔中，以相同高程（100～400mm）等距由上至下同步移动，在不同的深度上进行对测，逐点读取声时和波幅数据。绘制换能器的深度和对应波幅值的 d-A 曲线，如图 7-6 所示。波幅值随换能器下降的深度逐渐增大，当波幅达到最大并基本稳定的对应深度，便是裂缝深度 d_c。测试时，宜在裂缝一侧多钻一个孔径相同但较浅的孔 C（见图 7-5a），测试同样测距下无缝混凝土的声学参数，与裂缝部位的混凝土对比，进行判别。

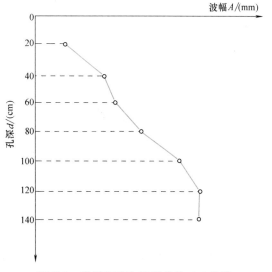

图 7-6　**裂缝深度和波幅值的 d-A 曲线**

钻孔探测鉴别混凝土质量的方法还被用于混凝土钻孔灌注桩的质量检测。采用换能器沿预埋的桩内管道进行对穿式检测，包括桩内混凝土的孔洞、蜂窝、疏松不密实，桩内泥砂或砾石夹层及可能出现断桩的部位。

2. 混凝土内部空洞缺陷的检测

超声波检测混凝土内部的空洞是根据各测点的声时、声速、波幅或频率值的相对变化，确定异常测点的坐标位置，从而判定缺陷的范围。对具有两对互相平行测试面的结构可采用对测法。在测区的两对相互平行的测试面上，分别画出等间距的网格（工业与民用建筑的网格间距为 100～300mm，其他大型结构物可适当放宽），并编号确定测点的位置，如图 7-7 所示。对只有一对相互平行测试面的结构可采用对测和斜测法，即在测区的两个相互平行的测试面上，分别画出网络线，可在对测的基础上进行交叉斜测。斜测法测点布置如图 7-8 所示。

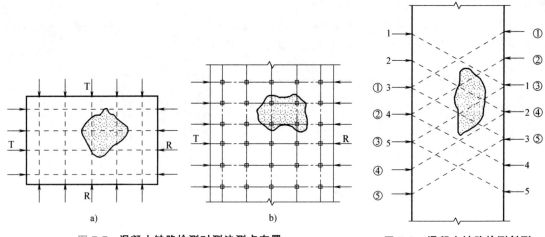

图 7-7　混凝土缺陷检测对测法测点布置
a）平面图　b）立面图

图 7-8　混凝土缺陷检测斜测
法测点布置

当结构测试距离较大时，可采用钻孔法或预埋管测法。在侧位预埋声测管或钻出竖向测试孔，预埋管内径或钻孔直径宜比换能器直径大 5 ~ 10mm，预埋管或钻孔间距宜为 2 ~ 3m，其深度可根据测试需要确定。钻孔法测点布置如图 7-9 所示。

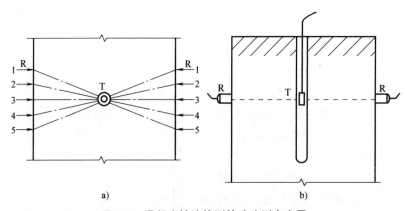

图 7-9　混凝土缺陷检测钻孔法测点布置

通过对比同条件混凝土的声学参量，可确定混凝土内部存在不密实区域和空洞的范围。

当被测部位混凝土只有一对可供测试的表面时，只能按空洞位于测距中心考虑，空洞尺寸可根据式（7-10）估算，如图 7-10 所示。

$$r = \frac{l}{2\sqrt{\left(\dfrac{t_\mathrm{h}}{m_\mathrm{ta}}\right)^2 - 1}} \qquad (7\text{-}10)$$

式中　r——空洞半径；

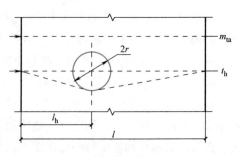

图 7-10　混凝土内部空洞尺寸估算

l——换能器之间的距离；

t_h——缺陷处的最大声时值；

m_{ta}——无缺陷区域的均声时值。

3. 混凝土表层损伤的检测

（1）测试方法 受火灾、冻害和化学侵蚀等混凝土结构的表面损伤，其损伤的厚度可采用表面平测法进行检测，原理如图 7-11 所示。布置换能器时，应将发射换能器在测试表面 A 点耦合后固定，然后将换能器 B 依次固定在间距为 30mm 的测点 1、2、3 等位置上，并测读相应的声时值 t_1、t_2、t_3 等，两换能器之间的距离 l_1、l_2、l_3 等，每一测区内不得少于 6 个测点，当损伤层厚度较大或不均匀时，应适当增加测点数。

按各点声时值及测距绘制混凝土表层的损伤层检测时-距曲线，如图 7-12 所示。由曲线可得声速所形成的转折点，该点前、后分别表示损伤和未损伤混凝土的 l 与 t 的回归直线方程。

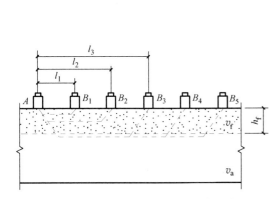

图 7-11 平测法检测混凝土表层损伤厚度原理

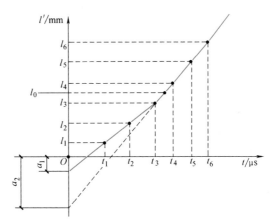

图 7-12 损伤层检测时-距曲线

（2）数据处理及判定

损伤混凝土的声速计算为

$$l_f = a_1 + b_1 t_f \qquad (7-11)$$

未损伤混凝土的声速计算为

$$l_a = a_2 + b_2 t_a \qquad (7-12)$$

式中 l_f——拐点前各测点的测距（mm），对应 l_1、l_2、l_3；

t_f——对应 l_1、l_2、l_3 的声时（μs）t_1、t_2、t_3；

l_a——拐点后各测点的测距（mm），对应 l_4、l_5、l_6；

t_a——对应于测距 l_4、l_5、l_6 的声时（μs）t_1、t_2、t_3；

a_1、b_1、a_2、b_2——回归系数，即损伤和未损伤混凝土直线的截距和斜率。

混凝土表面损伤层的厚度按下式计算

$$l_0 = \frac{(a_1 b_2 - a_2 b_1)}{(b_2 - b_1)} \qquad (7-13)$$

7-3 超声法现场检测试验

$$h_f = \frac{l_0}{2}\sqrt{\frac{b_2 - b_1}{b_2 + b_1}}$$

(7-14)

式中 h_f——损伤厚度（mm）。

7.2.4 钢筋检测（steel bar inspection）

1. 钢筋配置检测

对既有混凝土结构做可靠性诊断和对新建混凝土结构进行施工质量鉴定时，要求确定钢筋位置、布筋情况，正确测量混凝土保护层厚度和估测钢筋的直径。当采用钻芯法检测混凝土强度时，为在取芯部位避开钢筋，也要进行钢筋位置的检测。钢筋位置和保护层厚度的测定可采用磁感仪，目前常用的磁感仪有数字显示磁感仪或成像显示磁感仪。

2. 钢筋材质检测

对于已经埋在混凝土中的钢筋，目前尚不能通过无损检测方法来测定材料性能，也无法从构件外观形态来推断。对于既有结构的钢筋进行检测时，应注意搜集分析原始资料，包括原产品合格证和建造时的现场抽样试验记录等。若无原始资料或原始资料不足时，需要进行构件内截取钢筋试样。

3. 钢筋锈蚀检测

既有结构钢筋的锈蚀会导致混凝土保护层胀裂、剥落，钢筋有效截面削弱等结构破坏现象，直接影响结构承载能力和使用寿命。当对于既有结构进行结构鉴定和可靠度诊断时，必须对钢筋锈蚀进行检测。表7-9为常用钢筋锈蚀检测法。

表7-9 **常用钢筋锈蚀检测法**

检测法	检测内容
剔凿检测法	剔凿出钢筋直接测定钢筋的剩余直径
电化学测定法	可采用极化电极原理的检测方法,测定钢筋锈蚀电流和测定混凝土的电阻率,也可采用半电池原理的检测方法,测定钢筋的电位
综合分析判定法	检测的参数包括裂缝宽度、混凝土保护层厚度、混凝土强度、混凝土碳化深度、混凝土中有害物质含量及混凝土含水率等,综合判定钢筋的锈蚀状况

电化学测定方法的测区及测点布置应根据构件的环境差异及外观检查的结果来确定。测区应能代表不同环境条件和不同的锈蚀外观表征，每种条件的测区数量不宜少于3个。在测区上布置测试网格，网格节点为测点，网格可为200mm×200mm、300mm×300mm、200mm×100mm等，应根据构件尺寸和仪器功能而定。测区中的测点数不宜少于20个。测点与构件边缘的距离应大于50mm，测区应统一编号，注明位置，并描述其外观情况。

电化学测试结果的表达应按一定的比例绘出测区平面图，标出相应测点位置的钢筋锈蚀电位，得到数据阵列并绘出电位等值线图，通过数值相等各点或内插各等值点绘出等值线，等值线差值宜为100mV。

钢筋电位与钢筋锈蚀状况判别见表7-10。钢筋锈蚀电流与钢筋锈蚀状况判别见表7-11。混凝土电阻率与钢筋锈蚀状况判别见表7-12。

表 7-10 **钢筋电位与钢筋锈蚀状况判别**

钢筋电位/mV	钢筋锈蚀状况判别
−350~−500	钢筋发生锈蚀的概率为95%
−200~−350	钢筋发生锈蚀的概率为50%,可能存在坑蚀现象
≥−200	无锈蚀活动或锈蚀活动性不确定,锈蚀概率5%

表 7-11 **钢筋锈蚀电流与钢筋锈蚀状况判别**

锈蚀电流 I_{corr}($\mu A/cm^2$)	锈蚀速率	保护层出现损伤年限
<0.2	钝化状态	—
0.2~0.5	低锈蚀速率	>15 年
0.5~1.0	中等锈蚀速率	10~15 年
1.0~10	高锈蚀速率	2~10 年
>10	极高锈蚀速率	<2 年

表 7-12 **混凝土电阻率与钢筋锈蚀状况判别**

混凝土电阻率/kΩ·cm	钢筋锈蚀状况判别
>100	钢筋不会锈蚀
50~100	低锈蚀速率
10~50	钢筋活化时,可出现中高锈蚀速率
<10	电阻率不是锈蚀的控制因素

小贴士 电位差法测试步骤

通常,为了测定电位差,通过一块湿海绵使参比电极与混凝土试验板(作为腐蚀半电池)接触良好,进而把参比电极和钢筋接到一个高电阻的电压表上。将参比电极放置在混凝土表面的测量格内,并在每个格内测量电位差。

7.3 砌体结构现场检测技术

7.3.1 一般要求

砌体结构检测可分为砌筑块材、砌筑砂浆、砌体强度、砌筑质量与构造、变形与损伤等几项检测工作。

1. 砌体强度(masonry strength)

砌体强度可采用取样的方法或现场原位的方法检测。取样法是从砌体中截取试件,在实验室测定试件的强度。原位法是在现场测试砌体的强度。

砌体强度的取样检测应遵守下列规定:

1)取样检测不得构成结构或构件的安全问题。

2)试件的尺寸和强度测试方法应符合《砌体基本力学性能试验方法标准》(GB/T 50129—2011)的规定。

3）取样操作宜采用无振动的切割方法，试件数量应根据检测目的确定。

4）测试前应对取样过程中造成的试件局部的损伤予以修复，严重损伤的样品不得作为试件。

5）砌体强度的推定，可按《建筑结构检测技术标准》（GB/T 50344—2019）确定砌体强度均值的推定区间；当砌体强度标准值的推定区间不满足要求时，也可按试件测试强度的最小值确定砌体强度的标准值，此时试件的数量不得少于3件，也不宜大于6件，且不应进行数据的舍弃。

烧结普通砖砌体的抗压强度，可采用扁式液压顶法或原位轴压法检测。烧结普通砖砌体的抗剪强度，可采用双剪法或原位单剪法检测。

2. 砌筑质量与构造（masonry quality and construction）

砌筑构件的砌筑质量检测可分为砌筑方法、灰缝质量、砌体偏差和留槎及洞口等项目。砌体结构的构造检测可分为砌筑构件的高厚比、梁垫、壁柱、预制构件的搁置长度、大型构件端部的锚固措施、圈梁、构造柱或芯柱、砌体局部尺寸及钢筋网片和拉结筋等项目。砌筑质量与构造检测见表7-13。既有砌筑构件砌筑方法、留槎、砌筑偏差和灰缝质量等，可采取剔凿表面抹灰的方法检测。当构件砌筑质量存在问题时，可降低该构件的砌体强度。

表 7-13　**砌筑质量与构造检测**

检测项目	检测内容
砌筑方法	检测上、下错缝，内外搭砌等是否符合要素
灰缝质量	分为灰缝厚度、灰缝饱满程度和平直程度等项目。其中灰缝厚度的代表值应按10皮砖砌体高度折算
砌体偏差	分为砌筑偏差和放线偏差。对于无法准确测定构件轴线绝对位移和放线偏差的既有结构，可测定构件轴线的相对位移或相对放线偏差
拉结筋间距	应取2~3个连续间距的平均间距作为代表值
高厚比	应取构件厚度的实测值
梁垫	跨度较大的屋架和梁支承面下的垫块和锚固措施，可采用剔除表面抹灰的方法检测
预制构件搁置长度	预制钢筋混凝土板的支承长度，可采用剔凿楼面面层及垫层的方法检测
过梁设置状况	跨度较大门窗洞口的混凝土过梁的设置状况，可通过测定过梁钢筋状况判定，也可采取剔凿表面抹灰的方法检测
墙梁构造	砌体墙梁的构造，可采取剔凿表面抹灰和用尺测量的方法检测

3. 变形与损伤（deformation and damage）

砌体结构变形与损伤的检测可分为裂缝、倾斜、基础不均匀沉降、环境侵蚀损伤、灾害损伤及人为损伤等项目。

砌体结构裂缝的检测应遵守下列规定：

1）对于结构或构件上的裂缝，应测定裂缝的位置、裂缝长度、裂缝宽度和裂缝的数量。

2）必要时应剔除构件抹灰确定砌筑方法、留槎、洞口、线管及预制构件对裂缝的影响。

3）对于仍在发展的裂缝应进行定期的观测，提供裂缝发展速度的数据。

砌筑构件或结构的倾斜，宜区分倾斜中砌筑偏差造成的倾斜、变形造成的倾斜、灾害造成的倾斜等。

对砌体结构受到的损伤进行检测时，应确定损伤对砌体结构安全性的影响。对于不同原因造成的损伤可按下列规定进行检测：

1）环境侵蚀损伤应确定侵蚀源、侵蚀程度和侵蚀速度。

2）冻融损伤应测定冻融损伤深度、面积，检测部位宜为檐口、房屋的勒脚、散水附近和出现渗漏的部位。

3）火灾等造成的损伤应确定灾害影响区域和受灾害影响的构件，确定影响程度。

4）人为的损伤应确定损伤程度。

7.3.2 砌体结构检测准备（preparation of masnry structure inspeetion）

在进行砌体结构检测时，首先根据调查结果和检测目的、内容和范围，选择一种或数种检测方法（砌体强度检测方法见表 7-14），然后划分检测单元和确定测区。检测单元（detection unit）是指受力性质相似或结构功能相同的同一类构件的集合。将一个或若干个可以独立分析的结构单元作为检测单元，每一结构单元划分为若干个检测单元。一个测区（survey area）能够独立地产生一个强度代表值（或推定强度值），这个子集必须具有一定的代表性。一个检测单元内，不宜少于 6 个测区，应将单个构件（单片墙体、柱）作为一个测区。当检测单元构件不足 6 个时，应将每个构件作为一个测区。

表 7-14 砌体强度检测方法

序号	检测方法	特点	用途	限制条件
1	原位轴压法	①属原位检测，直接在墙体上检测，检测结果综合反映了材料质量和施工质量； ②直观性、可比性强； ③设备较重； ④检测部位有较大局部破损	①检测普通砖和多孔砖砌体的抗压强度； ②火灾、环境侵蚀后的砌体剩余抗压强度	①槽间砌体每侧的墙体宽度不应小于 1.5m，测点宜选在墙体长度方向的中部； ②限用于 240mm 砖墙
2	扁顶法	①属原位检测，直接在墙体上检测，检测结果综合反映了材料质量和施工质量； ②直观性、可比性较强； ③扁顶重复使用率较低； ④砌体强度较高或轴向变形较大时，难以测出抗压强度； ⑤设备较轻； ⑥检测部位有较大局部破损	①检测普通砖和多孔砖砌体的抗压强度； ②检测古建筑和重要建筑的受压工作应力； ③检测砌体弹性模量； ④火灾、环境侵蚀后的砌体剩余抗压强度	①槽间砌体每侧的墙体宽度不应小于 1.5m；测点宜选在墙体长度方向的中部； ②不适用于测试墙体破坏荷载大于 400kN 的墙体

（续）

序号	检测方法	特点	用途	限制条件
3	切制抗压试件法	①属取样检测,检测结果综合反映了材料质量和施工质量; ②试件尺寸与标准抗压试件相同,直观性、可比性较强; ③设备较重,现场取样时有水污染; ④取样部位有较大局部破损,需切割、搬运试件; ⑤检测结果不需换算	①检测普通砖和多孔砌体的抗压强度; ②火灾、环境侵蚀后的砌体剩余抗压强度	取样部位每侧的墙体宽度不应小于1.5m,且应为墙体长度方向的中部或受力较小处
4	原位单剪法	①属原位检测,直接在墙体上检测,检测结果综合反映了材料质量和施工质量; ②直观性强; ③检测部位有较大局部破损	检测各种砌体的抗剪强度	测点宜选在窗下墙部位,且承受反作用力的墙体应有足够长度
5	原位双剪法	①属原位检测,直接在墙体上检测,检测结果综合反映了材料质量和施工质量; ②直观性强; ③设备较轻; ④检测部位局部破损	检测烧结普通砖和烧结多孔砖砌体的抗剪强度	—
6	推出法	①属原位检测,直接在墙体上测试,检测结果综合反映了材料质量和施工质量; ②设备较轻便; ③检测部位局部破损	检测烧结普通砖、烧结多孔砖、蒸压灰砂砖或蒸压粉煤灰砖墙体的砂浆强度	当水平灰缝的砂浆饱满度低于65%时,不宜选用
7	筒压法	①属取样检测; ②仅需利用一般混凝土实验室的常用设备; ③取样部位局部破损	检测烧结普通砖和多孔砖墙体中的砂浆强度	—
8	砂浆片剪切法	①属取样检测; ②专用的砂浆强度仪和其标定仪,较为轻便; ③试验工作较简便; ④取样部位局部破损	检测烧结普通砖墙体和烧结多孔砖墙体中的砂浆强度	—
9	砂浆回弹法	①属原位无损检测,测区选择不受限制; ②回弹仪有定型产品,性能较稳定,操作简便; ③检测部位的装修面层仅局部损伤	①检测烧结普通砖和烧结多孔砖墙体中的砂浆强度; ②主要用于砂浆强度均质性检查	①不适用于砂浆强度小于2MPa的墙体; ②水平灰缝表面粗糙且难以磨平时,不得采用
10	点荷法	①属取样检测; ②测试工作较简便; ③取样部位局部损伤	检测烧结普通砖和烧结多孔砖墙体中的砂浆强度	不适用于砂浆强度小于2MPa的墙体

（续）

序号	检测方法	特点	用途	限制条件
11	砂浆片局压法	①属取样检测； ②局压仪有定型产品,性能较稳定,操作简便； ③取样部位局部损伤	检测烧结普通砖和烧结多孔砖墙体中的砂浆强度	适用范围限于：水泥石灰砂浆强度为 1~10MPa；水泥砂浆强度为 1~20MPa
12	砖回弹法	①属原位无损检测,测区选择不受限制； ②回弹仪有定型产品性能较稳定,操作简便； ③检测部位的装修面层仅局部损伤	检测普通砖和烧结多孔砖墙体中的砖强度	适用范围限于 6~30MPa

各种检测方法的测点数，应符合下列要求：①原位轴压法、扁顶法、切制抗压试件法、原位单剪法、筒压法测点数不应少于 1 个；②原位双剪法、推出法测点数不应少于 3 个；③砂浆片剪切法、砂浆回弹法、点荷法、砂浆片剪切法、烧结砖回弹法测点数不应少于 5 个。

7.3.3　砂浆强度检测（mortar strength inspection）

1. 回弹法（rebound method）

回弹法是根据砂浆表面硬度推断砌筑砂浆立方体抗压强度的一种检测方法。砂浆强度回弹法与混凝土强度回弹法的原理基本相同，即用回弹仪检测砂浆表面硬度，用酚酞试剂检测砂浆碳化深度，以此两项指标换算砂浆强度。该法所使用的砂浆回弹仪也与混凝土回弹仪相似。操作砂浆回弹仪时应注意回弹仪轴线与混凝土测试面始终垂直，用力均匀缓慢，扶正对准测试面，慢推进，快读数。

2. 筒压法（column compression method）

筒压法适用于推定烧结普通砖墙中砌筑砂浆的强度，不适用于推定遭受火灾、化学侵蚀等砌筑砂浆的强度。检测时，应从砖墙中抽取砂浆试样，在实验室内进行筒压荷载试验，检测筒压比，然后换算为砂浆强度。

筒压法的主要检测设备为承压筒（见图 7-13，可用普通碳素钢或合金钢自行制作），压力试验机或万能试验机、砂摇筛机，标准砂石筛（包括筛盖和底盘），托盘天平。筒压法检

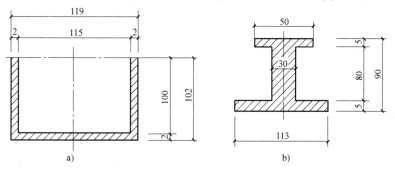

图 7-13　**承压筒构造**

a）承压筒剖面　b）承压盖剖面

测砂浆强度流程如图 7-14 所示。

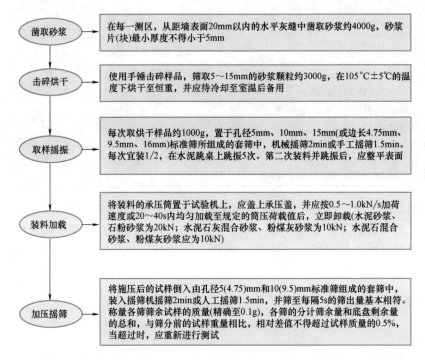

图 7-14　筒压法检测砂浆强度流程

根据某测区砂浆的强度值和平均值，要得到砂浆强度标准值还应进行强度推定。当检测结果的变异系数大于 0.35 时，应分析检测结果离散性较大的原因，如果为检测单元划分不当，宜重新划分，并可增加测区数进行补测，然后重新推定。

当遇到砌筑砂浆不饱满的情况时，应考虑因砂浆不饱满造成的设计强度折减。当砂浆饱满度为 50% 时，对应的折减系数为 0.60；当砂浆饱满度为 75% 时，对应的折减系数为 0.97。当砂浆不饱满程度介于上述给定值之间时，可按线性插值法计算相应的折减系数。

7.3.4　砌体强度检测（masonry strength inspection）

砌体强度可采用取样方法或者现场原位的方法测试。砌体强度的取样检测不能构成结构或构件的安全问题。试样的尺寸和强度测试方法应符合《砌体基本力学性能试验方法标准》的规定。取样操作宜采用无振动的切割方法，试样数量应根据检测目的确定。测试前应对试件局部的损伤予以修复，严重损伤的样品不得作为试件。砌体强度现场检测的方法主要有原位轴压法、扁顶法、原位单剪法和原位双剪法。

1. 原位轴压法（in-situ axial compression method）

本方法适用于推定 240mm 厚普通砖砌体或多孔砖砌体的抗压强度。检测部位应具有代表性，并应符合下列规定：①宜在墙体中部距楼、地面 1m 左右的高度处，槽间砌体每侧的墙体宽度不应小于 1.5m；②同一墙体上，测点不宜多于 1 个，且宜选在沿墙体长度中间部位，多于 1 个时，水平净距不得小于 2.0m；③检测部位不得选在挑梁下、应力集中部位及墙梁的墙体计算高度范围内。

2. 扁顶法（flat jack method）

扁顶法除了能推定普通砖砌体或多孔砖砌体的抗压强度外，还能对砌体的实际受压工作应力和弹性模量进行测定。检测时应首先选择适当的检测位置，其选择方法与原位轴压法相同。

3. 原位单剪法（in-situ single shear method）

原位单剪法适用于推定砖砌体沿通缝截面的抗剪强度。检测部位宜选在窗洞口或其他洞口下三皮砖范围内，将试验区取 L（370~490mm）长一段，两边凿通、齐平，加压面坐浆找平，加压用千斤顶，受力支承面要加钢垫板，逐步施加推力。原位单剪法检测砂浆强度流程如图 7-15 所示。

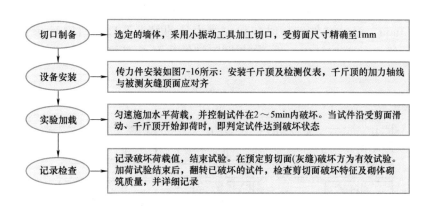

图 7-15　**原位单剪法检测砂浆强度流程**

检测设备包括螺旋千斤顶或卧式液压千斤顶、荷载传感器及数字荷载表等（见图 7-16）。试件的预估破坏荷载值应为千斤顶、传感器最大测量值的 20%~80%。检测前，应标定荷载传感器及数字荷载表，其示值相对误差不应大于 2%。

4. 原位双剪法（in-situ double shear method）

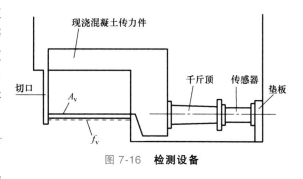

图 7-16　**检测设备**

原位双剪法包括原位单砖双剪法和原位双砖双剪法。原位单砖双剪法适用于推定砌体的抗剪强度。原位双砖双剪法仅适用于推定 240mm 厚墙的砖砌体的抗剪强度。

测点的选择应符合下列规定：①每个测区随机布置的 n_1 个测点，对原位单砖双剪法，在墙体两面的数量宜接近或相等；②试件两个受剪面的水平灰缝厚度应为 8~12mm；③不应布设测点的部位包括门、窗洞口侧边 120mm 范围内，后补的施工洞口和经修补的砌体，独立砖柱。同一墙体的各测点之间，水平方向净距不应小于 1.5m，垂直方向净距不应小于 0.5m，且不应在同一水平位置或纵向位置。

原位剪切仪的主机为一个附有活动承压钢板的小型千斤顶。安放原位剪切仪主机的孔洞，应开在墙体边缘的远端或中部。当采用带有上部压应力作用的试验方案时，应清除四周的灰缝，制备出安放主机的孔洞，其截面尺寸不得小于 115mm× 65mm，多孔砖砌体不得小于 115mm×110mm，掏空、清除剪切试件另一端的竖缝。当采用释放试件上部压应力 σ 的试验方案时，尚应按图 7-17 所示掏空试件顶部两皮砖之上的一条水平灰缝，掏空范围由剪切试件两端向上按 45°角扩散至灰缝，掏空长度应大于 620mm，深度应大于240mm，试件两端的灰缝应清理干净。开凿清理过程中，严禁扰动试件。如发现被推砖块有明显缺棱掉角或上、下灰缝有明显松动现象时，应舍去该试件。被推砖的承压面应平整，如不平时应用扁砂轮等工具磨平。将剪切仪主机放入开凿好的孔洞中，使仪器的承压板与试件的砖块顶面重合，仪器轴线与砖块轴线吻合。若开凿孔洞过长，在仪器尾部应另加垫块。

匀速施加水平荷载，直至试件和砌体之间出现相对位移，试件达到破坏状态。加载的全过程宜为 1～3min。记录试件破坏时剪切仪测力计的最大读数，精确至 0.1 个分度值。采用无量纲指示仪表的剪切仪时，尚应按剪切仪的校验结果换算成以 N 为单位的破坏荷载。

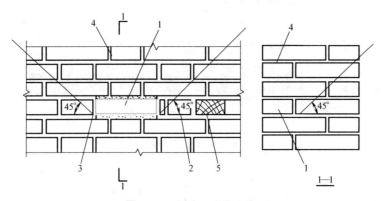

图 7-17　**释放 σ 方案示意**

1—剪切试件　2—剪切仪主机　3—掏空的竖缝　4—掏空水平缝　5—垫块

7.3.5　砌体结构裂缝分级（classification of cracks in masonry structures）

砌体构件在各种荷载作用下，由于受压、局部承压、受弯、受剪等原因而产生的裂缝称为受力裂缝。由于温度、收缩变形、地基不均匀沉降等原因而引起的裂缝称为变形裂缝。根据裂缝发生的构件、部位、形状和分布，经分析和验算判别其性质，按变形裂缝和受力裂缝进行评定等级，分为 A、B、C、D 四级，见表 7-15 和表 7-16。

表 7-15　**砌体变形裂缝分级标准**

构件	级别			
	A	B	C	D
墙	无	墙体产生微裂缝,裂缝宽度<1.5mm	墙体开裂较严重,裂缝宽度1.5～10mm	墙体裂缝严重,最大裂缝>10mm
柱	无	无	柱截面出现水平裂缝缝宽小于1.5mm且未贯通柱截面	柱断裂,或产生水平错动

注：本表仅适用于黏土砖、硅酸盐砖及粉煤灰砖砌体。

表 7-16　**砌体受力裂缝分级标准**

构件	级别			
	A	B	C	D
墙	无	非主要受力部位砌体产生局部轻微裂缝	主要受力部位砌体产生肉眼可见的竖向裂缝,或墙体产生未贯通的斜裂缝,砌体出现个别竖向肉眼可见微裂缝	出现下列情况之一即属此级:①主要受力部位产生宽度大于 0.1mm 的多条或贯通数皮砖的竖向裂缝;②墙体产生基本贯通的斜裂缝;③出现水平弯曲裂缝;④砌体出现宽度为大于 0.1mm 的多条或贯通数皮砖的竖向裂缝或出现水平错位裂缝
柱				
过梁	无	过梁砌体出现轻微裂缝	出现不大于 0.4mm 的垂直裂缝或出现较严重的斜裂缝	出现下列情况之一即属此级:①跨中出现大于 0.4mm 竖向裂缝;②出现基本贯通断面全高的斜裂缝;③支承过梁的墙体出现剪切裂缝;④过梁出现不允许变形

7.4　钢结构现场检测技术

7.4.1　一般要求

钢结构的检测可分为钢结构材料性能、连接、构件的尺寸与偏差、变形与损伤、构造及涂装等多项检测工作。必要时,可进行结构或构件性能的实际荷载检验或结构的动力测试。

1. 钢材（steel）

对结构构件钢材的力学性能检验可分为屈服点、抗拉强度、伸长率、冷弯和冲击功等项目。钢材力学性能检验试件的取样数量、取样方法、试验方法和评定标准应符合表 7-17 的规定。

表 7-17　**材料力学性能检验项目和方法**

检验项目	取样数量/(个/批)	试验方法	评定标准
屈服点、抗拉强度、伸长率	1	《金属材料 拉伸试验　第 1 部分:室温试验方法》(GB/T 228.1—2010)	《碳素结构钢》(GB/T 700—2006)《低合金高强度结构钢》(GB/T 1591—2018)其他钢材产品标准
冷弯	1	《金属材料 弯曲试验方法》(GB/T 232—2010)	
冲击功	3	《金属材料　夏比摆锤冲击试验方法》(GB/T 229—2020)	

钢材化学成分的分析,可根据需要进行全成分分析或主要成分分析。钢材化学成分的分析每批钢材可取一个试样。取样和试验应分别按现行《钢铁及合金化学分析方法》系列标准执行,并应按相应产品标准进行评定。

既有钢结构钢材的抗拉强度,可采用表面硬度法检测。应用表面硬度法检测钢结构钢材抗拉强度时,应有取样检验钢材抗拉强度的验证。锈蚀钢材或受到火灾等影响钢材的力学性能,可采用取样的方法检测;对试样的测试操作和评定,可按相应钢材产品标准的规定进行,在检测报告中应明确说明检测结果的适用范围。

2. 连接

钢结构的连接质量与性能的检测可分为焊接连接、焊钉（栓钉）连接、螺栓连接、高强螺栓连接等项目的检测。对设计上要求全焊透的一、二级焊缝和设计上没有要求的钢材等强对焊拼接焊缝的质量，可采用超声波探伤的方法检测。对钢结构工程的所有焊缝都应进行外观检查；对既有钢结构检测时，可采取抽样检测焊缝外观质量的方法，也可采取按委托方指定范围抽查的方法。焊缝的外形尺寸和外观缺陷检测方法和评定标准，应按《钢结构工程施工质量验收标准》（GB 50205—2020）确定。

7-4 高强螺栓检测仪

焊接接头的力学性能，可采取截取试样的方法检验，但应采取措施确保安全。焊接接头力学性能的检验分为拉伸、面弯和背弯等项目，每个检验项目可各取 2 个试样。焊接接头的取样和检验方法应按《焊接接头弯曲试验方法》（GB/T 2653—2008）和《焊接接头拉伸试验方法》（GB/T 2651—2008）等确定。焊接接头焊缝的强度不应低于母材强度的最低保证值。

当对钢结构工程质量进行检测时，可抽样进行焊钉焊接后的弯曲检测，抽样数量不应少于 A 类检测的要求。检测方法与评定标准：锤击焊钉头使其弯曲至 30°，焊缝和热影响区没有肉眼可见的裂纹可判为合格。

对扭剪型高强度螺栓连接质量，可检查螺栓端部的梅花头是否已拧掉，除因构造原因无法使用专用扳手拧掉梅花头者外，未在终拧中拧掉梅花头的螺栓数不应大于该节点螺栓数的5%。对高强度螺栓连接质量的检测，可检查外露丝扣，丝扣外露应为 2 扣或 3 扣，允许有10%的螺栓丝扣外露 1 扣或 4 扣。

> **小贴士　焊接缺陷种类**
>
> 焊接缺陷是指焊接接头部位在焊接过程中形成的缺陷。焊接缺陷包括气孔、夹渣、烧穿、未熔合、裂纹、凹坑、咬边、焊瘤等。常见焊缝外观质量缺陷见表 7-18，部分焊接缺陷可参考图 7-18。

表 7-18　常见焊缝外观质量缺陷

名称	说　明
气孔	焊条熔合物表面存在的人眼可辨的小孔
夹渣	焊条熔合物表面存在有熔合物锚固着的焊渣
烧穿	焊条熔化时把焊件底面熔化,熔合物从底面两焊件缝隙中流出形成焊瘤的现象
焊瘤	焊缝表面存在多余的像瘤一样的焊条熔合物
咬边	焊条熔化时把焊件过分熔化,使焊件截面受到损伤的现象
未熔合	焊条熔化时没有把焊件熔化,焊件与焊条熔合物没有连接或连接不充分的现象
裂纹	焊接过程中或焊后,在焊接应力及其他致脆因素作用下,焊接接头或热影响区金属原子结合力遭到破坏而形成新的界面所产生的缝隙

3. 尺寸与偏差（dimension and deviation inspection）

尺寸检测的范围：应检测所抽样构件的全部尺寸，每个尺寸在构件的 3 个部位测量，取3 处测试值的平均值作为该尺寸的代表值。尺寸可按相关产品标准的规定测量，其中钢材的

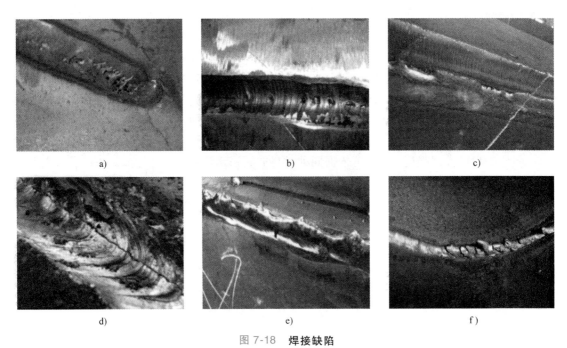

图 7-18　**焊接缺陷**

a) 气孔　b) 夹渣　c) 未熔合　d) 裂纹　e) 咬边　f) 焊瘤

厚度可用超声测厚仪测定。钢构件的尺寸偏差应以设计图规定的尺寸为基准计算尺寸偏差，偏差的允许值应按《钢结构工程施工质量验收标准》（GB 50205—2020）确定。

4. 缺陷、损伤与变形（defect, damage and deformation）

钢材外观质量的检测可分为均匀性，是否有夹层、裂纹、非金属夹杂和明显的偏析等项目。当对钢材的质量有疑问时，应对钢材原材料进行力学性能检验或化学成分分析。对钢结构损伤的检测可分为裂纹、局部变形、锈蚀等项目。钢材裂纹，可采用观察法和渗透法检测。采用渗透法检测时，应用砂轮和砂纸将检测部位的表面及其周围 20mm 范围内打磨光滑，不得有氧化皮、焊渣、飞溅、污垢等；用清洗剂将打磨表面清洗干净，干燥后喷涂渗透剂，渗透时间不应少于 10min；然后用清洗剂将表面多余的渗透剂清除；最后喷涂显示剂，停留 10～30min 后，观察是否有裂纹显示。杆件的弯曲变形和板件凹凸等变形情况，可用观察和尺量的方法检测，测量出变形的程度。变形评定，应按《钢结构工程施工质量验收标准》的规定执行。螺栓和铆钉的松动或断裂，可采用观察或锤击法检测。

5. 结构性能实荷检验与动测

对于大型复杂钢结构体系可进行原位非破坏性实荷检验，直接检验结构性能。对结构或构件的承载力有疑问时，可进行原型或足尺模型荷载试验。试验应委托具有足够设备能力的专门机构进行。试验前应制订详细的试验方案，包括试验目的、试件的选取或制作、加载装置、测点布置和测试仪器、加载步骤及试验结果的评定方法等。

7.4.2　钢材强度检测（steel strength inspection）

钢材强度测定最理想的方法是在结构上截取试样，由拉伸试验确定相应的强度指标。但这样会损伤结构，影响结构的正常工作，并需要对结果进行补强。一般采用表面硬度法间接推断钢材强度。

表面硬度法主要是利用布氏硬度计测定（见图 7-19），该检测方法适用于估算结构中钢材抗拉强度的范围，不能准确推定钢材的强度。测试前，对构件测试部位的处理，可用钢锉打磨构件表面，除去表面锈斑、油漆，然后应分别用粗、细砂纸打磨构件表面，直至露出金属光泽。在测试时，构件及测试面不得有明显的颤动。

测定钢材的极限强度 f 后，可依据同种材料的屈强比计算得到钢材的屈服强度（yield strength）。

另外，根据钢材中各化学成分可以粗略估算碳素钢强度。计算公式为

$$\sigma_b = 285 + 7\omega(C) + 0.06\omega(Mn) + 7.5\omega(P) + 2\omega(Si) \quad (7\text{-}15)$$

式中　$\omega(C)$、$\omega(Mn)$、$\omega(P)$、$\omega(Si)$——钢材中碳、锰、磷、硅元素的含量，以 0.01% 为计量单位。

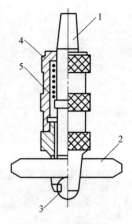

图 7-19　**测量钢材硬度的布氏硬度计**

1—纵轴　2—标准棒　3—钢珠　4—外壳　5—弹簧

7.4.3　钢材和焊缝缺陷检测（defect inspection of steel and weld）

钢材损伤、焊缝缺陷检测可采用超声法、磁粉探伤法、射线探伤法、渗透法和涡流探伤法等。相比其他方法，超声法检测更加适用于现场检测钢材和焊缝缺陷。

超声法（ultrasonic method）检测钢材和焊缝缺陷的工作原理与检测混凝土内部缺陷相同，试验时较多采用脉冲反射法。超声波脉冲经换能器发射进入被测材料传播时，当通过构件材料表面、内部缺陷和构件底面时，会产生部分反射，这些超声波各自往返的路程不同，回到换能器时间不同，在超声波探伤仪的示波屏幕上分别显示出各界面的反射波及其相对的位置，分别称为始脉冲、伤脉冲和底脉冲，如图 7-20 所示。由缺陷反射波与始脉冲和底脉冲的相对距离可确定缺陷在构件内的相对位置。如果材料完好内部无缺陷时，则显示屏上只有始脉冲和底脉冲，不出现伤脉冲。

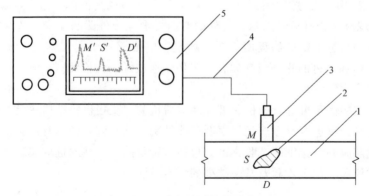

7-5　手持式数字超声探伤仪

图 7-20　**直探头测钢材缺陷**

1—试件　2—缺陷　3—探头　4—电缆　5—探伤仪　M'—表面反射　S'—缺陷反射　D'—底面反射

焊缝内部缺陷检测常用斜向换能器探头检测。如图 7-21 所示，用三角形标准试块经比

较确定内部缺陷的位置。当在构件焊缝内探测到缺陷时，记录换能器在构件上的位置 l 和缺陷反射波在显示屏上的相对位置，然后将换能器移到三角形标准试块的斜边上进行相对移动，使反射脉冲与构件焊缝内的缺陷脉冲重合，当三角形标准试块的 α 角与斜向换能器超声波和折射角相同时，量取换能器在三角形标准试块上的位置 L，缺陷的深度 h 为

$$l = L\sin^2\alpha \tag{7-16}$$

$$h = L\sin\alpha\cos\alpha \tag{7-17}$$

由于钢材密度比混凝土大得多，为了能够检测钢材或焊缝较小的缺陷，常用的工作频率为 0.5~2MHz，比混凝土检测时的工作频率高。

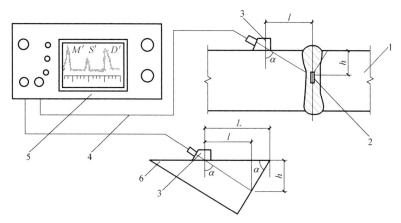

图 7-21　**斜探头探测缺陷位置**
1—试件　2—缺陷　3—探头　4—电缆　5—探伤仪　6—三角形标准试块

7.4.4　钢结构性能的静力荷载检验（static load test of the steel structure performance）

钢结构性能的静力荷载检验可分为使用性能检验、承载力检验和破坏性检验。使用性能检验和承载力检验的对象为实际的结构或构件，或者是足尺寸的模型。破坏性检验的对象为不再使用的结构构件或足尺寸模型。

检验装置和设备，应能模拟结构实际荷载的大小和分布，并反映结构或构件的实际工作状态。检验的荷载应分级加载，在每级加载后应保持足够的静止时间，并检查构件是否存在断裂、屈服、屈曲的迹象。变形测试应考虑支座沉降变形的影响，正式检验前。加载过程中应记录荷载变形曲线，当曲线表现出明显非线性时，应减小荷载增量。达到使用性能或承载力检验的最大荷载后，测其荷载和变形值，直到变形值不再明显增加为止。然后分级卸载，在每一级荷载和卸载全部完成后测取变形值。

当检验用模型的材料与所模拟结构或构件的材料性能有差别时，应进行材料性能的检验。

以上只适用于普通钢结构性能的静力荷载检验，不适用于冷弯型钢和压型钢板以钢-混组合结构性能和普通钢结构疲劳性能的检验。

1. 使用性能检验

使用性能检验可以用于证实结构或构件在规定荷载的作用下不出现过大的变形和损伤，经过检验且满足要求的结构或构件应能正常使用。检验的荷载为实际自重×1.0+其他恒载×

1.15+可变荷载×1.25。经检验的结构或构件荷载-变形曲线宜基本为线性关系。卸载后残余变形不应超过所记录到最大变形值的 20%。当不满足要求时，可重新进行检验。第二次检验中的荷载-变形应基本上呈现线性关系，新的残余变形不得超过第二次检验中所记录到最大变形的 10%。

2. 承载力检验

承载力检验用于证实结构或构件的设计承载力。承载力检验的荷载应采用承载力极限状态（ultimate satate of bearing capacity）下永久作用和可变作用适当组合的效应设计值。在检验荷载作用下，结构或构件的任何部分不应出现屈曲破坏或断裂破坏。卸载后结构或构件的变形应至少减少 20%，表明承载力满足要求。

3. 破坏性检验

破坏性检验用于确定结构或模型的实际承载力（actual bearing capacity）。进行破坏性检验前宜先进行设计承载力的检验，并根据检验情况估算被检验结构的实际承载力。破坏性检验的加载应先分级加到设计承载力的检验荷载，根据荷载-变形曲线确定随后的加载增量，然后加载到不能继续加载为止，此时的承载力即结构的实际承载力。

7.4.5 钢结构动力特性检验（inspection of dynamic characteristics of steel structures）

1. 一般规定

通过测试结构动力输入处和响应处的应变、位移、速度或加速度等时程信号，可获取钢结构的自振频率、模态振型、阻尼等结构动力性能参数。

以下类型钢结构需进行结构动力特性进行检测：①需要进行抗震、抗风、工作环境或其他激励下的动力响应计算的结构；②需要通过动力参数进行结构损伤识别和故障诊断的结构；③在某种动力作用下，局部动力响应过大的结构。

2. 检测设备

在进行检测设备的选择时，要考虑满足以下要求：

1）应根据被测参数选择合适的位移计、速度计、加速度计和应变计，被测频率应落在传感器的频率响应范围内。

2）检测前应根据被测参数预估的最大幅值，选择合适的传感器和动态信号测试仪的量程范围，并提高输出信号的信噪比。

3）动态信号测试仪应具备低通滤波，低通滤波截止频率应小于采样频率的 0.4 倍，并防止信号发生频率混淆。

4）动态信号测试系统的精度、分辨率、线性度、时漂等参数应符合国家现行有关标准的要求。

3. 检测技术

检测前应根据检测目的制订检测方案，必要时应进行计算。根据方案准备适合的信号测试系统。

钢结构动力特性检测可采用脉动法。对于仅需获得结构基本模态的结构，可采用初始位移法、重物撞击法等方法，如结构模态密集或结构特别重要且条件许可时，可采用稳态正弦激振方法或频率扫描法。对于大型复杂结构宜采用多点激励法。对于单点激励法测试结果，必要时可采用多点激励法进行校核。

在进行传感器安装时，应确定传感器的安装位置和安装方式，安装时宜避开振型节点和反节点处，且注意安装谐振频率要远高于测试频率。当进行结构动力特性测试作业时，应保证不产生对结构性能有明显影响的损伤，也应避免环境对测试系统的干扰。

4. 检测数据分析

数据处理前，应对记录的信号进行零点漂移、波形和信号起始相位的检验。必要时，可对记录的信号进行截断、去直流、积分、微分和数字滤波等信号预处理。

根据激励方式和结构特点，可选择时域、频域方法或小波分析等信号处理方法。当采用频域方法进行数据处理时，宜根据信号类型选择不同的窗函数处理。

检测数据处理后，应根据需要提供所测结构的自振频率、阻尼比和振型，以及动力反应最大幅值、时程曲线、频谱曲线等分析结果。

7.4.6　钢结构防火涂层厚度的检测 （inspection of the thickness of fire-resistive coatings for steel structures）

钢材作为建筑材料在防火方面存在一些难以避免的缺陷，它的机械性能（如屈服点、抗拉强度及弹性模量等）会因温度的升高而急剧下降。要使钢结构材料在实际应用中克服防火方面的不足，必须进行防火处理，其目的就是将钢结构的耐火极限提高到设计规范规定的范围，较为常用的方法是在其表层涂抹防火涂料。

薄涂型防火涂料涂层表面裂纹宽度不应大于 0.5mm，涂层厚度应符合有关耐火极限的设计要求；厚涂型防火涂料涂层表面裂纹宽度不应大于 1.0mm，其涂层厚度应有 80% 以上的面积符合耐火极限的设计要求，且最薄处厚度不应低于设计要求的 85%。

防火涂料涂层厚度测定方法如下。

1. 厚度测量仪 （thickness gauge）

厚度测量仪又称测针，由针杆和可滑动的圆盘组成，圆盘始终保持与针杆垂直，并在其上装有固定装置，圆盘直径不大于 30mm，以保证完全接触被测试件的表面。测试时，将测厚探针（见图 7-22）垂直插入防火涂层直至钢基材表面上，记录标尺读数。

2. 测点选定

当进行楼板和防火墙的防火涂层厚度测定时，可选两相邻纵、横轴线相交的面积为一个单元，在其对角线上，按每米长度选一点进行测试。当进行全钢框架结构的梁和柱的防火涂层厚度测定时，在构件长度内每隔 3m 取一截面，按图 7-23 所示位置测试。当进行桁架结构的上弦和下弦测定时，每隔 3m 取一截面检测，其他腹杆每根取一截面检测。

3. 测量结果

对于楼板和墙面，在所选择的面积中至少测出 5 个点；对于梁和柱，在所选择的位置中分别测出 6 个和 8 个点。分别计算出它们的平

7-6　涂层
测厚仪

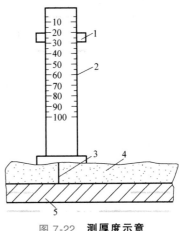

图 7-22　**测厚度示意**
1—标尺　2—刻度　3—测针
4—防火涂料　5—钢基材

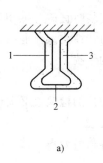
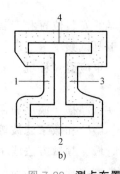
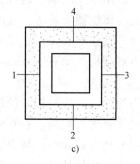

图 7-23 测点布置

a) 工字梁 b) I 形柱 c) 方形柱

均值，精确到 0.5mm。

7.5 其他土木工程结构现场检测技术

7-7 混凝
土桥梁 CT

7.5.1 桥梁结构检测

桥梁检测与试验主要针对既有桥梁，检测的目的是通过各种检测和试验技术全面描述桥梁各部件的缺陷，评价桥梁技术状况和承载能力，记录桥梁基本特征，建立健全桥梁技术档案，提供进行桥梁养护、维修和加固的决策支持，使桥梁长期处于良好的工作状态，最终体现在对营运桥梁的有效管理和状况监控。

1. 桥梁检测内容

桥梁检查主要包括初始检查、日常巡查、经常检查、定期检查、专项检查，具体内容见表 7-19。

表 7-19 桥梁检查内容

检查类别	检查要点
初始检查	初始检查应采集桥梁的基础状态数据,建立桥梁技术档案,作为日后经常检查、定期检查、专项检查及桥梁评定的基准。新建、改建或加固后桥梁应进行初始检查。初始检查宜与交工验收同时进行,最迟不得超过交付使用后一年
日常巡查	日常巡查包括桥面以上部分的桥梁构件及桥梁结构异常变位情况的检查,以目测为主,发现明显缺损进行记录并上报。重点养护的桥梁巡查频率为每天进行 1 次,其他桥梁检查频率不应少于每周 1 次。恶劣天气条件下应增加检查频率
经常检查	经常检查以目测结合辅助工具进行,并辅以简单设备(如望远镜、照相机、摄像机,以及常用工具)来进行检查和记录。重点养护的桥梁检查周期一般不得少于每月 1 次,其他桥梁可放宽至两个月 1 次或一季度 1 次。在洪水、台风、冰冻等自然灾害频发期应提高经常检查频率
定期检查	定期检查由具备相关资质的第三方检测机构和专业人员进行,根据检测结果对桥梁进行技术状况评价,并给出桥梁检测报告,提出养护建议。定期检查前要认真查阅有关技术资料、初始检查报告及历次定期检查报告。检测后对需限制交通或关闭的桥梁应及时报告并提出建议
专项检查	专项检查是在特定情况下对桥梁特定构件采取的专门检查评定工作,必须由有相关资质的第三方检测机构和专业人员进行。根据检测目的、病害情况和性质,采用仪器设备进行现场测试和其他辅助试验,针对桥梁现状进行检算分析,形成评定结论,提出措施建议

2. 桥梁材质状况检测

桥梁材质状况反映了技术状况，是桥梁承载能力评定的主要内容之一。桥梁材质状况检测主要通过材料检测技术（detection technology）和测量技术（measuring technique）实现，并根据检测情况确定各评定指标的评定标度。桥梁材质状况检测与部分桥梁缺损状况检测内容是相同的，主要为材质强度、钢筋锈蚀电位、混凝土氯离子含量、混凝土电阻率、混凝土碳化、钢筋保护层厚度、结构自振频率等。其评定指标及主要内容见表7-20。

表 7-20 **桥梁材质状况评定指标及主要内容**

评定指标	主要内容
材质强度检测	桥梁材质强度检测主要包括混凝土和钢材两类材料的材质强度检测，为减少对结构构件的损坏，应尽量采用无损检测方法进行。确有必要时方可考虑对混凝土采用半破损检测方法，对钢材采用截取试样方法。在桥梁上钻、截取试件时，应选择在主要承重构件的次要部位或次要承重构件上，并应采取措施保证结构安全；钻、截取试件后，应及时进行修复或加固处理
钢筋锈蚀电位检测	混凝土中钢筋锈蚀不仅影响结构耐久性，而且影响结构的安全性。通过测试钢筋、混凝土与参考电极之间的电位差，可判断钢筋发生锈蚀的概率。通常，电位差越大混凝土中钢筋发生锈蚀的可能性越大
混凝土氯离子含量检测	混凝土中的氯离子可诱发并加速钢筋锈蚀，测量混凝土中氯离子含量可间接评判钢筋锈蚀活化的可能性。混凝土中的氯离子含量，采用在结构构件上钻取不同深度的混凝土粉末样品的方法通过化学分析进行测定
混凝土电阻率检测	混凝土电阻率反映了混凝土的导电性能，可间接评判钢筋的可能锈蚀速率。通常混凝土电阻率越小，混凝土导电的能力越强，钢筋锈蚀发展速度越快。混凝土电阻率宜采用四电极法检测
混凝土碳化检测	通过测试桥梁的碳化深度，并结合钢筋保护层厚度状况，可评判混凝土碳化对钢筋锈蚀的影响。混凝土碳化状况可采用在混凝土新鲜断面观察酸碱指示剂反应厚度的方法测定
钢筋保护层厚度检测	混凝土保护层厚度及其分布均匀性是影响结构钢筋耐久性的一个重要因素。混凝土桥梁钢筋保护层厚度可采用电磁检测方法进行无损检测。对于缺失资料的桥梁，可在结构非主要受力部位采用局部破损的方法进行校验
结构自振频率检测	桥梁自振频率变化不仅能够反映结构损伤情况，而且还能反映结构整体性能和受力体系的改变。桥梁自振频率检测，测点应布置在桥梁上、下部结构振型的峰、谷点，进行多点多方向的测量

3. 桥梁结构荷载试验（load test of bridge structure）

桥梁荷载试验是通过对桥梁直接加载后进行相关测试、记录与分析工作，包括理论计算、现场试验、试验结果分析整理等内容，达到了解桥梁结构在试验荷载作用下的实际工作状态的目的。总的来说，桥梁荷载试验的任务可概括为以下几个方面：

1）确定新建桥梁的承载能力和使用性能。对于重要桥梁，在交工阶段可通过成桥荷载试验验证桥梁的设计与施工质量，为交工验收提供依据。

2）评估既有桥梁的使用性能与承载能力。对于因自然灾害而遭受损伤的桥梁、设计或施工存在缺陷的桥梁、长期运营结构性能退化的桥梁，均需通过荷载试验来评定其使用性能及承载能力，为后期的养护维修、改建、限载使用等提供科学依据。

3）对采用新结构、新工艺的桥梁，可通过成桥荷载试验，掌握结构在荷载作用下的实际受力状态，为完善桥梁设计理论积累资料，为规范的修改完善提供依据。

根据荷载试验作用的性质不同，荷载试验可分为静载试验和动载试验。静载试验是将静止荷载作用在桥梁的指定位置，对桥梁结构的位移、应变和裂缝等参量进行测试，从而对桥梁结构在荷载作用下的工作性能及使用能力做出评定；动载试验是利用某种激励方法激起桥梁结构的振动，然后测定其固有频率、阻尼比、振型、冲击系数、动挠度、动应变等参量，从而判断桥梁结构的动力特性、整体刚度及行车性能。

通常存在下列情况之一时，应进行静载试验：

1）技术状况等级为四、五类。

2）拟提高荷载等级。

3）需要通过特殊重型车辆荷载。

4）遭受重大自然灾害或意外事件。

5）采用其他方法难以准确判断其能否承受预定的荷载。

桥梁动载试验一般采用移动车辆荷载进行加载，对应主要测试动荷载作用下结构的动态响应参数及其随时间的变化。对于同时开展静、动载试验的桥梁，动载试验桥跨可选择和静载试验相同的桥孔。其他情况下应根据结构评价的需要，选择具有代表性或最不利的桥孔进行动载试验。

4. 试验报告（experiment report）

桥梁荷载试验报告一般由工程概论、试验目的及依据、试验仪器、静载试验内容、动载试验内容、试验结论、技术建议和附件等组成，主要内容见表7-21。

表7-21　桥梁荷载试验报告主要内容

要素	所涉及内容
工程概论	试验桥梁的所属工程、名称、建设或服役龄期、起止点或中心桩号、结构形式、跨径组合、桥跨结构横断面形式、下部结构形式、控制荷载、运营车道数等主要技术指标
试验目的及依据	按桥梁结构类型和控制荷载的性质说明试验的目的，并列出试验所依据的标准规范、规程、设计图、竣工图及其他相关资料
试验仪器	列出试验仪器设备的名称(型号)、设备编号、主要技术参数等
静载试验内容	1)静载试验报告内容应包括桥梁检查及评述、结构内力分析结果、测试截面选择、应变及挠度等测点布置、试验加载车辆或加载物选择、试验工况及加载位置说明、试验测试过程、试验结果及分析和静载试验结论 2)简要说明桥梁结构内力分析选用的程序、材料主要参数、内力分析主要结果，并给出有关计算图式 3)依据计算结果选定测试截面，说明荷载试验截面的测试项目 4)列出测试截面说明应变、挠度等测点数量、布置，并给出图示 5)列出试验加载车辆的型号、轴重分配，若采用加载物加载则需说明加载物的密度、体积，给出试验荷载效率 6)依据测试截面次序分工况，依次列出桥纵、横向加载位置，并辅以图示说明 7)简要说明试验准备、预加载、试验加载、卸载等主要试验过程 8)以列表形式给出各工况下应变、挠度等测试截面实测值、平均值、残余值、理论计算值及校验系数。应将具有代表性测点的实测值与理论值绘制成图，便于观测试验荷载下的分布状况或结构响应 9)列出包括试验测试截面几何、力学参数，并依据实测数据判断结构工作状态是否满足设计要求或达到控制荷载要求等的静载试验结论

（续）

要素	所涉及内容
动载试验内容	1）动载试验报告内容应包括结构动力分析、测试截面的选择及传感器测点布置试验荷载选择、试验工况、试验结果及分析、动载试验结论 2）结构动力分析应包括结构自振频率理论计算值及振型描述 3）图示说明测试截面位置及传感器在纵、横截面上的布置状况 4）列出车辆数、车重等试验荷载信息 5）分工况依次说明试验车辆荷载无障碍行车速度及跳车等状况 6）试验结果及分析应包括动力信号处理方法、结构自振频率、阻尼比、冲击系数测试结果及图示，并与理论计算值进行对比 7）动载试验结论应包括结构动力测试关键参数，及对结构状况的评价
试验结论	1）试验结论应包括静载试验结论、动载试验结论、试验过程裂缝状况等现象 2）静载试验结论应根据中载及偏载试验的结果对静载试验进行分析，给出试验测试截面的几何、力学参数，应变、挠度等的校验系数，依据实测数据判断结构工作状态是否满足设计要求或目标荷载的要求 3）动载试验结论应以主要的动力测试参数说明结构的动力性能和结构响应，在理论值与实测值对比的基础上对结构做出评价 4）试验过程裂缝等现象应说明结构在加载期间有无可视裂缝产生、裂缝变化或其他情况出现，给出主要裂缝照片图示，分析裂缝对结构的影响
技术建议和附件	技术建议应根据荷载试验的结论对结构提出有针对性建议，如限速、限载、封闭交通、养护、维修加固或改扩建等

注：附件应包括典型的原始测试数据和工作照片、必要的加载试验照片、其他相关资料。

7.5.2 路基路面现场检测（field detection of subgrade and pavement）

本小节主要介绍路面厚度、车辙、抗滑性能、渗水系数和路基路面压实度、平整度、强度承载力等主要检测项目和常用的检测方法。其他检测项目和检测方法请参考《公路路基路面现场测试规程》（JTG 3450—2019）。

1. 破损检测（damage detection）

公路路面一般分刚性路面和柔性路面。下面以水泥混凝土路面和沥青混凝土路面为例，介绍路面的破损分类。

（1）水泥混凝土路面破损分类

1）断裂类破损：板角断裂、裂缝、破碎板等。

2）接缝类破损：接缝材料损坏、边角剥落、唧泥、错台（台阶）、拱起（翘曲）等。

3）表面类破损：表面露骨、坑洞等。

4）其他类破损：各类损坏的修补等。

破损严重程度可分为轻微、中度、严重三种情况。

（2）沥青混凝土路面破损分类

1）裂缝类破损：龟裂、块裂及横向裂缝、纵向裂缝等。

2）变形类破损：车辙、沉陷、拥包、波浪等。

3）松散类破损：掉粒、松散、脱皮等引起的集料散失现象，以及坑槽等。

4）其他类破损：泛油、磨光（抗滑性能差）及各类修补。

破损严重程度可分为轻微、中度、严重三种情况。

2. 平整度检测（evenness inspection）

平整度是指道路表面相对于理想平面的竖向偏差，是评价路基路面施工质量和路面使用性能的重要指标。常见的平整度测试设备有 3m 直尺、连续式平整度仪、颠簸累积仪、激光平整度仪 4 种，可分为断面类和反应类两大类。断面类通过测量路表凸凹情况来反映平整度，如 3m 直尺、连续式平整度仪及激光平整度仪；反应类通过测定路面凸凹引起车辆的颠簸振动来反映平整状况，如颠簸累积仪。

3m 直尺的测试指标是最大间隙 h（mm），连续式平整度仪的测试指标是标准差 σ（mm），颠簸累积仪的测试指标是单向累计值 VBI（cm/km），激光平整度仪的测试指标是国际平整度指数 IRI（m/km）。国际上广泛采用 IRI 作为路面平整度的评价指标，IRI 是以四分之一车在速度为 80km/h 时的累积竖向位移值。平整度检测常用方法的是 3m 直尺测定法和激光平整度仪的 IRI 测定法。

3. 车辙检测（rutting detection）

沥青路面车辙是指路面经汽车反复行驶产生流动变形、磨损、沉陷后，在车行道行车轨迹上产生的纵向带状辙槽，车辙深度以 mm 计。达到一定深度的车辙，会增加车辆变道的操控难度，影响行车安全性，降低路面横向平整度及行车舒适性，还可能会积水，加速路面的破坏。因此，车辙是沥青路面使用性能评价指标，也是沥青路面养护决策的依据。常用的车辙检测方法有 3m 直尺车辙检测法（横断面尺法）、激光或超声波车辙仪综合车检测法。

4. 抗滑性能检测（anti-skid performance testing）

路面抗滑性能一般用轮胎与路面间的摩擦系数（friction coefficient）和表面宏观构造深度来表征。摩擦系数测试方法有摆式仪法、单轮式横向力系数测试法、双轮式横向力系数测试法和动态旋转式摩擦系数测定仪法。构造深度测试法有手工铺砂法、电动铺砂法和激光构造深度仪法。实际工作中，电动铺砂法很少采用，而动态旋转式摩擦系数测定仪不适合现场路面抗滑性能检测与评定。

5. 强度检测（strength testing）

为了检验路基路面的材料参数是否达到要求，需要现场进行强度测定。其中路基强度检测主要包括现场 CBR 检测与路基模量检测，路面强度检测主要有贝克曼梁弯沉仪测量法与落锤式弯沉仪测量法。

6. 厚度检测（thickness measurement）

路面各层施工过程及工程交工验收检查的厚度检验，通常采用挖验或钻取芯样的方法，尽管这种方法会给路面造成一定的损伤，但由于测试数据比较直观准确，《公路工程质量检验评定标准 第一册 土建工程》（JTG F80/1—2017）仍将其规定为路面结构层厚度检测的标准试验方法。

此外，雷达法也被用于测试路面结构层厚度，其基本工作原理是利用雷达波（电磁波）在不同物质界面上的反射信号来识别分界面，通过电磁波的走时和在介质中的波速推算相应介质的厚度。短脉冲雷达是目前公路行业路面厚度无损检测应用最广泛的雷达，它具有测值精度高、工作稳定等特点。

7. 压实度检测（compactness testing）

碾压是路基路面施工的重要环节，压实质量与路基路面的强度、刚度、稳定性和平整度密切相关，压实度是路基路面施工质量检验的关键项目。路基压实度检测主要用挖坑灌砂法和核子密度湿度仪进行测定，路面压实度检测主要用钻芯法和无核密度仪进行测定。

8. 渗水系数检测（detection of percolation coefficient）

为检验沥青混合料面层的施工质量，在沥青路面成型后应立即测定路面表层渗水系数。渗水系数是指在规定的初始水头压力下，单位时间内渗入路面规定面积的水的体积，以 mL/min 计。

该方法适用于在路面现场测定沥青路面或室内测定沥青混合料试件的渗水系数。

（1）主要仪具与材料

1）路面渗水仪：结构如图 7-24 所示。上部盛水量筒由透明有机玻璃制成，容积为600mL，上有刻度，在 100mL 及 500mL 处有粗标线，下方通过直径 10mm 的细管与底座相接，中间有一开关。量筒通过支架连接，底座下方开口内径为 150mm、外径为 220mm，仪器附不锈钢圈压重 2 个，每个质量约为 5kg，内径为 160mm。

2）水桶及大漏斗。

3）秒表。

4）密封材料：防水腻子、油灰或橡皮泥。

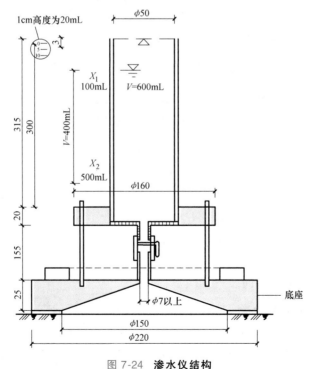

图 7-24　渗水仪结构

（2）方法与步骤

1）准备工作。在测试路段的行车道路面上，按随机取样方法选择测试位置，每一个检测路段应测定 5 个测点，并用粉笔画上测试标记。试验前，首先用扫帚清扫表面，并用刷子将路面表面的杂物刷去。杂物的存在一方面会影响水的渗入，另一方面会影响渗水仪和路面或试件的密封效果。

2）测试步骤。

① 将塑料圈置于试件中央或路面表面的测点上，用粉笔分别沿塑料圈的内侧和外侧画上圈，在外环和内环之间的部分就是需要用密封材料进行密封的区域。

② 用密封材料对环状密封区域进行密封处理，注意不要使密封材料进入内圈，如果密封材料不小心进入内圈，必须用刮刀将其刮走。然后将搓成拇指粗细的条状密封材料设在环状密封区域的中央，并且绕成一圈。

③ 将渗水仪放在试件或者路面表面的测点上，注意使渗水仪的中心尽量和圆环中心重合，然后稍使劲将渗水仪压在条状密封材料表面，再将配重加上，以防压力水从底座与路面间流出。

④ 将开关关闭，向量筒中注满水，然后打开开关，使量筒中的水下流排出渗水仪底部内的空气。当量筒中水面下降速度变慢时，用双手轻压渗水仪使渗水仪底部的气泡全部排出，关闭开关，并再次向量筒中注满水。

⑤ 将开关打开，待水面下降至 100mL 刻度时，立即开动秒表开始计时，每间隔 60s，读记仪器管的刻度一次，至水面下降 500mL 时为止。测试过程中，如水从底座与密封材料间渗出，说明底座与路面密封不好，应移至附近干燥路面处重新操作。如果水面下降速度较慢，则测定 3min 的渗水量即可停止；如果水面下降速度较快，在不到 3min 的时间内到达 500mL 刻度线，则记录到达 500mL 刻度线时的时间；若水面下降至一定程度后基本保持不动，说明基本不透水或根本不透水，在报告中注明。

⑥ 按以上步骤在同一个检测路段选择 5 个测点测定渗水系数，取其平均值作为检测结果。

（3）计算　路面渗水系数按式（7-18）计算。计算时以水面从 100mL 下降到 500mL 所需的时间为标准，若渗水时间过长，也以采用 3min 通过的水量计算。

$$C_w = \frac{V_2 - V_1}{t_2 - t_1} \times 60 \tag{7-18}$$

式中　C_w——路面渗水系数；

V_1——第一次计时的水量，通常为 100mL；

V_2——第二次计时的水量，通常为 500mL；

t_1——第一次计时的时间；

t_2——第二次计时的时间。

> 🔍 **小贴士　结构健康监测**（SHM）
>
> 　　结构健康监测利用现场检测（无损检测）、传感技术、结构特征分析、结构响应来识别结构损伤的位置、程序以及后果，其最终目的为建立一个智能结构体系，以评价结构的安全性、强度、整体性和可靠性。一个完整的结构健康监测系统主要包括传感技术、数据采集技术、系统识别技术、损伤定位技术及其他土木工程技术。

7-8　随堂小测

本 章 小 结

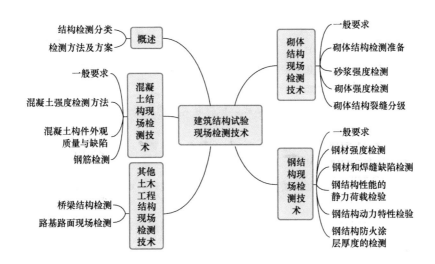

复习思考题

7-1　结构的现场检测方法有哪些？各有什么特点？不同的现场检测方法适用于哪些条件？

7-2　如何使用回弹仪进行混凝土的强度检测？如何正确选用回弹仪？

7-3　如何使用超声脉冲法检测混凝土的强度、缺陷、裂缝深度？

7-4　用钻芯法检测混凝土强度有哪些特点？

7-5　综合比较几种检测混凝土强度的方法，总结其工作特点和适用场合。

7-6　简述超声-回弹综合法检测混凝土强度的工作过程。

7-7　试比较电位差法和导电系数法检测钢筋锈蚀程度的工作原理及其工作特点。

7-8　砌体强度的检测方法有哪几种？简述其工作特点、使用条件和使用时的注意事项。

7-9　钢结构的现场检测内容有哪几种？使用哪些仪器？检测方法和注意事项有哪些？

7-10　简述焊缝缺陷检测过程。

7-11　简述桥梁材质状况检测包含的内容。

7-12　查阅相关资料，简述用核子仪测定压实度的步骤。

7-13　简述路基路面平整度常见的测试方法。

7-14　查阅相关资料，简述路面抗滑移性能的测试方式及测试原理。

7-15　简述渗水系数测试的必要性及测试要点。

参 考 文 献

[1]　张望喜. 结构试验 [M]. 武汉：武汉大学出版社，2016.

[2] 王天稳，李杉. 土木工程结构试验 [M]. 2版. 武汉：武汉大学出版社，2018.

[3] 熊仲明，王社良. 土木工程结构试验 [M]. 2版. 北京：中国建筑工业出版社，2015.

[4] 周明华. 土木工程结构试验与检测 [M]. 3版. 南京：东南大学出版社，2013.

[5] 卜良桃，黎红兵，刘尚凯. 建筑结构鉴定 [M]. 北京：中国建筑工业出版社，2017.

[6] 刘洪滨，幸坤涛. 建筑结构检测、鉴定与加固 [M]. 北京：冶金工业出版社，2018.

[7] 中华人民共和国住房和城乡建设部. 建筑结构检测技术标准：GB/T 50344—2019 [S]. 北京：中国建筑工业出版社，2019.

[8] 中华人民共和国住房和城乡建设部. 建筑变形测量规范：JGJ 8—2016 [S]. 北京：中国建筑工业出版社，2016.

[9] 中华人民共和国住房和城乡建设部. 回弹法检测混凝土抗压强度技术规程：JGJ/T 23—2011 [S]. 北京：中国建筑工业出版社，2011.

[10] 中国工程建设标准化协会. 超声回弹综合法检测混凝土抗压强度技术规程：T/CECS 02—2020 [S]. 北京：中国计划出版社，2020.

[11] 中华人民共和国住房和城乡建设部. 钻芯法检测混凝土强度技术规程：JGJ/T 384—2016 [S]. 北京：中国建筑工业出版社，2016.

[12] 中国工程建设标准化协会. 拔出法检测混凝土强度技术规程：CECS 69：2011 [S]. 北京：中国计划出版社，2011.

[13] 中国工程建设标准化协会. 超声法检测混凝土缺陷技术规程：CECS 21：2000 [S]. 北京：中国计划出版社，2000.

[14] 中华人民共和国住房和城乡建设部. 混凝土物理力学性能试验方法标准：GB/T 50081—2019 [S]. 北京：中国建筑工业出版社，2019.

[15] 中华人民共和国住房和城乡建设部. 砌体基本力学性能试验方法标准：GB/T 50129—2011 [S]. 北京：中国建筑工业出版社，2011.

[16] 中华人民共和国住房和城乡建设部. 砌体工程现场检测技术标准：GB/T 50315—2011 [S]. 北京：中国建筑工业出版社，2011.

[17] 中国国家标准化管理委员会. 金属材料 拉伸试验 第1部分：室温试验方法：GB/T 228.1—2010 [S]. 北京：中国标准出版社，2010.

[18] 中国国家标准化管理委员会. 金属材料 弯曲试验方法：GB/T 232—2010 [S]. 北京：中国标准出版社，2010.

[19] 国家市场监督管理总局. 金属材料 夏比摆锤冲击试验方法：GB/T 229—2020 [S]. 北京：中国标准出版社，2020.

[20] 中国国家标准化管理委员会. 碳素结构钢：GB/T 700—2006 [S]. 北京：中国标准出版社，2006.

[21] 中国国家标准化管理委员会. 低合金高强度结构钢：GB/T 1591—2018 [S]. 北京：中国标准出版社，2018.

[22] 中华人民共和国住房和城乡建设部. 钢结构工程施工质量验收标准：GB 50205—2020 [S]. 北京：中国计划出版社，2020.

[23] 中国国家标准化管理委员会. 焊接接头拉伸试验方法：GB/T 2651—2008 [S]. 北京：中国标准出版社，2008.

[24] 中华人民共和国住房和城乡建设部. 钢结构现场检测技术标准：GB/T 50621—2010 [S]. 北京：中国建筑工业出版社，2010.

[25] 中国工程建设标准化协会. 钢结构防火涂料应用技术规程：T/CECS 24—2020 [S]. 北京：中国计划出版社，2020.

网 络 资 源

［1］　赵静. 混凝土强度检测与评定［J］. 工程建设与设计，2019（18）：158-159.

［2］　刘鸽，吴植安. 高层住宅钢筋混凝土构件烧灼损伤检测分析——以太原市某在建钢筋混凝土剪力墙结构工程为例［J］. 太原学院学报（自然科学版），2019，37（1）：6-9.

［3］　童芸芸，余辉，叶良，等. 钢筋混凝土文物建筑的病害检测技术应用——以浙江省宁波鼓楼为例［J］. 浙江科技学院学报，2017，29（3）：166-171.

［4］　李学成. 混凝土结构实体构件抗压强度检测方法的理解要点与结论［J］. 工程建设与设计，2020（2）：162-163.

［5］　崔士起，孔旭文，孙建东. 绿色建筑砌体结构现场检测新技术研究［J］. 建筑技术，2015，46（S2）：104-107.

［6］　林文修. 砌体结构的耐久性检测与评定［J］. 建筑科学，2011，27（S1）：151-153.

［7］　刘俊，罗永峰. 钢结构现场检测计数抽样方法研究［J］. 建筑钢结构进展，2019，21（05）：33-39.

［8］　王海源. 某钢结构厂房结构的检测鉴定及事故原因分析［C］//中国钢结构协会钢结构质量安全检测鉴定专业委员会. 绿色建筑与钢结构技术论坛暨中国钢结构协会钢结构质量安全检测鉴定专业委员会第五届全国学术研讨会论文集. 工业建筑杂志社，2017：5.

［9］　谢开仲，曾倬信，王晓燕. 桥梁工程检测技术研究［J］. 广西大学学报（自然科学版），2003，28（z1）：208-211.

［10］　汪军伟. 路基路面工程平整度检测技术探究［J］. 中国标准化，2018（24）：191-192.

内容提要

本章内容包括了结构试验数据的整理、试算、统计、误差分析及其表达。

教学重点：数据转换，数据统计分析，数据产生及其计算，数据表达方式，动态数据处理。

能力要求

了解结构试验数据的整理和换算。

了解动态数据处理基础。

理解不同测量误差的概念和相关性。

掌握随机误差的统计规律，正确使用正态分布分析。

掌握不同误差的概念和相关性。

掌握误差的识别和提出的具体方法。

回归分析时，学会使用 Excel 工作表计算各参数。

8.1 概述

在建筑结构试验后（有时在结构试验中），对采集得到的数据进行整理换算、统计分析和归纳演绎，以得到代表结构性能的公式、图像、表格、数学模型和数值等，这就是数据处理。采集得到的数据是数据处理过程的原始数据（raw data）。对原始数据进行统计分析可得到平均值等统计特征值，对动态信号进行变换处理可以得到结构的自振频率等动力特性等。例如，把应变式位移传感器测得的应变换算成位移值，由测得的位移值计算挠度，由应变计测得的应变得到结构的应力，由结构的变形和荷载的关系可得到结构的屈服点、延性和恢复力模型等。

结构试验时采集得到的原始数据量大并有误差，有时杂乱无章，有时甚至有错误，因此，必须对原始数据进行处理，才能得到可靠的试验结果。数据处理内容与基本流程包括数据的整理和换算、数据的统计与误差分析、数据的表达等。

8.2　结构试验数据的整理和换算

在数据采集时，由于各种原因，会得到一些完全错误的数据。例如，仪器参数（如应变计的灵敏系数）设置错误而造成数据出错，人工读数时读错，人工记录时的笔误（数字错或符号错），环境因素造成的数据失真（温度引起应变增加等），测量仪器的缺陷或布置错误造成数据出错，或者测量过程受到干扰（仪器被人碰了一下）造成的错误等。这些数据错误一般都可以通过复核仪器参数等方法进行整理，加以改正。

采集得到的数据应该根据试验要求和测量精度，按照有关的规定，如《数值修约规则与极限数值的表示和判定》（GB/T 8170—2008）进行修约（revision），把试验数据修约成规定有效位数的数值。数据修约时应按表 8-1 的规则进行。

表 8-1　**数据修约规则**

处理方法	处 理 规 则
四舍五入	拟舍弃数字小于 5 时则舍去，大于 5 时则进 1，等于 5 时，若保留的末位数字为奇数(1,3,5,7,9)则进 1，为偶数(2,4,6,8,10)则舍去。例如，将 12.1498 修约到一位小数，得 12.1。将 11.68 和 11.502 修约成两位有效数，均为 12
负数修约	负数修约时，先将它的绝对值按四舍五入规则修约，然后在所得值前面加上负号。例如，将 -0.04850 和 -0.04852 修约到精度为 0.001，均得 -0.049
拟修约数值	拟修约数值应在确定修约位数后一次修约获得结果，不得多次按上述规则连续修约。例如，将 15.4546 修约到 15，正确的做法是 15.4546→15，不正确的做法为 15.4546→15.455→15.46→15.5→16

采集得到的数据有时需要进行换算，才能得到所要求的物理量。例如，把采集到的应变换算成应力，把位移换算成挠度、转角、应变等，把应变式传感器测得的应变换算成相应的力、位移、转角等，对数据进行积分和微分，考虑结构自重和设备重的影响，对数据进行修正等。传感器系数的换算应按照传感器的灵敏度系数和接线方式进行。常见具体换算如下：

1）应变到应力的换算应根据试件材料的应力-应变关系和应变测点的布置进行。

2）受弯矩和轴力等作用的构件，采用平截面假定（plane section assumption），其某一截面构件截面分析如图 8-1 所示。根据三个不在一条直线上的点可以决定一个平面的原则，只要测得构件截面上三个不在一条直线上的点处的应变值，即可求得该截面的应力分布和内力。

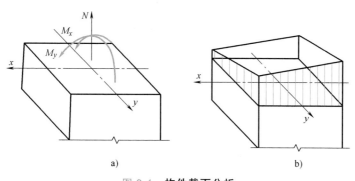

a)　　　　　　　　　　　　　　　b)

图 8-1　**构件截面分析**

a) 截面内力　b) 应力分布

🏓 **小贴士　平截面假定**

垂直于杆件轴线的各平截面（杆的横截面）在杆件受拉伸、压缩或纯弯曲而变形后仍然为平面，并且同变形后的杆件轴线垂直。但对于细长杆，剪力引起的变形远小于弯曲变形，平截面假定近似可用。对于剪力控制的梁和深梁，平截面假定不再适用。

3）简支梁的挠度、挠度曲线可由位移测量结果得到，如图8-2所示。梁受力变形后，支座1和支座2也发生位移Δ_1和Δ_2，与支座1距离为x处的挠度$f(x)$为总位移$\Delta(x)$减去由于支座位移引起在x处的位移Δ。由图8-2中的几何关系可得Δ和$f(x)$的计算式为

$$\Delta = \Delta_1 - (\Delta_1 - \Delta_2)x/l \qquad (8-1)$$

$$f(x) = \Delta(x) - \Delta = \Delta(x) - \Delta_1 + (\Delta_1 - \Delta_2)x/l \quad (8-2)$$

特别，当计算跨中挠度时，令$x/l = 1/2$，得

$$f_{(x=1/2)} = \Delta_{(1/2)} - \frac{1}{2}(\Delta_1 + \Delta_2) \qquad (8-3)$$

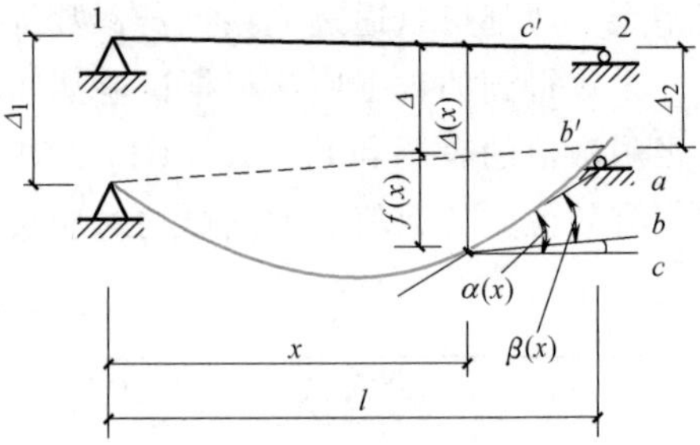

图 8-2　简支梁的变形
注：直线 $c//c'$，$b//b'$。

式中　$\Delta_{(1/2)}$——跨中位移测量结果；

　　　$f_{(x=1/2)}$——跨中挠度。

梁的转角可由测量结果得到，如图8-2所示，直线c与梁受力变形前的轴线c'平行，直线b与梁受力变形后两支座的连线b'平行，直线a为梁变形后x处的切线，直线a与直线b的夹角$\beta(x)$为梁在x处的转角，直线a与直线c的夹角$\alpha(x)$为转角测量结果，由图8-2的几何关系可得

$$\beta(x) = \alpha(x) - \arctan\left(\frac{\Delta_1 - \Delta_2}{l}\right) \qquad (8-4)$$

4）悬梁臂的挠度和转角可由测量结果计算得到，悬臂梁的变形如图8-3所示。梁受力变形后，支座处也有位移Δ_1和转角α_1，距离支座为x处的挠度$f(x)$为总位移$\Delta(x)$减去由于支座移动引起在x处的位移Δ。由图8-3中的几何关系，可得到Δ和$f(x)$的计算式为

$$\Delta = \Delta_1 + x\tan\alpha_1 \qquad (8-5)$$

$$f(x) = \Delta(x) - \Delta = \Delta(x) - \Delta_1 - x\tan\alpha_1 \qquad (8-6)$$

梁在x处的转角可由图8-3中的几何关系得到，测量得到在x处的总转角$\alpha(x)$（切线a与梁原轴线c'的夹角），支座转动引起在x处的转角为α_1（直线b与直线c的夹角），梁在x处的转角$\beta(x)$（切线a与梁轴线b的夹角）为

$$\beta(x) = \alpha(x) - \alpha_1 \qquad (8-7)$$

5）梁的曲率可由位移测量或转角测量结果计算得到，如图8-4所示。位移测量：在梁的顶面和底面布置位移测点，测量标距为l_0的两点的相对位移$(l_1 - l_0)$和$(l_2 - l_0)$；梁变形后，由于弯曲引起梁顶面的两个测点产生相对位移$(l_1 - l_0)$，引起梁底面的两个测点产生

相对位移 (l_2-l_0)。由此可得在标距 l_0 内的平均曲率 φ 为

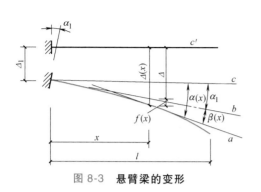

图 8-3　**悬臂梁的变形**

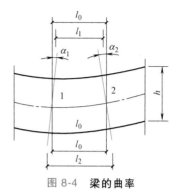

图 8-4　**梁的曲率**

$$\varphi = \frac{(l_2-l_0)-(l_1-l_0)}{l_0 h} \tag{8-8}$$

转角测量：在梁高的中间布置两个转角测点，它们之间的距离为 l_0；梁变形后，由于弯曲引起测点处截面 1 和截面 2 产生转角 α_1 和 α_2。由此可得在标距 l_0 内的平均曲率 φ 为

$$\varphi = \frac{\alpha_1+\alpha_2}{l_0} \tag{8-9}$$

上面曲率计算中，所用位移和转角均以图 8-4 中所示的方向为正，当实际位移和转角与此相反时，应以负值代入，当得到曲率为负值时，表示弯曲方向与图示相反。

6）结构或构件某一平面区域的剪切变形（shear deformation）可按图 8-5a 的方法进行测量和计算。图 8-5a 为墙体的剪切变形，试验时通常把墙体的底部固定，测量墙体顶部和底部的水平位移 Δ_1 和 Δ_2 及墙体底部的转角 α，可得剪切变形 γ 为

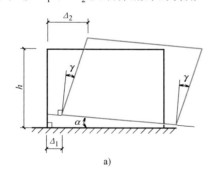

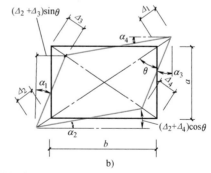

图 8-5　**剪切变形**

a）墙体变形　b）节点变形

注：$\cos\theta = a \big/ \sqrt{a^2+b^2}$，$\sin\theta = b \big/ \sqrt{a^2+b^2}$。

$$\gamma = \frac{\Delta_2-\Delta_1}{h} - \alpha \tag{8-10}$$

图 8-5b 为梁柱节点核心区（core area）的剪切变形，试验时通过测量矩形区域对角测点的相对位移 $(\Delta_1+\Delta_2)$ 和 $(\Delta_3+\Delta_4)$，可得到剪切变形 γ 为

$$\gamma = \alpha_1 + \alpha_2 = \alpha_3 + \alpha_4 \tag{8-11a}$$

或

$$\gamma = \frac{1}{2}(\alpha_1 + \alpha_2 + \alpha_3 + \alpha_4) \tag{8-11b}$$

由图 8-5b 的几何关系，可知

$$\alpha_1 = \frac{\Delta_2 \sin\theta + \Delta_3 \sin\theta}{a} = \frac{\Delta_2 + \Delta_3}{a} \frac{b}{\sqrt{a^2 + b^2}} \tag{8-12}$$

$$\alpha_2 = \frac{\Delta_2 + \Delta_4}{b} \cos\theta = \frac{\Delta_2 + \Delta_4}{b} \frac{a}{\sqrt{a^2 + b^2}} \tag{8-13}$$

$$\alpha_3 = \frac{\Delta_4 + \Delta_1}{a} \sin\theta = \frac{\Delta_4 + \Delta_1}{a} \frac{b}{\sqrt{a^2 + b^2}} \tag{8-14}$$

$$\alpha_4 = \frac{\Delta_1 + \Delta_3}{b} \cos\theta = \frac{\Delta_1 + \Delta_3}{b} \frac{a}{\sqrt{a^2 + b^2}} \tag{8-15}$$

把 α_1 到 α_4 代入带入式（8-11b），整理得到

$$\gamma = \frac{1}{2}(\Delta_1 + \Delta_2 + \Delta_3 + \Delta_4) \frac{\sqrt{a^2 + b^2}}{ab} \tag{8-16}$$

7）试验时，结构在自重和加载设备重力等作用下的变形常常不能直接测量得到，要由试验得到的荷载与变形的关系推算得到。图 8-6 所示为一混凝土梁的挠度修正，由试验得到荷载与挠度（P-f）关系曲线，从曲线的初始线性段外插值计算自重和设备重力作用下的挠度 f_0 为

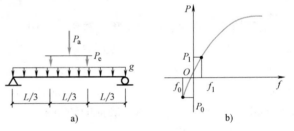

图 8-6　梁的挠度修正
a）荷载布置　b）P-f 曲线

$$f_0 = \frac{f_1}{P_1} P_0 \tag{8-17}$$

式中，P_0 应转换成与 P_a 等效的形式和大小，（f_1，P_1）的取值应在初始线性段内，如开裂前。其他构件或结构的情况，可以按同样的方法处理。

8.3　结构试验数据的统计与误差分析

数据处理时，统计分析是一种常用的方法，统计分析可以从很多数据中找到一个或若干个代表值，也可以通过统计分析（statistical analysis）对试验的误差进行分析。以下介绍几种常用的统计分析的概念和计算方法。

8.3.1　统计分析计算方法

统计分析计算方法有平均值、标准差和变异系数。平均值有算术平均值（arithmetic mean）、几何平均值（geometric mean）和加权平均值（weighted mean）。标准差反映了一组

试验值在平均值附近的分散和偏离程度，标准差越大表示分散和偏离程度越大，反之则越小。它对一组试验值中的较大偏差反映比较敏感，可以根据其数据可靠程度是否相同，按权重进行分类。变异系数 c_v 通常用来衡量数据的相对偏差程度，可按表 8-2 公式计算。

表 8-2　平均值计算方法

符　号	公　式	
算术平均值 $\bar{x}$	$$\bar{x} = \frac{1}{n}(x_1 + x_2 + \cdots + x_n)$$	(8-18)
几何平均值 $\bar{x}_a$	$$\bar{x}_a = \sqrt[n]{x_1 x_2 \cdot \cdots \cdot x_n}$$	(8-19a)
	$$\lg \bar{x}_a = \frac{1}{n}\sum_{i=1}^{n}\lg x_i$$	(8-19b)
	当对一组试验值 (x_i) 取常用对数 $(\lg x_i)$ 所得图形的发布曲线更为对称时,常用式(8-19b)	
加权平均值 $\bar{x}_w$	$$\bar{x}_w = \frac{w_1 x_1 + w_2 x_2 + \cdots + w_n x_n}{w_1 + w_2 + \cdots + w_n}$$	(8-20)
	在计算用不同方法或不同条件观测同一物理量的均值时,可对不同可靠程度的数据给予不同的权重值	
标准差 σ	$$\sigma = \sqrt{\frac{1}{n-1}\sum_{i=1}^{n}(x_i - \bar{x})^2}$$	(8-21)
	$$\sigma_w = \sqrt{\frac{1}{(n-1)\sum_{i=1}^{n}w_i}\sum_{i=1}^{n}w_i(x_i - \bar{x}_w)^2}$$	(8-22)
	当一组试验值 $x_1, x_2, \cdots, x_n$ 可靠程度相同时,常用式(8-21),当可靠程度不同时,常用式(8-22)	
变异系数 c_v	$$c_v = \frac{\sigma}{\bar{x}}$$	(8-23a)
	$$c_v = \frac{\sigma_w}{\bar{x}_w}$$	(8-23b)

注:式中 $\bar{x}$、$\bar{x}_w$——平均值;σ、σ_w——标准差。

8.3.2　随机变量和概率分布（random variable and probability distribution）

结构试验的误差及结构材料等许多试验数据都是随机变量，随机变量既有分散性和不确定性，又有规律性。随机变量应该用概率的方法来研究，即对随机变量进行大量的测量，对其进行统计分析，从中演绎归纳出随机变量的统计规律及概率分布。

为了对随机变量进行统计分析，得到它的分布函数（distributing function），需要进行大量的测试，由测量值的频率分布图来估计其概率分布。绘制频率分布图的步骤如下：

1）按观测次序记录数据。

2）按由小至大的次序重新排列数据。

3）划分区间，将数据分组。

4）计算各区间数据出现的次数、频率（出现次数和全部测定次数之比）和累积频率。

5）绘制频率直方图和累积频率图（见图 8-7）。

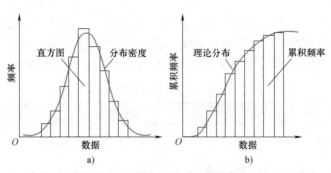

图 8-7 频率直方图和累积频率图

可将频率分布近似作为概率分布（概率是当测定次数趋于无穷大的各组频率），并由此推断试验结果服从何种概率分布。

正态分布（normal distribution function）是最常用的描述随机变量的概率分布的函数。正态分布 $N(\mu, \sigma^2)$ 的概率密度分布函数为

$$P_N(x) = \frac{1}{\sqrt{2\pi}\,\sigma} e^{-\frac{(x-\mu)^2}{2\sigma^2}} \quad -\infty < x < \infty \tag{8-24}$$

其分布函数为

$$N(x) = \frac{1}{\sqrt{2\pi}\,\sigma} \int_{-\infty}^{x} e^{-\frac{(x-\mu)^2}{2\sigma^2}} \mathrm{d}x \tag{8-25}$$

式中　μ——均值；

σ^2——方差。

均值和方差是正态分布的两个特征参数。正态分布是随机误差的一种重要分布。虽然随机误差的分布是多种多样的，但概率论的中心极限定理（central limit theorem）从理论上说明了正态分布在实际运用中的广泛性，特别是多次独立的重复条件下观测值的平均值的分布，不必去考虑它的单次观测值的分布是否为正态分布。

对于满足正态分布的曲线族，只要参数 μ 和 σ 已知，曲线就可以确定。图 8-8 所示为不同参数的正态分布密度函数，从中可以看出以下几点：

1）$P_N(x)$ 在 $x=\mu$ 处达到最大值，μ 表示随机变量分布的集中位置。

2）$P_N(x)$ 在 $x=\mu\pm\sigma$ 处曲线有拐点。σ 值越小 $P_N(x)$ 曲线的最大值就越大，并且降落得越快，所以 σ 表示随机变量分布的分散程度。

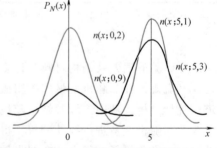

图 8-8 正态分布密度函数

3）若把 $x-\mu$ 称为偏差，可得到小偏差出现的概率较大，很大的偏差很少出现。

4）$P_N(x)$ 曲线关于 $x=\mu$ 是对称的，即大小相同的正负偏差出现的概率相同。

其中，$\mu=0$，$\sigma=1$ 的正态分布称为标准正态分布，它的概率密度分布函数和概率分布函数如下

$$P_N(t;0,1) = \frac{1}{\sqrt{2\pi}} e^{-\frac{t^2}{2}} \qquad (8\text{-}26)$$

$$N(t;0,1) = \frac{1}{\sqrt{2\pi}} \int_{-\infty}^{t} e^{-\frac{u^2}{2}} du \qquad (8\text{-}27)$$

标准正态分布函数值可以从相关表格中取得。对于非标准的正态分布 $P_N(x, \mu, \sigma)$ 和 $N(x, \mu, \sigma)$ 可先将函数标准化，用 $t = \frac{x-\mu}{\sigma}$ 进行变量代换，然后从标准正态分布表中查取 $N\left(\frac{x-\mu}{\sigma}; 0, 1\right)$ 的函数值。

小贴士　正态分布

由高斯（Gauss, K.F）在 1795 年提出，所以又称为高斯分布，试验测量中的偶然误差、材料的疲劳强度都近似服从正态分布。其他几种常用的概率分布有二项分布、均匀分布、瑞利分布、x^2 分布、t 分布、F 分布等。

8.3.3　误差的产生和分类

在结构试验中，必须对一些物理量进行测量。被测对象的值是客观存在的，称为真值（truth value）x，每次测量所得的值称为实测值或测量值（measured value）x_i（$i = 1, 2, 3, \cdots, n$），真值和测量值的差值为

$$a_i = x_i - x (i = 1, 2, 3, \cdots, n) \qquad (8\text{-}28)$$

这个差值称为测量误差，简称为误差。实际试验中，真值是无法确定的，常用平均值代表真值。由于各种主观和客观的原因，任何测量数据不可避免地都包含一定程度的误差。只有了解了试验误差的范围，才有可能正确估算试验所得到的结果。同时，对试验误差进行分析将有助于在试验中控制和减少误差。

根据误差产生的原因和性质，可以将误差分为系统误差、随机误差和过失误差三类。

1. 系统误差（systematic error）

系统误差是由某些固定的原因所造成的，其特点是在整个测量过程中始终有规律地存在着，其绝对值和符号保持不变或按某一规律变化。系统误差的来源见表 8-3。

表 8-3　系统误差来源

误差来源	来源描述
方法误差	由于所采用的测量方法或数据处理方法不完善所造成的。如采用简化的测量方法或近似计算方法，忽略了某些测量结果的影响，以至产生误差
工具误差	由于测量仪器或工具的不完善(结构不合理、零件磨损等缺陷)所造成的误差,如仪表刻度不均匀,百分表的无效行程等
环境误差	测量过程中,由于环境条件的变化所造成的误差。如误差过程中的温度、湿度变化
操作误差	由于测量过程中试验人员的操作不当所造成的误差,如仪器安装不当、仪器未校准或仪器调整不当等
主观误差	又称个人误差,是测量人员本身的一些主观因素造成的,如测量人员的特有习惯、习惯性的读数偏高或偏低

系统误差的大小可以用准确度表示，准确度高表示测量的系统误差小。查明系统误差的原因，找出其变化规律，就可以在测量中采取措施（改进测量方法、采用更精确的仪器等）以减少误差，或在数据处理时对测量结果进行修正。

2. 随机误差（erratic error）

随机误差是由一些偶然因素造成的，它的绝对值和符号变化无常，但如果进行大量的测量，可以发现随机误差的数值分布符合一定的统计规律，一般认为其服从正态分布。

产生随机误差有测量仪器、测量方法和环境条件等方面的原因，如电源电压的波动，环境温度、湿度和气压的微小波动，磁场干扰，仪器的微小变化，操作人员操作上的微小差别等。随机误差在测量中是无法避免的，即使是一个很有经验的测量者，使用很精密的仪器，进行很仔细的操作，对同一对象进行多次测量，其结果也不会完全一致，而是有高有低。

随机误差的大小可以用精密度表示，精密度高表示测量的随机误差小。对随机误差进行系统分析，或增加测量次数，找出其统计特征值，就可以在数据处理时对测量结果进行修正。

3. 过失误差（mistake error）

过失误差是由于试验人员粗心大意，不按操作规程操作等原因造成的误差，如读错仪表刻度（位数、正负号）、记录和计算错误等。过失误差一般数值较大，并且常与事实明显不符，必须把过失误差从试验数据中剔除，还应分析出现过失误差的原因，采取措施以防止再次出现。

8.3.4　误差的计算和传递

对误差进行系统分析时，同样需要计算三个重要的统计特征，即算术平均值、标准误差和变异系数。如进行了几次测量、得到几个测量值 x_i，有几个测量误差 a_i（$i = 1, 2, 3, \cdots, n$），则误差的平均值为

$$\bar{a} = \frac{1}{n}(a_1 + a_2 + \cdots + a_n) \tag{8-29}$$

式中，a_i 按下式计算

$$a_i = x_i - \bar{x} \tag{8-30}$$

$$\bar{x} = \frac{1}{n}\sum_{i=1}^{n} x_i \tag{8-31}$$

误差的标准差为

$$\sigma = \sqrt{\frac{1}{n-1}\sum_{i=1}^{n} a_i^2} \tag{8-32a}$$

或

$$\sigma = \sqrt{\frac{1}{n-1}\sum_{i=1}^{n}(x_i - \bar{x})^2} \tag{8-32b}$$

变异系数为

$$c_v = \frac{\sigma}{a} \tag{8-33}$$

误差在各个变量之间要进行传递，在对试验结果进行数据处理时，常常需要用若干个直接测量值计算某一些物理量的值，它们之间的关系为

$$y = f(x_1, x_2, \cdots, x_i, \cdots, x_m) \tag{8-34}$$

式中　x_i——第 i 次直接测量值；

　　　y——所要计算物理量的值。

若直接测量值 x_i 的最大绝对误差为 $\Delta x_i (i=1, 2, \cdots, m)$，则 y 的最大绝大误差 Δy 和最大相对误差 δy 分别为

$$\Delta y = \left| \frac{\partial f}{\partial x_1} \right| \Delta x_1 + \left| \frac{\partial f}{\partial x_2} \right| \Delta x_2 + \cdots + \left| \frac{\partial f}{\partial x_m} \right| \Delta x_m \tag{8-35}$$

$$\delta y = \frac{\Delta y}{|y|} = \left| \frac{\partial f}{\partial x_1} \right| \frac{\Delta x_1}{|y|} + \left| \frac{\partial f}{\partial x_2} \right| \frac{\Delta x_2}{|y|} + \cdots + \left| \frac{\partial f}{\partial x_m} \right| \frac{\Delta x_m}{|y|} \tag{8-36}$$

对一些常用的函数形式，可以得到关于误差估计的实用公式，见表 8-4。

表 8-4　误差估计的实用公式

误差估计方法	实用公式	
代数和	$y = x_1 \pm x_2 \pm \cdots \pm x_m$	(8-37)
	$\Delta y = \Delta x_1 + \Delta x_2 + \cdots + \Delta x_m$	(8-38)
	$\delta y = \dfrac{\Delta y}{|y|} = \dfrac{\Delta x_1 + \Delta x_2 + \cdots + \Delta x_m}{|x_1 + x_2 + \cdots + x_m|}$	(8-39)
乘法	$y = x_1 x_2$	(8-40)
	$\Delta y = |x_2| \Delta x_1 + |x_1| \Delta x_2$	(8-41)
	$\delta y = \dfrac{\Delta y}{|y|} = \dfrac{\Delta x_1}{|x_1|} + \dfrac{\Delta x_2}{|x_2|}$	(8-42)
除法	$y = x_1 / x_2$	(8-43)
	$\Delta y = \left| \dfrac{1}{x_2} \right| \Delta x_1 + \left| \dfrac{x_1}{x_2^2} \right| \Delta x_2$	(8-44)
	$\delta y = \dfrac{\Delta y}{|y|} = \dfrac{\Delta x_1}{|x_1|} + \dfrac{\Delta x_2}{|x_2|}$	(8-45)
幂函数	$y = x^\alpha$（α 为任意常数）	(8-46)
	$\Delta y = |\alpha x^{\alpha-1}| \Delta x$	(8-47)
	$\delta y = \dfrac{\Delta y}{|y|} = \left| \dfrac{\alpha}{x} \right| \Delta x$	(8-48)
对数	$y = \ln x$	(8-49)
	$\Delta y = \left| \dfrac{1}{x} \right| \Delta x$	(8-50)
	$\delta y = \dfrac{\Delta y}{|y|} = \dfrac{\Delta x}{|x \ln x|}$	(8-51)

如 $x_1, x_2, \cdots, x_m$ 为随机变量，它们各自的标准误差为 $\sigma_1, \sigma_2, \cdots, \sigma_m$，令 $y = f(x_1, x_2, \cdots, x_m)$ 为随机变量的函数，则 y 的标准误差 σ 为

$$\sigma = \sqrt{\left(\frac{\partial f}{\partial x_1} \right)^2 \sigma_1^2 + \left(\frac{\partial f}{\partial x_2} \right)^2 \sigma_2^2 + \cdots + \left(\frac{\partial f}{\partial x_m} \right)^2 \sigma_m^2} \tag{8-52}$$

8.3.5 误差的检验（error checking）

实际试验中，系统误差、随机误差和过失误差是同时存在的，试验误差是这三种误差的组合。通过对误差进行检验，尽可能地消除系统误差，剔除过失误差，使试验数据反映事实。

1. 系统误差的发现和消除（detection and elimination of systematic error）

因为产生系统误差的原因较多、较复杂，所以系统误差不容易被发现，难以掌握其规律，也难以全部消除其影响。

从数值上看，常见的系统误差有固定的系统误差和变化的系统误差两类。两类误差区别见表 8-5。

表 8-5 **常见系统误差**

系统误差种类	特 点
固定的系统误差	1）在整个测量数据中始终存在着的一个数值大小、符号保持不变的偏差 2）产生固定系统误差的原因有测量方法或测量工具方面的缺陷等 3）往往不能通过在同一条件下的多次重复测量来发现误差，只能用几种不同的测量方法或同时用几种测量工具进行测量比较时，才能发现其原因和规律，并加以消除。如仪表仪器的初始零点漂移等
变化的系统误差	1）可分为积累变化、周期性变化和按复杂规律变化三种 2）当测量次数足够多时，如测定传感器时，可从偏差的频率直方图来判别 3）当偏差的频率直方图和正态分布曲线相差甚远，即可判断测量数据中存在着系统误差，因为随机误差的分布规律服从正态分布 4）当测量次数不够多时，可将测量数据的偏差按测量先后次序依次排列，如其数值大小基本上做有规律地向一个方向变化（增大或减小），即可判断测量数据是有积累的系统误差 5）如将前一半的偏差之和与后一半的偏差之和相减，若两者之差不为零或不近似为零，也可判断测量数据是有积累的系统误差

2. 随机误差（erratic error）

随机误差服从正态分布，其分布密度函数（正态分布密度函数）为

$$y = \frac{1}{\sqrt{2\pi}\,\sigma} e^{-\frac{(x_i - x)^2}{2\sigma^2}} \qquad (8\text{-}53)$$

式中　$x_i - x$——随机误差；

　　　x_i——实测值（减去其他误差）；

　　　x——真值。

实际试验时，常用 $x_i - \bar{x}$ 代替 $x_i - x$，$\bar{x}$ 为平均值或其他近似的真值。

参照正态分布的概率密度函数曲线图可知，标准误差 σ 越大，曲线越平坦，误差值分布越分散，精确度越低；σ 越小，曲线越陡，误差值分布越集中，精确度越高。

误差落在某一区间内的概率 $P\,(\,|x_i - x| \leq a_t\,)$ 见表 8-6。

在一般情况下，99.7% 概率也可认为代表多次测量的全体，称 3σ 为极限误差。当某一数据的误差绝对值大于 3σ 时，（可能性只有 0.3%），即可以认为其误差已不是随机误差，该测量数据已属于不正常数据。

表 8-6　误差落在某一区间内的概率

误差限 σ	0.32σ	0.67σ	σ	1.15σ	1.96σ	2σ	2.58σ	3σ
概率 P	25%	50%	68%	75%	95%	95.4%	99%	99.7%

3. 异常数据的舍弃（deletion of outlier data）

在测量中，有时会遇到个别测量值的误差较大，并且难以对其合理解释，这些个别数据是异常数据，应该把它们从试验数据中剔除，通常认为其中包含有过失误差。

根据误差的统计规律，绝对值越大的随机误差，其出现的概率越小；随机误差的绝对值不会超过某一范围。因此可以选择一个范围来对各个数据进行鉴别，如果某个数据的偏差超出此范围，则认为该数据中包含有过失误差，应予以剔除。常用的判别范围和鉴别方法见表 8-7。

表 8-7　常用的判别范围和鉴别方法

鉴别方法	操 作 方 法
3σ 准则	随机误差服从正态分布，误差绝对值大于 3σ 概率仅为 0.3%，即 300 多次才可能出现一次。因此，当某个数据的误差绝对值大于 3σ 时，应剔除该数据。实际试验中，可用偏差代替误差，σ 按式（8-32a）或式（8-32b）计算
肖维纳（Chauvenet）方法	进行 n 次测量，误差服从正态分布，以概率 $1/2n$ 设定一个判别范围 $[-\alpha\sigma, +\alpha\sigma]$，当某一数据的误差绝对值大于 $\alpha\sigma$（$\|x_i - \bar{x}\| > \alpha\sigma$），即误差出现的概率小于 $1/2n$ 时，就剔除该数据。判别范围由式（8-54）设定 $$\frac{1}{2n} = 1 - \int_{-\alpha}^{\alpha} \frac{1}{\sqrt{2\pi}} e^{-\frac{t^2}{2}} dt \qquad (8-54)$$ 即认为异常数据出现的概率小于 $1/2n$
格拉布斯（Grubbs）方法	格拉布斯是以 t 分布为基础，根据数据统计理论按危险率 α（指剔错的概率，在工程问题中置信度一般取 95%，$\alpha = 5\%$）和子样容量 n（即测量次数 n）求得临界值 $T_0(n, \alpha)$。如果某个测量数据 x_i 的误差绝对值满足 $$\|x_i - \bar{x}\| > T_0(n, \alpha)s \qquad (8-55)$$ 即应剔除该数据，其中，s 为样本的标准差

【例 8-1】　测定一批构件的承载能力，得 4530、4450、4620、4530、4560、4480、4670、4450、4510、4820（单位：N·m），问其中是否包含过失误差？

解：首先求平均值：

$$\bar{x} = \frac{1}{10} \times (4530 + 4450 + 4620 + \cdots + 4820) = 4562$$

$$\sum v_i^2 = (4530 - 4562)^2 + \cdots + (4820 - 4562)^2 = 118160$$

$$s = \sqrt{\frac{\sum v_i^2}{n-1}} = \sqrt{\frac{118160}{10-1}} = 114.6$$

1）按 3σ 准则，如果符合 $\|x_i - \bar{x}\| > 3\sigma \approx 3s$，则认为 x_i 包括过失误差而把它剔除。因为 $3s = 3 \times 114.6 = 343.8$

$$\|x_i - \bar{x}\| = \|4820 - 4562\| = 258 < 343.8$$

所以，数据 4820 应保留。

2）按肖维纳（Chauvenet）准则方法，如果符合 $|x_i-\bar{x}|>Z_\alpha s$，则认为 x_i 包括过失误差而把它剔除。因为 $n=10$，查表 8-8 得 $Z_\alpha=1.96$。

表 8-8　n-Z_α 表

n	Z_α	n	Z_α	n	Z_α	n	Z_α
5	1.65	14	2.10	23	2.30	50	2.58
6	1.73	15	2.13	24	2.32	60	2.64
7	1.80	16	2.16	25	2.33	70	2.69
8	1.86	17	2.18	26	2.34	80	2.74
9	1.92	18	2.20	27	2.35	90	2.78
10	1.96	19	2.22	28	2.37	100	2.81
11	2.00	20	2.24	29	2.38	150	2.93
12	2.04	21	2.26	30	2.39	200	3.03
13	2.07	22	2.28	40	2.50	500	3.29

$$Z_\alpha \times 3s = 1.96 \times 114.6 = 224.6$$
$$|x_i-\bar{x}| = |4820-4562| = 258 > 224.6$$

所以，数据 4820 应剔除。

3）按格拉布斯（Grubbs）准则方法，如果符合 $|x_i-\bar{x}|>g_0 s$ 则认为 x_i 包括过失误差而把它剔除。$n=10$，若取 $\alpha=0.05$，查表 8-9 得 $g_0=2.18$，则

$$g_0 \times s = 2.18 \times 114.6 = 250$$
$$|x_i-\bar{x}| = |4820-4562| = 258 > 250$$

所以，数据 4820 应剔除。

若取 $\alpha=0.01$，查表 8-9 得 $g_0=2.44$。

$$g_0 \times s = 2.44 \times 114.6 = 279.6$$
$$|x_i-\bar{x}| = |4820-4562| = 258 < 279.6$$

所以，数据 4820 应保留。

表 8-9　T₀ 表

	α	0.05	0.01		α	0.05	0.01
	3	1.15	1.16		17	2.48	2.78
	4	1.46	1.49		18	2.50	2.82
	5	1.67	1.75		19	2.53	2.85
	6	1.82	1.94		20	2.56	2.88
	7	1.94	2.10		21	2.58	2.91
	8	2.03	2.22		22	2.60	2.94
	9	2.11	2.23		23	2.62	2.96
n	10	2.18	2.44	n	24	2.64	2.99
	11	2.23	2.48		25	2.66	3.01
	12	2.28	2.55		30	2.74	3.10
	13	2.33	2.61		35	2.81	3.18
	14	2.37	2.66		40	2.87	3.24
	15	2.41	2.70		50	2.96	3.34
	16	2.44	2.75		100	3.17	3.59

以上几种方法中，3σ 准则最简单，但不够严格，几乎绝大部分数据都不必剔除。肖维纳准则考虑了观测次数的影响，比 3σ 准则要苛刻得多，是比较古老的方法。格拉布斯准则考虑了观测次数，又分别不同的显著水平，对混入另一总体的数据鉴别力强，是一般误差分析方法中推荐的方法之一。

在易除过失误差的时候，不能一次同时剔除两个或两个以上剩余误差绝对值大于鉴别值的测量数据，只能剔除其中数据最大的那一个，然后从其余的数据中再算出新的鉴别值，进行第二次鉴别，直至不存在粗大误差为止，以防止把正常数据误认为包含有粗大误差而抛弃。

8.4　结构试验数据的表达

把试验数据按一定的规律、方式来表达，可以对数据进行分析，表示试验结果，具有文字表达所没有的直观、清楚的特点。表达的方式有表格、图像和函数。

8.4.1　表格方式（form mode）

表格按其内容和格式可分为汇总表格和关系表格两类，两类表格类型及其特点见表 8-10。

表 8-10　**表格类型及其特点**

表格类型	表格特点
汇总表格	把试验结果中的主要内容或试验中的某些重要数据汇集于一表之中，起类似于摘要和结论的作用，表中的行与行、列与列之间一般没有必然的关系
关系表格	把相互有关的数据按一定的格式列于表中，表中列与列、行与行之间都有一定的关系，它的作用是使有一定关系的两个或若干个变量的数据更加清楚地表现出变量之间的关系和规律。按行列布置变量数据可分为行表格和列表格

表格的主要组成部分和基本要求如下：

1）每个表格应具备表名和编号，通常放在表格的上部。

2）表格的形式应该匹配表格的内容和要求，在满足基本要求的情况下，可以对细节进行变动。

3）表格的每列都必须有列名，它表示该列数据的意义和单位。列名在每列的上部，应把各列的列名都放在第一行并对齐，如果第一行空间不够，可以把列名的部分内容标在表格下面的注解中。应尽量把主要的数据列或自变量列安排在靠左边的位置。

4）表格中的内容应尽量全面，能完整地说明问题。

5）表格中的符号和缩写应尽量采用标准格式，表中的数据应整齐、准确。

6）如果需要对表格中的内容加以说明，可以在表格下方加以注解，避免注解在其他任何地方而引起混淆。

7）应突出重点，把主要内容安排在醒目的位置。

8.4.2　图像方式（picture mode）

试验数据还可以用图像来表达，图像的表达方式有曲线图、直方图、形态图和饼形图等，其中最常用的是曲线图和形态图。

1. 曲线图（curve graph）

曲线可以清楚、直观地显示两个或两个以上的变量之间关系的变化过程，或显示若干个变量数据沿某一区域的分布。曲线可以显示变化过程或分布范围中的转折点、最高点、最低点及周期变化的规律。对于定性分布和整体规律分析来说，曲线图是最合适的方法。曲线图的主要组成部分和基本要求如下（见图 8-9）：

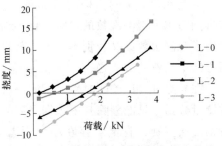

图 8-9 矩形截面预应力梁荷载-挠度曲线

1）每个曲线图都必须有图名，如果文章中有一个以上的曲线图，还应该有图的编号。图名和图号通常放在图下。

2）每条曲线应该有一个横坐标和一个及以上的纵坐标，每个坐标都应有名称，坐标的形式、比例和长度取决于数据的范围，整个曲线图应清楚、准确地反映数据的规律。

3）通常取横坐标作为自变量，取纵坐标作为因变量，自变量通常只有一个。因变量可以由若干个，一个自变量与一个因变量可以组成一条曲线，一个曲线图可以有若干条曲线。

4）有若干条曲线时，可以用不同的线型（实线、虚线、点画线等）或用不同的标记（+、□、△、×等）加以区别，也可以用文字说明来区别。

5）曲线必须以试验数据为根据，对试验时记录得到的连续曲线（如 X-Y 函数记录仪记录的曲线、光线示波器记录的振动曲线等），可以直接采用，或加以修整后采用；对试验时非连续记录得到的数据和把连续记录离散化得到的数据，可以用直线或曲线顺序相连，并应尽可能用标记标出试验数据点。

6）如果需要对曲线图中的内容加以说明，可以在图中或图名下加以注解。

由于各种原因，试验直接得到曲线上会出现毛刺、振荡等，影响对试验结果的分析。对这种情况，可以对试验曲线进行修匀、光滑处理。如表 8-11 试验曲线数据。

表 8-11　试验曲线数据

x	x_0	$x_1 = x_0 + \Delta x$	$\cdots$	$x_i = x_0 + i\Delta x$	$\cdots$	$x_m = x_0 + m\Delta x$
y	y_0	y_1	$\cdots$	y_i	$\cdots$	y_m

表中 x 为自变量，y_i 为按等距 Δx 进行测量得到的数据，用直线的滑动平均法，可得到新的 y'_{i_i} 值，用（x，y'_{i_i}）顺序相连，可得到一条较光滑的曲线。取三点滑动平均，y'_{i_i} 可计算为

$$y'_{i_i} = \frac{1}{3}(y_{i-1} + y_i + y_{i+1}) \quad (i = 1, 2, \cdots, m-1) \tag{8-56a}$$

$$y'_0 = \frac{1}{6}(5y_0 + 2y_1 - y_2) \tag{8-56b}$$

$$y'_m = \frac{1}{6}(-y_{m-2} + 2y_{m-1} + 5y_m) \tag{8-56c}$$

还可以用二次抛物线或三次抛物线的滑动平均法，对试验曲线进行修匀、光滑处理。

2. 形态图 （configuration）

把结构在试验时的各种难以用数值表示的形态，用图像表示为形态图，这类的形态如混凝土结构的裂缝情况（见图 8-10）、钢结构的屈曲失稳状态、结构的变形状态、结构的破坏状态等。

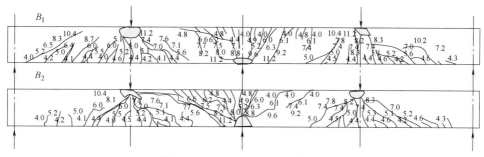

图 8-10　混凝土结构的裂缝情况

形态图的制作方式有照相和手工画图，照片形式的形态图可以真实地反映实际情况，但有时会包括一些不需要的细节；手工画的形态图可以对实际情况进行概括和抽象，突出重点，更好地反映本质情况。制图时，可根据需要制作整体图或局部图，还可以把各个侧面的形态图连成展开图。制图还应考虑各类结构的特点、材料、形状等。

形态图可以用来表示结构的损伤情况、破坏形态等，是其他表达方法不能代替的。

3. 直方图和饼形图 （histogram and pie）

直方图的作用之一是统计分析，通过绘制某个变量的频率直方图和累积频率直方图来判断其随机分布规律。为研究某个随机变量的分布规律，需要对该变量进行大量的观测，并按照以下步骤绘制直方图。

1）从观测数据中找出最大值和最小值。

2）确定分组区间和组数，区间宽度为 Δx。

3）算出各组的中值。

4）根据原始记录，统计各组内测量值出现的频数 m_i。

5）计算各组的频率 $f_i(f_i = m_i / \sum m_i)$ 和累积频率。

6）绘制频率直方图和累积频率直方图，以观测值为横坐标，以频率密度 f_i / D_x 为纵坐标，在每一分组区间，绘制以区间宽度为底、频率密度为高的矩形，这些矩形所组成的阶梯形称为频率直方图。再以累积频率为纵坐标，可绘出累积频率直方图。从频率直方图和累积频率直方图的基本趋向，可以判断随机变量的分布规律。

直方图的另一个作用是数值比较，把大小不同的数据用不同长度的矩形来代表，更加直观（见图 8-11）。

饼形图中，用大小不同的扇形面积来代表不同的数据，也很直观。

8.4.3　函数方式 （function mode）

试验数据还可以用函数方式来表达，试验数据之间存在着一定的关系，把这种关系用函数形式表示更精确、完善。为试验数据之间的关系建立函数包括两个工作：一是确定函数形式，二是求函数表达式中的系数。试验数据之间的关系是复杂的，很难找到一个真正反映这

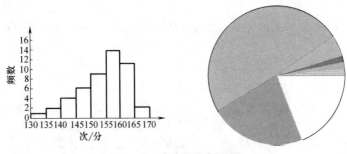

图 8-11　**直方图和饼形图**

种关系的函数，但可以找到一个最佳的近似函数。

1. 确定函数形式

由试验数据建立函数，首先要确定函数的形式，函数的形式应能反应各个变量之间的关系，有了一定的函数形式，才能进一步利用数学手段来求得函数式中的系数。

函数形式可以从试验数据的分布规律中得到，通常是把试验数据作为函数坐标点画在坐标纸上，根据这些函数点的分布或由这些点连成的曲线的趋向，确定一种函数形式。在选择坐标系和坐标变量时，应尽量使函数点的分布或曲线的趋向简单明了，如呈线性关系。还可以设法通过变量代换，将原来关系不明确的转变为明确的，将原来呈曲线关系的转变为线性关系。常见函数形式及相应的线性变换见表 8-12。还可以采用多项式

$$y_0 = a_0 + a_1 x + a_2 x^2 + \cdots + a_n x^n \tag{8-57}$$

表 8-12　**常见函数形式及相应的线性变换**

图形及特征		名称及方程
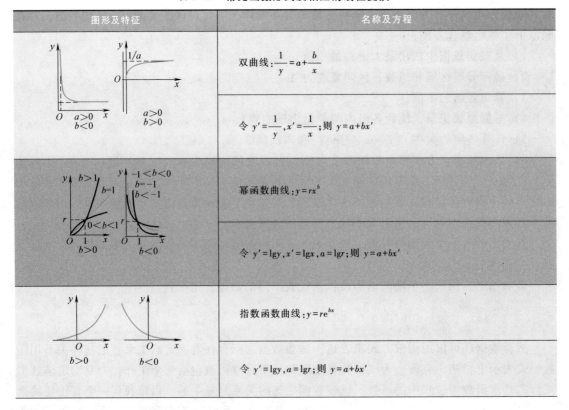		双曲线：$\dfrac{1}{y} = a + \dfrac{b}{x}$
		令 $y' = \dfrac{1}{y},\ x' = \dfrac{1}{x}$；则 $y = a + bx'$
		幂函数曲线：$y = rx^b$
		令 $y' = \lg y,\ x' = \lg x,\ a = \lg r$；则 $y = a + bx'$
		指数函数曲线：$y = re^{bx}$
		令 $y' = \lg y,\ a = \lg r$；则 $y = a + bx'$

（续）

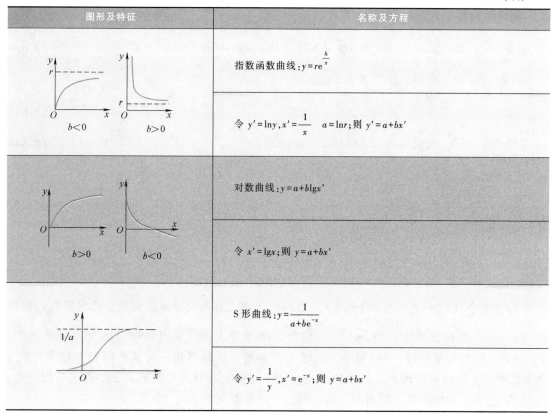

图形及特征	名称及方程
	指数函数曲线：$y=re^{\frac{h}{x}}$
	令 $y'=\ln y$，$x'=\dfrac{1}{x}$　$a=\ln r$；则 $y'=a+bx'$
	对数曲线：$y=a+b\lg x'$
	令 $x'=\lg x$；则 $y=a+bx'$
	S 形曲线：$y=\dfrac{1}{a+be^{-x}}$
	令 $y'=\dfrac{1}{y}$，$x'=e^{-x}$；则 $y=a+bx'$

2. 求函数表达式的系数

对某一试验结果，确定了函数形式后，应通过数学方式求其系数，所求到的系数使得这一函数与试验结果可能相符。常用的数学方法有回归分析和系统识别。

（1）回归分析　设试验结果为 $(x_i,\ y_i)$（$i=1,\ 2,\ 3\cdots n$），用一个函数来模拟 x_i 与 y_i 之间的关系，这个函数中有待定系数 a_j（$j=1,\ 2,\ 3\cdots m$），则 x_i 与 y_i 之间的关系式为

$$y=f(x,\ a_j;\ j=1,2,\cdots,m) \tag{8-58}$$

上式中的 a_j 也可称为回归系数（regression coefficient）。求回归系数所遵循的原则：当将所求到的系数代入函数式中，用函数计算得到数值，应与试验结果成最佳近似。通常用最小二乘法（least square method）来确定回归系数 a_j。

最小二乘法，是使由函数式得到的回归值与试验值的偏差平方之和 Q 为最小，从而确定回归系数 a_j 的方法。Q 可以表示为 a_j 的函数

$$Q=\sum_{i=1}^{n}\left[y_i-f(x+a_j;j=1,\ 2,\ 3,\cdots,\ m)\right] \tag{8-59}$$

根据微分学的极值定理，要使 Q 为最小的条件是把 Q 对 a_j 求导并令其等于零，如

$$\frac{\partial Q}{\partial a_j}=0 \tag{8-60}$$

求解以上方程组，就可以解得使 Q 值最小的回归系数 a_j。

（2）一元线性回归分析　设试验结果 x_i 与 y_i 之间存在着线性关系，可得直线方程

$$y = a + bx \tag{8-61}$$

相对的偏差平方之和 Q 为

$$Q = \sum_{i=1}^{n} (y_i - a - bx_i)^2 \tag{8-62}$$

将 Q 对 a 和 b 求导，并令其等于零，可解得 a 和 b

$$b = \frac{L_{xy}}{L_{xx}} \tag{8-63}$$

$$a = \bar{y} - b\bar{x} \tag{8-64}$$

式中，$\bar{x} = \dfrac{1}{n} \sum\limits_{i=1}^{n} x_i$，$\bar{y} = \dfrac{1}{n} \sum\limits_{i=1}^{n} y_i [0, 1]$，$L_{xx} = \sum\limits_{i=1}^{n} (x_i - \bar{x})^2$，$L_{xy} = \sum\limits_{i=1}^{n} (x_i - \bar{x})(y_i - \bar{y})$。

设 γ 为相关系数（correlation coefficient），它反映了变量 x 和 y 之间线性相关的密切程度，γ 由下式定义：

$$\gamma = \frac{L_{xy}}{\sqrt{L_{xx} L_{xy}}} \tag{8-65}$$

式中，$L_{xy} = \sum\limits_{i=1}^{n} (y_i - \bar{y})^2$，显然 $|\gamma| \leqslant 1$，当 $|\gamma| = 1$ 时，称为完全线性相关，此时所有的数据点 (x_i, y_i) 都在直线上；当 $|\gamma| = 0$，称为完全线性无关，此时数据点的分布毫无规则。$|\gamma|$ 越大，线性关系越好，$|\gamma|$ 越小，线性关系越差，这时再用一元线性回归方程来代表 x 和 y 之间的关系就不合理了。表 8-13 为对应于不同的 n 和显著性水平 α 下的相关系检验表，当 $|\gamma|$ 大于表中相应的值，所得到直线回归方程才有意义。

表 8-13　相关关系检验表

α / $n-2$	0.05	0.01	α / $n-2$	0.05	0.01
1	0.997	1.000	21	0.413	0.526
2	0.950	0.990	22	0.404	0.515
3	0.878	0.959	23	0.396	0.505
4	0.811	0.917	24	0.388	0.496
5	0.754	0.874	25	0.981	0.487
6	0.707	0.834	26	0.374	0.478
7	0.566	0.798	27	0.367	0.470
8	0.632	0.765	28	0.361	0.463
9	0.602	0.735	29	0.355	0.456
10	0.576	0.708	30	0.349	0.449
11	0.533	0.684	35	0.325	0.418
12	0.532	0.661	40	0.304	0.393
13	0.514	0.641	45	0.288	0.372
14	0.497	0.623	50	0.273	0.354
15	0.482	0.606	60	0.250	0.325
16	0.468	0.590	70	0.232	0.302
17	0.456	0.575	80	0.217	0.283
18	0.444	0.561	90	0.205	0.267
19	0.433	0.549	100	0.195	0.254
20	0.423	0.537	200	0.138	0.181

（3）一元非线性回归分析　若试验结果 x_i 与 y_i 之间的关系不是线性关系，可以利用表 8-13 进行变量代换，转换成线性关系，再求出函数式中的系数。也可以直接进行非线性回归分析，用最小二乘法求出函数式中的系数。对变量 x 和 y 进行相关性检验，可以用相关指数 R^2 表示为

$$R^2 = 1 - \frac{\sum (y_i - y)^2}{\sum (y_i - \overline{y})^2} \tag{8-66}$$

式中　y——把 x_i 代入回归方程得到的函数值，$y = f(x_i)$；

　　　y_i——试验结果；

　　　$\overline{y}$——试验结果的平均值。

相关指数 R^2 的平方根 R 也可称为相关系数，但它与线性相关系数不同。相关指数 R^2 和相关系数 R 是表示回归方程或回归曲线与试验结果拟合的程度，R^2 和 R 趋近 1 时，表示回归方程的拟合程度好；R^2 和 R 趋向零时，表示回归方程的拟合程度不好。

（4）多元线性回归分析　当所研究的问题中有 2 个以上的变量，其中自变量为 2 个或 2 个以上时，应采用多元回归分析。另外，因为许多非线性问题都可以化为多元线性回归的问题，所以多元线性回归是最常用的方法。

设试验结果为 $(x_{1i}, x_{2i}, \cdots, x_{mi}, y_i)$ $(i=1, 2, \cdots, n)$，其中自变量为 x_{ji} $(j=1, 2, \cdots, m)$，y 与 x_j 之间的关系表示为

$$y = a_0 + a_1 x_1 + a_2 x_2 + \cdots + a_m x_m \tag{8-67}$$

式中　a_j $(j=1, 2, \cdots, m)$——回归系数，用最小二乘法求得。

（5）系统识别方法　在结构动力试验中，常需要利用已知对结构的激励和结构的反应，来识别结构的某些参数，如刚度、阻尼和质量等。把结构看作为一个系统，对结构的激励是系统的输入，结构的反应是系统的输出，结构的刚度、阻尼和质量等就是系统的特性。系统识别（identification system）就是用数学的方法，由已知的系统的输入和输出，找出系统的特性或它的最优的近似解。在模拟地震振动台试验中，可以用系统识别方法来确定试验结构的某些参数，如刚度、阻尼和质量、恢复力模型等，通常是已有结构特性的模型形式，要求模型中的参数，基本步骤见表 8-14。

表 8-14　系统识别法基本步骤表

基本步骤	具体操作方法
建立数学模型和选定需要识别的参数	建立试验结果在地震加速度作用下的运动方程,选定一个恢复力模型和阻尼形式,选定刚度或恢复力模型中的控制点参数和阻尼为需要识别的参数。通常,不把质量作为要识别的参数
构造误差函数	在确定的动力激励时间内,将结构的实际反应与计算反应之差的平方和作为误差函数。结构的实际反应为试验中实际测得,即结构的系统输出。计算反应是以振动台面运动加速度作为输入,利用假定的恢复力模型和阻尼等参数,通过对运动方程的积分得到
对选定的系统参数进行优化	选用一种参数优化方法,对参数进行优化迭代,直至误差函数值小于某一规定的数值。常用的参数优化方法有单纯形法,即从一系列给定的参数出发,计算动力反应和误差函数,如果误差函数不满足规定的精度要求,则用反射、压缩和扩张三种方式形成新的参数系列,进行迭代;用新的参数系列计算动力反应和误差函数,并进行判别,如果误差函数仍不满足要求,则再进行迭代;直到某一个参数的误差函数满足要求时,该参数列就是需要识别的参数,迭代终止

注：用以上方法得到的函数，应该在试验结果的范围内使用，一般不要外推；即使有相当的根据，也应该慎重行事。

8-1 随堂小测

本 章 小 结

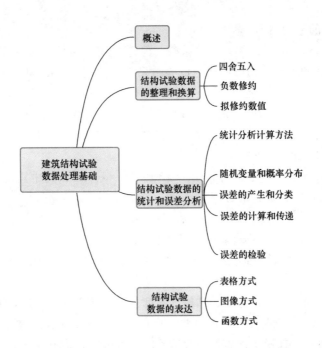

复习思考题

8-1 什么是结构试验数据的整理和换算过程？如何对试验数据进行修约？

8-2 什么是算术平均值、几何平均值、加权平均值？分别在什么情况下适用？

8-3 结构试验的数据误差有哪几种？如何控制试验数据的误差？

8-4 异常试验数据的舍弃有哪几种方法？简述其原理。

8-5 结构试验数据的表达形式有哪几种？分别用于什么情况？

8-6 阐述随机振动试验数据处理的一般步骤。

参 考 文 献

[1] 张望喜. 结构试验 [M]. 武汉：武汉大学出版社，2016.

[2] 王天稳，李杉. 土木工程结构试验 [M]. 2版. 武汉：武汉大学出版社，2018.

[3] 熊仲明，王社良. 土木工程结构试验 [M]. 2版. 北京：中国建筑工业出版社，2015.

[4] 周明华. 土木工程结构试验与检测 [M]. 3版. 南京：东南大学出版社，2013.

[5] 卜良桃，黎红兵，刘尚凯. 建筑结构鉴定 [M]. 北京：中国建筑工业出版社，2017.

［6］ 刘洪滨，幸坤涛. 建筑结构检测、鉴定与加固［M］. 北京：冶金工业出版社，2018.

网 络 资 源

［1］ 纪宝富. 食品理化检验中误差来源分析与探讨［J］. 中国标准化，2018（10）：101-102.

［2］ 刘兴远，方顺兴，姚忠国. 建筑结构试验数据处理的几种方法［J］. 四川建筑科学研究，1993（02）：20-23.

［3］ 淡丹辉，郑愚，王绪. 一种大型结构试验数据处理系统［J］. 西南交通大学学报，2003（2）：151-153.

［4］ 郭玉涛，黄勇，王际芝. 土木工程结构试验和监测用的IMP数据采集与处理系统［J］. 实验技术与管理，1998，15（4）：55-58.

［5］ 陈再现，刘兆锰，孙凯林，等. 缩尺模型混合模拟试验测量误差分析及试验验证［J］. 建筑结构学报，2017，38（8）：167-174.

［6］ 王振宇，贺虎成，栾晓岩. 结构试验中的随机误差分析方法［J］. 建筑，2004（3）：69-70.

［7］ 李超，申继志，吴建敏，等. 光电经纬仪误差修正方法研究［J］. 测试技术学报，2016，30（3）：254-259.

建筑结构模型试验 第9章

Model Test of Building Structure

内容提要

本章主要介绍结构模型试验的特点和模型试验的理论基础，并系统地讲述相似原理、量纲分析方法、模型设计的基本程序、模型材料和制作工艺。教学重点：相似定理，量纲分析方法及其应用，常用模型材料。

能力要求

了解结构模型试验种类、特点，理解相似的概念。

掌握模型设计的一般程序，了解结构静力相似和动力相似问题。

掌握模型试验对模型材料及常用工艺的基本要求。

掌握相似常数、相似原理和量纲分析。

理解量纲的概念，掌握方程式分析法的原理和量纲分析法。

9.1 概述

由于受到试验规模、试验场所、设备容量和试验经费等各种条件的限制，绝大多数结构试验的试验对象（试件）采用的是结构模型，它是按照原型的整体、部件或构件复制的试验代表物，而且较多地采用缩小比例的模型进行试验。结构模型应具备以下条件。

1）进行结构模型试验时，结构模型应严格按照相似理论进行设计，要求模型和原型尺寸几何相似并保持一定的比例。

2）要求模型和原型的材料相似或具有某种相似关系。

3）要求施加于模型的荷载按原型荷载的某一比例缩小或放大。

4）要求确定模型结构试验过程中各参与的物理量的相似常数，并由此求得反映相似模型整个物理过程的相似条件。

结构模型和原型结构满足相似要求，才能按相似条件由模型试验推算出原型结构的相应数据和试验结果。

工程结构的模型试验与实际尺寸的足尺结构相比，它具有以下特点：

1）经济性好。因为结构模型的几何尺寸一般比原型小很多，所以可以节省材料、减少试验设备容量，并且同一个模型可进行多个不同目的的试验。

2）数据准确。模型试验一般都在实验室内进行，因此试验条件容易控制，可以避免许多外界因素的干扰（如风吹、日晒、雨淋、温湿度变化、磁场变化等），保证了试验结果的准确度。

3）针对性强。可以根据试验目的，只突出主要因素，简略次要因素，从而设计出合理的模型形状。

鉴于模型试验的以上特点，模型试验广泛应用于验证和发展结构设计理论，检验计算分析结果的准确性。

结构试验中采用的试验模型一般可分为缩尺模型（小模型）和相似模型两种。

1）缩尺模型（scale model）实质上是原型结构缩小几何尺寸的试验代表物，它不需遵循严格的相似条件，可选用与原型结构相同的材料，并按一般的设计规范进行设计和制造。缩尺模型用以研究结构性能，验证设计假定与计算方法的正确性，并可以将试验结果所证实的一般规律与计算方法推广到原型结构中去。在结构试验中，大量的试验对象都是采用这类缩尺模型。

2）相似模型（similarity model）要求满足比较严格的相似条件，即要求满足几何相似、力学相似和材料相似。它是用适当的缩尺比例和相似材料制成，在模型上施加相似力系，使模型受力后重演原型结构的实际工作状态，最后根据相似条件，由模型试验的结果推演原型结构的工作性能。

🔍 小贴士　相似理论与伽利略理论的印证

通过将相似性理论应用于大小不断增加的自重应力问题，证明伽利略理论的有效性。如果要大幅增加人类、马匹或其他动物的骨骼结构尺寸，使它们保持在一起并行使其正常功能是不可能的。只能通过使用比之前更坚硬的材料来实现这种尺寸的增加，或者通过扩大骨骼的大小来改变骨骼的形状，直到动物的形态和外观显示怪异为止。如果减小身体的大小，则该身体的力量不会以相同的比例减小。在此情况下，身体越小，相对强度就越大。因此，一只狗可以背着与自己大小相同的两只或三只狗，但一匹马却不能扛一头与自己大小相仿的马。

9.2　模型试验理论基础

模型试验理论以相似理论（similarity Theory）和量纲分析（dimensional analysis）为基础，模型设计中必须要遵循相似准则。

9.2.1　模型的相似常数（resemblance constant）

结构模型的设计必须满足原型和模型之间的相似条件，即要求模型和原型之间相对应的各物理量的比例保持常数（相似常数），并且这些常数之间也保持一定的组合关系（相似条件）。

1. 几何相似（geometric similarity）

结构模型和原型几何相似，就是要求模型和原型结构之间所有对应部分的尺寸成比例，它们的比例常数称为长度相似常数，即

$$C_l = \frac{l_m}{l_p} = \frac{b_m}{b_p} = \frac{h_m}{h_p} \tag{9-1}$$

式中　C_l——几何相似常数，下标 m 与 p 分别表示模型和原型。

根据截面特性与截面尺寸之间的关系，面积相似常数、截面抵抗矩相似常数和惯性矩相似常数分别为

$$\begin{cases} C_A = \dfrac{A_m}{A_p} = C_l^2 \\[2mm] C_W = \dfrac{W_m}{W_p} = C_l^3 \\[2mm] C_I = \dfrac{I_m}{I_p} = C_l^4 \end{cases} \tag{9-2}$$

根据变形体系的位移、长度和应变之间的关系，位移的相似常数为

$$C_x = \frac{x_m}{x_p} = \frac{\varepsilon_m l_m}{\varepsilon_p l_p} = C_\varepsilon C_l \tag{9-3}$$

2. 质量相似（mass similarity）

在结构的动力问题中，要求结构的质量分布相似，即模型与原型结构对应部分的质量成比例。质量相似常数为

$$C_m = \frac{m_m}{m_p} \tag{9-4}$$

对于具有分布质量的部分，用质量密度（单位体积的质量）ρ 表示，质量密度的相似常数为

$$C_\rho = \frac{\rho_m}{\rho_p} = \frac{m_m/V_m}{m_\rho/V_\rho} = \frac{C_m}{C_l^3} \tag{9-5}$$

3. 荷载相似（load similarity）

荷载相似要求模型和原型在各对应点所受的荷载方向一致，荷载大小和作用位置成比例。

集中荷载相似常数 $\qquad C_P = \dfrac{P_m}{P_p} = \dfrac{\sigma_m A_m}{\sigma_p A_p} = C_\sigma C_l^2 \tag{9-6}$

线荷载相似常数 $\qquad\qquad C_\omega = C_\sigma C_l \tag{9-7}$

面荷载相似常数 $\qquad\qquad C_q = C_\sigma \tag{9-8}$

弯矩或扭矩相似常数 $\qquad C_M = C_\sigma C_l^3 \tag{9-9}$

当需要考虑结构自重的影响时，还需要考虑重力分布的相似，即

$$C_{mg} = \frac{m_m g_m}{m_p g_p} = C_m C_g = C_\rho C_V C_g = C_\rho C_l^3 C_g \tag{9-10}$$

式中　C_g——重力加速度的相似常数，通常 $C_g = 1$，故有

$$C_{mg} = C_\rho C_l^3 \tag{9-11}$$

4. 物理相似（physical similarity）

物理相似要求模型与原型的各相应点的应力和应变、刚度和变形间的关系相似。

正应力相似常数 $$C_\sigma = \frac{\sigma_m}{\sigma_p} = \frac{E_m \varepsilon_m}{E_p \varepsilon_p} = C_E C_\varepsilon \tag{9-12}$$

剪应力相似常数 $$C_\tau = \frac{\tau_m}{\tau_p} = \frac{G_m \gamma_m}{G_p \gamma_p} = C_G C_\gamma \tag{9-13}$$

泊松比相似常数 $$C_\nu = \frac{\nu_m}{\nu_p} \tag{9-14}$$

式中　C_E、C_ε、C_G、C_γ——弹性模量、法向应变、剪切模量、剪应变的相似常数。

由刚度和变形关系可知刚度相似常数为

$$C_K = \frac{C_P}{C_x} = \frac{C_\sigma C_l^2}{C_\varepsilon C_l} = C_\sigma C_l C_\varepsilon \tag{9-15}$$

5. 时间相似（time similarity）

在动力问题中，要求结构模型和原型的速度、加速度在对应的时刻成比例，与其相对应的时间也应成比例，故有时间相似常数

$$C_t = \frac{t_m}{t_p} \tag{9-16}$$

式中　C_t——时间相似常数。

6. 边界条件相似（boundary conditions similarity）

边界条件相似要求模型和原型在与外界接触的区域内的各种条件保持相似，即要求支承条件相似、约束情况相似及边界上受力情况相似。模型的支承和约束条件可以由与原型结构构造相同的条件来满足与保证。

7. 初始条件相似（initial conditions similarity）

对于结构动力问题，为了保证模型与原型的动力反应相似，要求初始时刻运动的参数相似。运动的初始条件包括初始状态下的初始几何位置，质点的位移、速度和加速度。

9.2.2　相似原理和量纲分析（similarity theory and dimensional analysis）

相似原理是研究两个物理现象相似应满足的条件，相似现象具有的性质和怎样把一个现象的研究结果推广到另一个现象中去的方法，它由若干个相似定理组成。下面介绍 3 个相似定理。

1. 相似定理（similarity theorem）

（1）**第一相似定理**（the first similarity theorem）　定义：彼此相似的物理现象，单值条件相同，其相似准数的数值也相同。

第一相似定理是牛顿于 1786 年首先发现的，它揭示了相似现象的性质。下面以牛顿第二定律为例说明这些性质。

对于实际的质量运动系统，有

$$F_p = m_p a_p \tag{9-17}$$

式中　F_p、m_p、a_p——实际运动系统的力、质量、加速度。

对于模拟的质量运动系统，有

$$F_m = m_m a_m \tag{9-18}$$

式中　F_m、m_m、a_m——模拟运动系统的力、质量、加速度。

因为这两个运动系统相似，故它们各个对应的物理量成比例，即

$$F_\mathrm{m}=C_F F_\mathrm{p} \quad m_\mathrm{m}=C_m m_\mathrm{p} \quad a_\mathrm{m}=C_a a_\mathrm{p} \tag{9-19}$$

式中　C_F、C_m 和 C_a——两个运动系统中对应的力、质量、加速度的相似常数。

将式（9-19）的关系式代入式（9-18）得

$$\frac{C_F}{C_m C_a}F_\mathrm{p}=m_\mathrm{p} a_\mathrm{p} \tag{9-20}$$

比较式（9-17）和式（9-20），显然仅当

$$\frac{C_F}{C_m C_a}=1 \tag{9-21}$$

式（9-20）才能与式（9-17）一致。式（9-21）表明，相似现象中相似常数不都是任意选取的，它们之间存在一定的关系，这是由于物理现象中各物理量之间存在一定关系。我们称 $\dfrac{C_F}{C_m C_a}$ 为相似指标。

将式（9-19）的关系式代入式（9-21），可得到

$$\frac{F_\mathrm{p}}{m_\mathrm{p} a_\mathrm{p}}=\frac{F_\mathrm{m}}{m_\mathrm{m} a_\mathrm{m}}=\frac{F}{ma}=\pi \tag{9-22}$$

式中　π——相似准数，也称 π 数。

相似准数 π 是联系相似系统中各物理量的一个无量纲组合，它与相似常数的概念是不同的。相似常数是指在两个相似现象中，两个相对应的物理量始终保持的常数，但对于与它们相似的第三个相似现象中，它可具有不同的常数值。相似准数则在所有互相相似的现象中始终保持不变。

（2）第二相似定理（the second similarity theorem）　定义：在一个物理现象中，共有 n 个物理量 x_1，x_2，x_3，$\cdots$，x_n，其中有 k 个独立的基本物理量，则该现象的各物理量之间的物理方程式 $f(x_1, x_2, x_3, \cdots, x_n)=0$，也可以用这些物理量组合的 $(n-k)$ 个无量纲群（相似准数）的函数关系式来表示。写成相似准数方程式的形式

$$f(x_1, x_2, x_3, \cdots, x_n)=g(\pi_1, \pi_2, \pi_3, \cdots, \pi_{n-k})=0 \tag{9-23}$$

第二相似定理是指在彼此相似的现象中，其相似准数不管用何种方法得到，描述现象的物理方程都可以转化为相似准数方程。它告诉人们如何处理模型试验的结果，即以相似准数间的关系给定的形式处理试验数据，并将试验结果推广到其他相似现象上去。

（3）第三相似定理（the third similarity theorem）　定义：现象相似的充分和必要条件是现象的单值条件相似，并且由单值条件导出来的相似准数的数值相等。第三相似定理补充了前面两个定理，明确了满足什么条件时现象相似。

🔍 小贴士　单值条件和相似准数

单值条件：是指决定于一个现象的特性并使它从一群现象中区分出来的那些条件。它在一定的试验条件下，只有唯一的试验结果。

相似准数：是联系相似系统中各物理量的一个无量纲组合。对于所有相似的物理现象，相似准数都是相同的。相似准数也称为相似判据。

2. 相似条件的确定方法

如果模型和原型相似，则它们的相似常数之间必须满足一定的组合关系，这个组合关系称为相似条件（similarity condition）。

在进行模型设计时，必须首先根据相似原理确定相似指标或相似条件。确定相似条件的方法有方程式分析法和量纲分析法两种。方程式分析法用于物理现象的规律已知，并可以用明确的数学物理方程表示的情况。量纲分析法则用于物理现象的规律未知，不能用明确的数学物理方程表示的情况。

（1）**方程式分析法**（equation analysis）　方程式分析法是指研究现象中的各种物理量之间的关系可以用方程式表达时，可以用表达这一物理现象的方程式导出相似的判据。

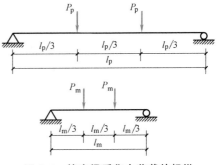

图 9-1　**简支梁受集中荷载的相似**

设简支梁受集中荷载作用（见图 9-1），由材料力学可知，跨中截面上的正应力为

$$\sigma = \frac{Pl}{3W} \tag{9-24}$$

跨中截面处的挠度为

$$f = \frac{23Pl^3}{648EI} \tag{9-25}$$

将式（9-24）两边同时除以 σ，式（9-25）两边同时除以 f，得

$$\frac{Pl}{3W\sigma} = 1, \quad \frac{23Pl^3}{648EIf} = 1 \tag{9-26}$$

故原型与模型的两个相似准数为

$$\pi_1 = \frac{Pl}{W\sigma}, \quad \pi_2 = \frac{Pl^3}{EIf} \tag{9-27}$$

根据第三相似定理，模型和原型的相似准数相等，从而有

$$\pi_1 = \frac{P_p l_p}{W_p \sigma_p} = \frac{P_m l_m}{W_m \sigma_m} \tag{9-28}$$

$$\pi_2 = \frac{P_p l_p^3}{E_p I_p f_p} = \frac{P_m l_m^3}{E_m I_m f_m} \tag{9-29}$$

由式（9-28）和式（9-29）可得

$$\frac{C_P C_l}{C_W C_\sigma} = 1, \quad \frac{C_P C_l^3}{C_E C_I C_f} = 1 \tag{9-30}$$

因为 $C_W = C_l^3$，$C_I = C_l^4$，代入式（9-30）得到相似指标

$$\frac{C_P}{C_l^2 C_\sigma} = 1, \quad \frac{C_P}{C_E C_l C_f} = 1 \tag{9-31}$$

式（9-31）就是模型和原型相似应该满足的相似条件。当试验要求模型的应力与原型的应力相等时，即 $C_\sigma = 1$，选定的模型几何比例尺 $C_l = 1/10$，模型材料与原型材料相同，即 $C_E = 1$。根据式（9-31）得 $C_P = C_l^2 C_\sigma = 1/100$，$C_f = \dfrac{C_P}{C_E C_l} = \dfrac{1}{10}$。这说明当制作的模型几何比为

1/10 时，试验要求模型的应力与原型的应力相等，模型上应加的集中力为原型的 1/100，模型跨中测得的挠度为原型的 1/10。

（2）量纲分析法（method for dimensional analysis）　用方程式分析法推导相似准数时，要求现象的规律必须能用明确的数学方程式表示。然而在实践中，许多研究问题的规律事先并不很清楚，在模型设计之前一般不能提出明确的数学方程，这时可以用量纲分析法求得相似条件。量纲分析法不需要建立现象的方程式，而只要确定研究问题的影响因素和相应的量纲即可。

被测物理量的种类称为量纲，它实质上是广义的量度单位，同一类型的物理量具有相同的量纲。例如，长度、距离、位移、裂缝宽度、高度等具有相同的量纲 L。

1）量纲系统（dimensional system）。在实际工作中，常选择少数几个物理量的量纲作为基本量纲，而其他物理量的量纲可由基本量纲导出，称为导出量纲。在量纲分析中有两个基本量纲系统：绝对系统和质量系统。绝对系统的基本量纲为长度 L、时间 T 和力 F，而质量系统的基本量纲是长度 L、时间 T 和质量 M。对于无量纲的量，用 1 表示。土木工程中常用物理量的量纲见表 9-1。

表 9-1　土木工程中常用物理量的量纲

物理量	质量系统	绝对系统	物理量	质量系统	绝对系统
长度	L	L	阻尼	MT^{-1}	$FL^{-1}T$
时间	T	T	力矩	ML^2T^{-2}	FL
质量	M	$FL^{-1}T^2$	能量	ML^2T^{-2}	FL
力	MLT^{-2}	F	温度	θ	θ
位移	L	L	功率	ML^2T^{-3}	FLT^{-1}
速度	LT^{-1}	LT^{-1}	质量惯性矩	ML^2	FLT^2
加速度	LT^{-2}	LT^{-2}	惯性矩	L^4	L^4
角度	1	1	相对密度	$ML^{-2}T^2$	FL^{-3}
角速度	T^{-1}	T^{-1}	密度	ML^{-3}	$FL^{-4}T^2$
角加速度	T^{-2}	T^{-2}	应变	1	1
应力、压强	$ML^{-1}T^{-2}$	FL^{-2}	弹性模量	$ML^{-1}T^{-2}$	FL^{-2}
强度	$ML^{-1}T^{-2}$	FL^{-2}	剪切模量	$ML^{-1}T^{-2}$	FL^{-2}
刚度	MLT^{-2}	FL^{-1}	泊松比	1	1

2）量纲分析法（dimensional analysis）。量纲分析法建立相似条件流程如图 9-2 所示。

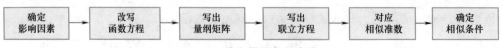

图 9-2　建立相似条件流程

① 确定研究问题的主要影响因素 x_1，x_2，x_3，$\cdots$，x_{n-1}，x_n 及相应的量纲、基本量纲个数 k。将这些物理量用函数形式表示

$$f(x_1, x_2, x_3, \cdots, x_{n-1}, x_n) = 0 \tag{9-32}$$

② 根据 π 定理，将 $f(x_1, x_2, x_3, \cdots, x_{n-1}, x_n) = 0$ 改写成 π 函数方程

$$g(\pi_1, \pi_2, \pi_3, \cdots, \pi_{n-1}, \pi_{n-k}) = 0 \tag{9-33}$$

式中

$$\pi = x_1^{a_1} x_2^{a_2} x_3^{a_3} \cdots x_n^{a_n} \tag{9-34}$$

③ 写出量纲矩阵（dimensional matrix），矩阵的列是各物理量的基本量纲的幂次，行是某一基本量纲各个物理量具有的幂次。

④ 根据量纲和谐原理，写出基本量纲指数关系的联立方程，即量纲矩阵中各个物理量对应于每个基本量纲的幂数之和等于零。

⑤ 求解基本量纲指数关系的联立方程，用 π 矩阵（πmatrix）表示。

⑥ π 矩阵的每一行对应一个 π 数，即相似准数。

⑦ 根据第三相似定理，相似现象相应的 π 数相等，确定各相似条件。

3）实例分析。以集中作用下简支梁为例，采用量纲分析法确定其相似条件（见图 9-1）。

① 确定影响因素及量纲系统：根据材料力学知识，受竖向荷载作用的梁的正应力 σ 是梁跨度 l、截面抗弯模量 W、荷载 P、弯矩 M 的函数，用函数形式表示为

$$F(\sigma, P, M, l, W) = 0 \tag{9-35}$$

物理量个数 $n = 5$，基本量纲个数 $k = 2$，故独立的 π 数有 $(n-k) = 3$。

② 根据 π 定理，式（9-33）可改写为 π 函数方程

$$g(\pi_1, \pi_2, \pi_3) = 0 \tag{9-36}$$

式中

$$\pi = \sigma^{a_1} P^{a_2} M^{a_3} l^{a_4} W^{a_5} \tag{9-37}$$

③ 用绝对系统基本量纲表示这些物理量 $\sigma = FL^{-2}$，$P = F$，$M = FL$，$l = L$，$W = L^3$。

确定量纲矩阵

	a_1	a_2	a_3	a_4	a_5
	σ	P	M	l	W
L	-2	0	1	1	3
F	1	1	1	0	0

④ 根据量纲和谐，确定 π 数。根据量纲矩阵，可得基本量纲指数关系的联立方程。

对量纲 F

$$a_1 + a_2 + a_3 = 0 \tag{9-38}$$

对量纲 L

$$-2a_1 + a_3 + a_4 + 3a_5 = 0 \tag{9-39}$$

显然方程组只有长度量纲的指数方程和力的量纲的指数方程共计 2 个，而未知量有 5 个，方程数量少于未知量的个数，需在解方程之前根据试验条件、试验目的及试验经验确定其中 3 个变量的值，才能求得方程的解。

现假设模型与原型为同一材料，即材料的弹性模量和破坏时截面应力相同，模型的尺寸和形状由试验目的和试验设备的能力已经确定，而一般在做试验分析时往往希望找出模型尺寸在荷载作用下应力或者挠度的情况，所以这里可以先确定 a_1、a_2、a_4。其他 2 个未知量由式（9-38）和式（9-39）得

$$a_3 = -a_1 - a_2 \tag{9-40}$$

$$a_5 = \frac{2}{3}a_1 + \frac{1}{3}a_2 - \frac{1}{3}a_4 \tag{9-41}$$

上述方程组的解,可用 π 矩阵来表示(矩阵中的每一行组成一个无量纲组合)为

$$
\begin{array}{c}
\begin{array}{ccccc}
a_1 & a_2 & a_4 & a_3 & a_5 \\
\sigma & P & l & M & W
\end{array} \\
\begin{array}{c}
\pi_1 \\ \pi_2 \\ \pi_3
\end{array}
\left|
\begin{array}{ccc|cc}
1 & 0 & 0 & -1 & \dfrac{2}{3} \\
0 & 1 & 0 & -1 & \dfrac{1}{3} \\
0 & 0 & 1 & 0 & -\dfrac{1}{3}
\end{array}
\right.
\end{array}
\tag{9-42}
$$

由上述矩阵可得 3 个 π 数

$$\pi_1 = \frac{2\sigma W}{3M}, \quad \pi_2 = \frac{PW}{3M}, \quad \pi_3 = \frac{l}{3W} \tag{9-43}$$

⑤ 由第三相似定理,确定相似条件为

$$\frac{C_\sigma C_W}{C_M} = 1, \quad \frac{C_P C_{W^{1/3}}}{C_M} = 1, \quad \frac{C_l}{C_{W^{1/3}}} = 1 \tag{9-44}$$

用量纲分析法确定无量纲 π 函数时,只需要清楚物理现象所包含的物理量所具有的量纲,不需要知道描述该物理现象的具体公式。因此,寻找复杂现象的相似关系,用量纲分析法是很方便的。虽然量纲分析法能确定一组独立的 π 数,但是 π 数的取法有着一定的任意性,而且物理量越多,其任意性越大。因此,量纲分析法中选择物理参数合适与否对模型设计具有决定性意义。

> **🔍 小贴士　量纲和谐原理**(dimensional homogeneity)
>
> 任何一个正确反映客观规律的物理方程,其各项的量纲都必须是一致的,由于只有相同量纲的量才能相加减,否则是没有意义的,如连续方程、能量方程和动量方程各项的量纲都是一致的,即各方程式的量纲是和谐的,且方程的形式不随单位制的变化而改变。
>
> 验证量纲和谐原理的主要公式:伯诺里方程、连续性方程、动量方程。

9.3　结构模型的分类和设计

9.3.1　结构模型的分类

结构模型按试验目的不同可分成以下几类:

1. 弹性模型(elastic model)

弹性模型试验的研究范围仅限结构的弹性阶段,其目的是要从中获得原结构在弹性阶段的资料。弹性模型试验常用在混凝土结构的设计过程中,因为结构的设计分析大部分是弹性的,所以可用弹性模型试验来验证新结构的设计计算方法是否正确或为设计计算提供某些参

数。弹性模型不能预计实际的结构物在荷载作用下产生的非弹性性能，如混凝土开裂后的结构性能、钢材屈服后的结构性能等。

2. 间接模型（indirect model）

间接模型试验是为了得到关于结构的支座反力及弯矩、剪力、轴力等资料。间接模型并不要求和原型结构直接相似，如框架的内力分布主要取决于梁、柱等构件之间的刚度比，梁柱的截面形状不必直接和原型结构相似，可用圆形截面代替实际结构的型钢截面或其他截面。如今，间接模型已被计算机分析所取代，很少使用。

3. 强度模型（strength model）

强度模型试验的目的是预计原结构的极限强度及原结构在各级荷载作用下直到破坏荷载甚至极限变形时的性能。

由于针对钢筋混凝土结构非弹性性能的研究较多，钢筋混凝土强度模型试验技术得到很大发展。试验成功与否很大程度上取决于模型混凝土、模型钢筋和原结构材料的性能相似程度。目前，钢筋混凝土结构的小比例强度模型还做不到完全相似的程度，主要是由于材料的完全相似很难得到满足。

9.3.2　结构模型设计

1. 结构模型设计程序

模型设计是模型试验是否成功的关键，因此模型设计不仅是确定模型的相似条件，而应综合考虑各种因素，如模型类型、模型材料、试验条件及模型制作条件，确定出适当的物理量的相似常数。

模型设计一般按照下列程序进行。

（1）选择模型制作材料和模型类型　根据任务明确试验的具体目的和要求，选择模型制作材料和模型类型。具体选择如下：①当以验证结构的设计计算方法和测试结构动力特性为目的时，一般选择弹性模型；②当以研究结构的极限强度和极限变形性能为目的时，选择强度模型。

（2）确定相似准数和相似条件　针对任务所研究的对象，用方程式分析法或量纲分析法确定相似准数和相似条件。

（3）确定模型尺寸和几何相似常数　根据试验条件、模型类型、模型材料和制作工艺，确定模型的几何尺寸，即几何相似常数 C_l 的值。综合考虑试验目的、试验条件、模型制作工艺、研究性质来确定模型的缩尺比例。具体要求如下：

1）小模型所需荷载小，但模型制作较困难，加工精度要求高，对测量也有较高要求。

2）大模型所需荷载较大，要求大吨位的加载设备，但制作容易，对测量仪表也无特殊要求。

3）对于研究结构的弹性问题，模型的缩尺比例可取较小值。

4）对于研究塑性问题，尤其是对钢筋混凝土结构的强度问题研究，要求模型的缩尺比例不能太小。

一般模型有截面最小厚度、钢筋间距、保护层厚度等方面的限制要求，常见工程结构试验模型的缩尺比例见表 9-2。

表 9-2　常见工程结构试验模型的缩尺比例

结构类型	弹性模型	强度模型
壳体	1/200~1/50	1/30~1/10
板结构	1/25	1/10~1/4
桥梁结构	1/25	1/20~1/4
大坝	1/400	1/75
风载作用结构	1/300~1/20	一般不用强度模型
反应堆容器	1/100~1/50	1/20~1/4

（4）确定相似常数　根据由相似准数导出的相似条件，定出其他相似常数。

（5）绘制模型施工图　在绘制模型施工图时，应考虑试验安装、加载和测量的需要，应设计必要的构造措施，保证模型与加载器的连接、模型安装固定，防止局部受压破坏和按试验需要的形态破坏。

> **小贴士　弹性、塑性材料**
>
> 　　弹性材料在受力时会发生大变形，撤出外力后迅速恢复其近似初始形状和尺寸，如新型材料"金属橡胶"具备极高的弹性和耐高温性能，还可以导电，该材料在人造肌肉、智能衣服、活动机翼等领域具有潜在的应用价值。
>
> 　　塑性材料是指在常温、静荷载下具有塑性的材料，通常塑性材料可进行模锻、冲压、挤压等加工或成型，具有较强的抗冲击、抗振动能力，如低碳钢、铜、铝、塑料、橡胶等。

2. 静力结构模型设计

在工程实践中，常遇到结构静力相似问题。静力相似是指模型与原型不但几何相似，所有的作用也相似。

（1）线弹性模型设计　在静力结构模型设计中，当结构的应力水平较低时，结构所受荷载与结构产生的变形及应力之间均为线性关系（linear relationship）。对于使用同一种材料的结构，影响应力大小的因素主要有荷载 F、结构几何尺寸 L 和材料的泊松比 ν，其应力表达式可写为 $\sigma = f(F, L, \nu)$，通过量纲分析得出

$$\frac{L^2 \sigma}{F} = \varphi(\nu) \tag{9-45}$$

综上分析可知，线弹性结构的相似条件为几何相似、荷载相似、边界条件相似，求得泊松比相似 $C_\nu = 1$，即设计线弹性相似模型时，要求

$$C_\sigma = \frac{C_L^2}{C_F} \tag{9-46}$$

（2）非线性结构模型设计　工程结构中通常可能出现材料非线性和几何非线性两类非线性关系。两种非线性结构的荷载与结构变形之间均为非线性关系（non-linear relationship）。对于几何非线性结构，结构的应力和应变之间可以保持线性关系，影响应力大小的主要因素有荷载 F、结构几何尺寸 L、材料的弹性模量 E 和泊松比 ν，其应力表达式可写为 $\sigma = f(F, E, L, \nu)$，通过量纲分析得出

$$\frac{L^2\sigma}{F} = \varphi\left(\frac{EL^2}{F}, \nu\right) \tag{9-47}$$

为了求得原型结构的应力，模型与原型应满足

$$\left(\frac{EL^2}{F}\right)_m = \left(\frac{EL^2}{F}\right)_p \quad \nu_m = \nu_p \tag{9-48}$$

由以上分析可知，采用与原型相同材料制作的模型，可以模拟原型结构线弹性阶段和几何非线性弹性阶段的受力性能。结构静力试验模型的相似常数和相似关系见表 9-3。

表 9-3　结构静力试验模型的相似常数和相似关系

类　型	物理量	量　纲	相似关系
材料特性	应力 σ	FL^{-2}	$C_\sigma = C_E$
	应变 ε	1	1
	弹性模量 E	FL^{-2}	C_E
	剪切模量 G	FL^{-2}	C_E
	密度 ρ	$FL^{-4}T^2$	C_E/C_L
	泊松比 ν	1	1
几何特性	长度 l	L	C_L
	线位移 x	L	$C_x = C_L$
	角度 θ	1	1
	面积 A	L^2	$C_A = C_L^2$
	惯性矩 I	L^4	$C_I = C_L^4$
荷载特性	集中荷载 P	F	$C_P = C_E C_L^2$
	线荷载 w	FL^{-1}	$C_w = C_E C_L$
	面荷载 q	FL^{-2}	$C_q = C_E$
	力矩 M	FL	$C_M = C_E C_L^3$

（3）钢筋混凝强度模型设计　钢筋混凝土结构的强度模型要求正确反映原型结构的弹塑性性质，给出与原型结构相似的破坏状态、极限变形能力及极限承载能力。但在模型设计过程中，由于钢筋混凝土结构力学性能十分复杂，很难满足全部阶段的相似要求，特别是裂缝开展阶段的相似要求。因此，钢筋混凝土结构强度模型的相似误差无法避免。但如果精心设计钢筋混凝土结构强度模型，仍可以反映原型结构承载能力、极限变形能力的一些重要特征。

对于钢筋混凝土强度模型设计，理想模型的混凝土和钢筋与原型结构之间应满足：混凝土受拉和受压的应力-应变曲线的几何相似；钢筋和混凝土之间有相同的黏结-滑移性能和相同的泊松比；在承载能力极限状态，有基本相近的变形能力；在多轴应力状态下，有相同的破坏准则等，表 9-4 列出了钢筋混凝土结构强度模型的相似常数。

（4）砌体结构强度模型设计　与混凝土结构相似，砌体结构的性能也与其构成尺寸有密切的关系。砌体结构的缩尺模型试验能否反映原型结构的主要性能，关键在于模型砌体结构中的块体和灰缝如何模拟。在原型结构中，普通黏土砖的尺寸为 53mm×115mm×240mm，水平灰缝厚度为 10mm。20 世纪 50 年代，国外有人研究采用最小为 1/10 比例模型砖砌筑的砌体结构的性能，但一般认为模型砌体结构的最大缩尺比例不宜超过 4，也就是采用 1/4 比例的模型砖。模型砖的长度为 60mm，大多采用原型砖切割加工而成。

表 9-4　　**钢筋混凝土结构强度模型的相似常数**

类　型	物理量	量　纲	一般模型	实际应用模型
材料特性	应力 σ	FL^{-2}	C_σ	1
	应变 ε	1	1	1
	弹性模量 E	FL^{-2}	C_σ	1
	剪切模量 G	FL^{-2}	C_E	1
	密度 ρ	$FL^{-4}T^2$	C_σ/C_L	$1/C_L$
	泊松比 ν	1	1	1
	钢筋应力 σ	FL^{-2}	C_σ	1
	钢筋应变 ε	1	1	1
	钢筋弹性模量 E	FL^{-2}	C_σ	1
	黏结应力 σ	FL^{-2}	C_σ	1
几何特性	长度 l	L	C_L	C_L
	线位移 x	L	$C_x = C_L$	C_L
	角度 θ	1	1	1
	钢筋面积 A	L^2	$C_A = C_L^2$	C_L
荷载特性	集中荷载 P	F	$C_P = C_E C_L^2$	C_L^2
	线荷载 w	FL^{-1}	$C_w = C_E C_L$	C_L
	面荷载 q	FL^{-2}	$C_q = C_E$	1
	力矩 M	FL	$C_M = C_E C_L^3$	C_L^3

　　砌体结构模型试验的主要目的是检验结构的抗震性能。按照相似理论，最主要的单值条件及相似要求是砌体结构达到承载能力极限状态时的主要性能，包括极限承载能力、破坏形态和极限变形。与钢筋混凝土强度模型类似，砌体结构几何尺寸的缩小使得砌体结构模型发生畸变，模型与原型完全相似是不可能的。如果能够使模型砖砌筑砌体的应力-应变曲线与原型砌体的应力-应变曲线相似，并且使得极限应变相同，则模型试验的主要目的就可以实现。应当指出的是，模型砌体结构的抗震试验涉及砌体的抗压性能和抗剪性能，上述应力-应变关系应理解为砌体的广义应力-应变关系。

　　在空心砌块中浇灌芯柱的配筋墙体在性能上更接近钢筋混凝土剪力墙，可按设计钢筋混凝土强度模型的基本方法设计配筋砌体强度模型。

　　3. 动力结构模型设计

　　在进行结构动力模型尤其是结构抗震模型设计时，除了将长度 L 和力 F 作为基本物理量外，还要考虑时间 T 这个基本物理量。由于结构的惯性力常常是作用在结构上的主要荷载，因此必须要考虑模型与原型结构的材料质量密度的相似。在材料力学性能的相似要求方面还应考虑应变速率对材料性能的影响。这就是动力相似（dynamic similarity）问题。

　　结构动力问题用函数形式可表示为

$$f(l, P, M, w, q, x, \theta, \sigma, \varepsilon, E, G, \nu, \rho) = 0 \tag{9-49}$$

　　根据式（9-49），用量纲分析法可以求得结构动力模型的相似关系，见表9-5。由此可知，结构动力模型的相似常数同样是 C_l 和 C_E 的函数。

　　由于动力问题要模拟惯性力、恢复力和重力三种力，对模型材料的弹性模量和材料密度要求很严格。从表9-5可知，$C_\rho = C_E/C_l$，故在 $C_l < 1$ 时，要求模型的弹性模量应比原型的小或材料密度应比原型的大。对于由两种材料组成的钢筋混凝土结构模型，这一条件很难满足。

表 9-5　结构动力模型的相似常数和相似关系

类型	物理量	量纲 (绝对系统)	相似关系	
			一般模型	忽略重力效应模型
材料特性	应力 σ	FL^{-2}	$C_\sigma = C_E$	$C_\sigma = C_E$
	应变 ε	1	1	1
	弹性模量 E	FL^{-2}	C_E	C_E
	泊松比 ν	1	1	1
	质量密度 ρ	$FL^{-4}T^2$	$C_\rho = C_E/C_l$	C_ρ
几何特性	长度 l	L	C_l	C_l
	线位移 x	L	$C_x = C_l$	$C_x = C_l$
	角度 θ	1	1	1
	面积 A	L^2	$C_A = C_l^2$	$C_A = C_l^2$
荷载特性	集中荷载 P	F	$C_P = C_E C_l^2$	$C_P = C_E C_l^2$
	线荷载 w	FL^{-1}	$C_w = C_E C_l$	$C_w = C_E C_l$
	面荷载 q	FL^{-2}	$C_q = C_E$	$C_q = C_E$
	力矩 M	FL	$C_M = C_E C_l^3$	$C_M = C_E C_l^3$
动力性能	质量 m	$FL^{-1}T^2$	$C_m = C_\rho C_L^3 = C_E C_l^2$	$C_m = C_\rho C_L^3$
	刚度 k	FL^{-1}	$C_k = C_E C_l$	$C_k = C_E C_l$
	阻尼 c	$FL^{-1}T$	$C_c = C_m/C_t = C_E C_l^{3/2}$	$C_c = C_m/C_t = C_l^2 (C_\rho C_E)^{1/2}$
	时间 t,固有周期 T	T	$C_t = C_T = (C_m/C_k)^{1/2} = C_l^{1/2}$	$C_t = C_T = (C_m/C_k)^{1/2} = C_l(C_\rho/C_E)^{1/2}$
	频率 f	T^{-1}	$C_f = 1/C_T = C_l^{-1/2}$	$C_f = 1/C_T = C_l^{-1}(C_E/C_\rho)^{1/2}$
	速度 $\dot{x}$	LT^{-1}	$C_{\dot{x}} = C_x/C_t = C_l^{1/2}$	$C_{\dot{x}} = C_x/C_t = (C_E/C_\rho)^{1/2}$
	加速度 $\ddot{x}$	LT^{-2}	$C_{\ddot{x}} = C_x/C_t^2 = 1$	$C_{\ddot{x}} = C_x/C_t^2 = C_E/(C_l C_\rho)$

因此，在同样的重力加速度情况下进行试验时，需要用附加质量来弥补材料体积密度不足所产生的影响。值得注意的是，这种相似也只是近似的。另外，由于目前对阻尼产生的机理认识还是不很清楚，要对结构阻尼的相似模拟是非常困难的。不过，小阻尼对结构的基本特征值和固有频率的影响非常小，故不满足这个相似条件对试验结果不会带来较大的影响。

🔍 小贴士　阻尼和固有频率

阻尼：任何振动系统在振动中，由于外界作用或系统本身固有的原因引起的振动幅度逐渐下降的特性。

固有频率：结构系统在受到外界激励产生运动时，将按特定频率发生自然振动，这个特定的频率称为结构的固有频率。

9.4　模型材料与模型制作

9.4.1　模型材料（model materials）

相似设计要求模型和原型能描述同一物理现象，因此，要求模型材料和原型材料的物理性能、力学性能相似。建筑结构模型可分为弹性模型和强度模型两大类，模型材料也可分为弹性模型材料和强度模型材料两大类。

1. 弹性模型材料（elastic model materials）

弹性模型主要用于研究原型在弹性阶段的应力状态和动力特性。因此，模型材料的性能应尽可能满足一般弹性理论的基本假定，即要求模型材料为匀质、各向同性、应力与应变呈线性关系和固定的泊松比。满足上述条件的常用模型材料见表9-6。

表9-6　**常用模型材料**

材料种类	常用材料	特　点
金属材料	钢材、铜、铝合金等	钢和铜可焊接，易于加工，而铝合金一般采用铆接，连接特性很难满足原型的要求。金属材料的弹性模量比混凝土高，导致模型的试验荷载大。动力试验时，时间缩比大、加速度大，采用等强度的方法可以减小模型的断面，从而减小模型的刚度，实现减小试验荷载或加速度
塑料	环氧树脂、聚酯树脂、热塑性的有聚氯乙烯、有机玻璃等	优点：强度高而弹性模量低，容易加工 缺点：徐变较大，弹性模量受温度变化的影响较大。由于徐变较大，试验中应控制试验环境温度和材料的应力。模型接头强度较低，模型设计时应注意接头设计
矿物材料	石膏等	优点：容易加工，成本较低，泊松比与混凝土接近，弹性模量可以改变 缺点：抗拉强度低，要获得均匀和正确的弹性模量较困难

2. 强度模型材料（strength model materials）

强度模型主要用于研究结构的极限承载力和极限变形能力，因此，要求模型材料应与原型材料相似或相同。常用的强度模型材料见表9-7。

表9-7　**常用的强度模型材料**

材料种类	特　点
水泥砂浆	水泥砂浆主要用于制作钢筋混凝土板壳等薄壁结构的模型，其力学性能接近混凝土，但由于缺乏级配，应力-应变曲线较难与混凝土相似，所以目前用得较少
微粒混凝土	按相似比缩小混凝土骨料的粒径进行级配，使模型材料的应力-应变曲线与原型相似。为了满足弹性模量相似，有时可用掺入石灰浆的方法来降低模型材料的弹性模量。它的缺点是抗拉强度一般比要求值高，这将延缓模型的开裂。但在不考虑重力效应的模型中，有时能弥补重力失真的不足，使模型开裂荷载接近实际情况
环氧微粒混凝土	当模型很小时，用微粒混凝土制作不易浇捣密实、强度不均匀、易破碎，这时可采用环氧微粒混凝土制作。环氧微粒混凝土是由环氧树脂和按一定级配的骨料拌和而成。骨料可采用水泥、砂等，但必须干燥。环氧微粒混凝土的应力-应变曲线与普通混凝土相似，但抗拉强度偏高
钢材	模型中采用的钢材特点是尺寸小，一般采用同种材性的钢材。由于许多小尺寸的型材采用冷拉技术制作，所以在用作模型材料时，应进行退火处理
模型钢筋	模型钢筋一般采用盘状细钢筋、镀锌钢丝，使用前先要拉直，而拉直过程是一次冷加工过程，会改变材料的力学性能，因此使用前应进行退火处理。另外，目前使用的模型钢筋一般没有螺纹等表面压痕，不能很好地模拟原型结构中钢筋与混凝土的黏结
模型砌块	对于砌体结构模型，一般采用按长度相似比缩小的模型砌块。对于混凝土小砌块和粉煤灰砌块，可采用与原型相同的材料，在模型模子中浇筑而成。对于黏土砖，可制成模型砖坯烧结而成，也可用原型砖切割而成

9.4.2 模型制作 (model manufacture)

1. 混凝土结构模型 (concrete structure model)

混凝土结构模型一般采用水泥砂浆、微粒混凝土和环氧微粒混凝土等材料，置模浇筑制作。因为模型一般都是小比例模型，构件的尺寸很小，所以要求模板的尺寸误差小、表面平整、易于观察浇筑过程、易于拆模。因此，一般外模采用有机玻璃（透视平整、易加工），内模采用泡沫塑料（易于切割和拆模）。当无法浇筑时，也可用抹灰的方法制作，但抹灰施工的质量比浇筑的差，其强度一般只有浇筑的 50%且强度不稳定。因此，当有条件浇筑时，尽量采用浇筑的方法施工。

2. 砌体结构模型 (masonry structure model)

砌体结构模型的制作关键是灰缝的砌筑质量，主要包括灰缝的厚度和饱满程度。由于模型缩小后，灰缝的厚度很难按比例缩小，因此，一般要求模型灰缝的厚度在 5mm 左右，砌筑后模型的砌体强度与原型相似。另外，为了使模型结构能真正反映实际情况，模型灰缝的饱满程度也应与原型保持一致。在制作的过程中，不要片面强调模型的制作质量，把灰缝砌得很饱满，这样会造成模型的砌筑质量与实际工程的砌筑质量不同，从而导致模型的抗震能力很高，与实际震害不符。

3. 金属结构模型 (metal structure model)

金属结构模型的制作关键是材料的选取和节点的连接。由于模型缩小后，许多钢结构型材已无法找到合适的模型型材，只能用薄铁皮或铜皮加工焊接成模型型材。制作加工时，应认真研究模型的制作方案，避免焊接时烧穿铁皮和焊接变形。对于焊接困难的铝合金材料模型，一般采用铆钉连接。这种模型不宜用于模拟钢结构的焊接性能。另外，铆钉连接结构的阻尼比焊接结构大，在动力模型中不宜采用。

4. 有机玻璃模型 (plexiglass model)

有机玻璃模型一般采用标准有机玻璃型材切割成需要的形状和尺寸，然后用胶黏结而成。由于接口处强度较低，一般宜采用榫接并应尽量减小连接间隙。

9-1 浙江理工大学 17 届结构设计大赛作品

9-2 浙江理工大学 19 届结构设计大赛作品

9.4.3 模型试验应注意的问题

模型试验和一般结构试验方法在原则上相同，但在实际操作时针对模型试验的特点应注意以下几个问题。

1. 模型尺寸

模型试验对模型尺寸的精确度要求要比一般结构试验严格得多，因为结构模型均为缩尺比例模型，其尺寸的误差直接影响试验的测试结果。对于缩尺比例不大的结构模型，材料应尽量选择与原结构同类的材料，若选用其他材料（如塑料），则材料本身不稳定或制作时不可避免的加工工艺误差都将对试验结果产生影响。因此，在模型试验前，需对所设应变测点和重要部分的断面尺寸进行仔细测量，以该尺寸作为分析试验结果的依据。

2. 试件材料性能的测定

模型材料的各种性能，如应力-应变曲线、泊松比、极限强度等都必须在模型试验前进行准确的测定。通常测定塑料的性能可用抗拉及抗弯试件；测定石膏、砂浆、细石混凝土的性能可用各种小试件。考虑到尺寸效应的影响，用小试件测定模型时，其尺寸应和模型的最小截面或临界截面的大小基本相同。试验时要注意材料龄期的影响，对于石膏试件还应注意含水量对强度的影响，对于塑料应测定徐变的影响范围和程度。

3. 试验环境

模型试验对试验环境的要求比一般结构试验要严格。对温度比较敏感的模型试验，最好在有空调的室内进行，如有机玻璃模型试验一般在温度变化不超过±1℃的环境中进行。对于一般结构试验，应选在温度较稳定的空间里进行，以减小温度变化对试验结构的影响。

4. 荷载选择

模型试验的荷载必须在试验进行之前仔细校正。试验时，若完全模拟实际的荷载有困难，则可改用明确的集中荷载。这样比勉强模拟实际荷载好，在整理和推算试验结果时不会引起较大的误差。

5. 变形测量

一般模型的尺寸都很小，通常采用电阻应变计进行应变测量。模型试验在安装位移测量仪表的位置时应特别准确，以免将模型试验结果推算到原型结构上时引起较大的误差。如果模型的刚度很小，则应注意测量仪表的质量和约束等影响。

总之，模型结构试验要比一般结构试验要求更严格。在模型试验结果中较小的误差推算到原型结构会形成巨大的误差，因此，在模型试验的过程中必须严格操作、考虑周全，采取各种相应的措施来减小误差，使试验结果更加真实可靠。

9-3 随堂小测

本 章 小 结

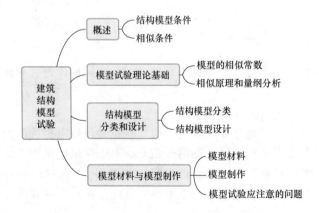

复习思考题

9-1　简述工程结构模型试验的特点和适用范围。

9-2　与结构力学性能有关的物理量有哪些？

9-3　简述三大相似定理的定义。

9-4　量纲分析法的基本概念是什么？何谓 π 定理？

9-5　简述利用量纲分析法建立相似条件的主要过程。

9-6　模型设计的一般程序是什么？

9-7　在振动台上进行小尺寸模型研究需要克服哪些问题？

9-8　现有旧市政厅大楼需要进行升级，以符合关于地震荷载更严格的要求。作为一幢非常重要的历史建筑，大楼使用无筋的方式砌筑而成。现讨论一个可能的方案，即如何使用小尺寸模型进行试验来帮助负责该项目的工程师加固建筑物，使其更具抗震性？

9-9　试讨论使用 1∶3 模型设计新型砌体的步骤。新砌体的密度必须与常规砖石结构一样，并且必须互锁且无灰浆，若有必要，可在零度以下的天气条件下迅速形成避难所。

9-10　试讨论开发一种高强度模型混凝土，用于 1∶10 比例的高层钢筋混凝土框架模型研究，并描述其设计过程，表征其强度特性。

9-11　当荷载为 45N 时，1∶4 比例的钢制悬臂梁模型会由于压缩翼缘的屈曲而失效。进行尺寸分析并回答以下问题：在什么荷载下原型会失效？如果模型的最大挠度为 8mm，原型在极限荷载下会挠曲多少？使用钢以外的任何其他材料都可以进行该模型研究吗？

参 考 文 献

［1］　王天稳，李杉. 土木工程结构试验［M］. 2 版. 武汉：武汉大学出版社，2018.

［2］　熊仲明，王社良. 土木工程结构试验［M］. 2 版. 北京：中国建筑工业出版社，2015.

［3］　朱尔玉，冯东，朱晓伟，等. 工程结构试验［M］. 北京：北京交通大学出版社，2016.

［4］　张望喜. 结构试验［M］. 武汉：武汉大学出版社，2016.

［5］　周明华. 土木工程结构试验与检测［M］. 3 版. 南京：东南大学出版社，2013.

［6］　卜良桃，黎红兵，刘尚凯. 建筑结构鉴定［M］. 北京：中国建筑工业出版社，2017.

［7］　杨艳敏，刘殿忠. 土木工程结构试验［M］. 武汉：武汉大学出版社，2014.

［8］　ACI. Building Code Requirements for Structural Concrete and Commentary：ACI 318M—05［S］. Michigan：ACI，2005.

［9］　HARRY G H，GAJANAN M S. Structural modeling and experimental techniques［M］. 2nd ed. Boca Raton：CRC Press，1999.

网 络 资 源

［1］　陈适才，王尚则，王亚辉，等. 钢结构火灾反应相似模型及试验研究与分析［J］. 工程力学，2019，36（8）：79-86，105.

［2］　高小波，孙建刚，罗东雨. 考虑桩土作用的储罐模拟地震振动台试验［J］. 地震工程学报，2020，42（3）：629-638.

［3］　赖泽荣，王帆，方小丹，等. 钢管混凝土剪力墙-板结构振动台试验研究［J］. 建筑结构，2020，50（10）：51-58.

［4］ 刘璐，周颖. 高层隔震结构振动台试验模型设计的几个特殊问题［J］. 结构工程师，2015（4）：108-113.

［5］ YING X. Research of the materials of building experimental model［J］. Applied Mechanics and Materials，2013，2488.

［6］ 陈红娟，闫维明，陈适才，等. 小比例尺地下结构振动台试验模型土的设计与试验研究［J］. 地震工程与工程振动，2015，35（3）：59-66.

［7］ 陈才华，王翠坤，张宏，等. 振动台试验对高层建筑结构设计的启示［J］. 建筑结构学报，2020，41（7）：1-14.

［8］ JIANG Q，WANG H Q，YE X G，et al. Shaking table model test of a mega‐frame with a vibration control substructure［J］. The Structural Design of Tall and Special Buildings，2020，29（10）.

［9］ 谢启芳，王龙，张利朋，等. 西安钟楼木结构模型振动台试验研究［J］. 建筑结构学报，2018，39（12）：128-138.

［10］ 钱德玲，张泽涵，戴启权，等. 超限高层建筑结构振动台试验模型设计的研究［J］. 工业建筑，2016，46（02）：36-41.

［11］ XU Q，CHEN J Y，LI B，et al. Investigation of non-fully similar laws of damage to an arch dam in shaking table model tests［J］. Advances in Mechanical Engineering，2020，12（11）.

［12］ 谷艳玲，孙家国. 配筋混凝土砌块砌体结构抗震试验模型设计［J］. 建筑结构，2014，44（15）：99-101，23.

1. 试验目的

薄壁离心钢管混凝土（centrifugal concrete-filled thin-walled steel tube）构件广泛应用于电力系统送变电构架中，它是外套钢管，内灌混凝土，经高速离心机离心而成的组合构件。该构件又称空心钢管混凝土构件，具有受压承载力高、自重轻、可工厂预制等特点，构件的塑性和韧性良好。但是由于该类构件自身壁薄的特点，它的弯、剪、扭受力性能很复杂，须进行大量的试验分析和理论研究。下面主要介绍了编者在浙江大学结构工程研究所进行的该类构件的抗扭试验研究，并给出了该类构件极限承载力的简易计算公式。

2. 试验准备

试验对不同长细比 λ（管长度管直径之比）、不同含钢率 α（钢管壁厚 t_s 与混凝土壁厚 t_c 之比）、不同空心率 Ψ（内衬混凝土管外径与内径之比）的试件进行抗扭作用的全过程加载（考虑不同因子水平）。通过对试验现象的观察和对数据的分析，分析试件受力变形性能，包括裂缝开展情况、钢管与混凝土的黏结情况、试件的破坏或失稳特征、扭角及相对转角情况等，得到试件三阶段的变化特征。同时，试验回归了其剪切变形特征值及相应的受扭承载力。为了进行对比，同时进行纯钢管、素混凝土管的抗扭试验（辅助试验），为了解复杂受力下构件的表现特征，进行少量的该类构件在弯扭及扭弯两种加载路径下的全过程加载。

3. 试件的设计及制作要求

试件共计 34 根，包含了不同的钢管壁厚（3mm 及 5mm）、不同的混凝土壁厚（0mm，20mm，25mm，30mm）、不同的外直径（600mm，2000mm，3000mm）等各种类型，根据工程应用情况，混凝土强度等级采用 C40。

4. 试件的安装与就位

试验时，试件的外观及加载方式如附图 1～附图 3 所示。附图 1 为离心混凝土圆筒状试块的抗压试验，钢材的力学性能是通过标准拉伸试验而确定的。附图 2、附图 3 为加载现场

附图 1　圆筒状试块的抗压试验

附图 2　加载现场全景

全景，在扭转试验中，为便于连接，试件与加载装置之间采用了法兰连接，外套方形夹具；为保证有不变的力臂，试件通过两端扇形状钢板上的钢丝绳受拉以获得扭矩，力传感器串联在钢丝绳中（机械力加载）。试件的表面共布设16处应变测试点，其中跨中沿环向为8处，在1/4处及3/4处沿环向各为4处（测点布置）。

附图3　弯、剪、扭联合作用的试验

5. 加载方法

试件加载采用分级控制：先初始循环加载一次至预估弹性极限时卸载，然后逐级加载至破坏，每级为极限荷载的10%~20%。初始循环可以部分消除初始的机械咬合等带来的空载变形。（加载装置为分配梁、油压千斤顶，观测项目为应变、挠度、转角。）

6. 试验过程观察

试验历时几个月，前期对原材料纯钢管及素混凝土管进行了试验。钢材用板材拉伸试验得到其板材的平均屈服强度 f_s 为306MPa（5mm厚）和272MPa（3mm厚），弹性模量为 $E_s = 2.1 \times 10^5$ MPa，前几级荷载下的实测平均泊松比为0.27。由于离心混凝土的抗压强度测试尚无统一标准，因此同时进行了两类试验以对比：一种是按普通混凝土规范进行的标准抗压试验，试验结果表明其抗压强度与预定设计强度等级C40很接近且略高于设计强度；另一种是采用模拟圆筒轴压试验，试验尺寸为2000mm×200mm×20mm（长度×外径×壁厚），试验结果表明抗压强度均小于C40的标准立方体抗压强度 $f_{cu} = 40$ MPa，大致强度与 $0.9 f_{cu}$ 相近。因此，采用何种方法的测试强度作为标准有待商讨。

素混凝土管的扭转试验表明：在很小的荷载下试件即沿45°方向发生开裂破坏（裂缝宽度达到1.5mm，挠度 $l/50$ 时破坏）；纯钢管与薄壁离心钢管混凝土试件扭转试验的现象较为接近，破坏的趋势一致。当荷载大致为极限荷载的0.8倍以前，扭转变形非常缓慢，而临近极限荷载时扭转变形剧增，然后稍加荷载，试件发生翘曲失稳破坏，该类构件由于加载后期已失去圆周外形，因此其下降段很难定性，在记录的荷载-变形曲线上呈陡落状，这一点与实心钢管混凝土构件很不一致。试验后，将试件用气割剥离后发现内壁混凝土表面布满了45°~50°方向的斜裂缝，在相应破坏位置处混凝土均被压碎，而其他部位钢与混凝土的黏接尚好（见附图4）。

附图4　试件加载后内部裂缝情况（形态）

7. 试验结果

通过对试验现象的观察与数据的整理，并参考相关钢管混凝土结构的文献，可以发现：薄壁离心钢管混凝土管构件的受扭全过程可划分成弹性变形阶段、弹塑性变形阶段、极限破坏阶段三个阶段，各个阶段末的物理量分别采用下标a、b、u。

从现场观测来看，试件的变化过程一般如下：首先钢管与混凝土协同工作（应变保持一致）；然后混凝土受主拉应力作用出现微裂缝，混凝土受拉部位逐步退出工作直至全部退出工作，表明第一阶段结束、第二阶段开始，而受压部位则一直在发挥作用（以斜短棱柱体形式）；然后钢管达到屈服，这时，第二阶段结束、第三阶段开始；最后由于混凝土达到其抗压强度，压碎的混凝土呈块状掉落，之后钢管将发生表面局部失稳而导致屈曲，构件失效。薄壁离心钢管混凝土管构件纯扭试验的典型扭矩-应变曲线如附图 5 所示。

通过回归与总结，各主要构件的抗扭承载力指标汇总见附表 1。

总的来说，各试件的抗扭承载力试验值均大于纯钢管试验值与素混凝土管试验值之和，且 3mm 厚管的承载力提高显著，这说明由于混凝土的存在使钢材的受拉性能得到了充分的发挥。在屈服受力阶段由于混凝土的存在，钢管几何形状保持了刚周边假定，而薄壁纯钢管却没有这个优势，素混凝土管由于材料的特性也无法较好地受力。钢管与混凝土管黏合一起，共同变形，即使混凝土内壁受拉开裂，混凝土管的抗压作用却像桁架一样协同钢管受压。

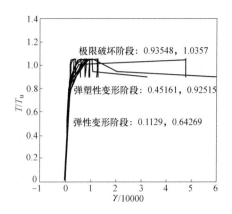

附图 5 **Z25 试件的扭矩-应变曲线**

T—扭矩 T_u—极限扭矩 γ—剪应变

附表 1 薄壁离心钢管混凝土试件抗扭承载力指标

试件编号	外径×长度×钢管壁厚-混凝土壁厚 $(\phi/\text{mm}) \times (L/\text{mm}) \times (t_s/\text{mm})-(t_c/\text{mm})$	T'_{cr} /(kN·m)	T_a /(kN·m)	γ_a /με	T_b /(kN·m)	γ_b /με	T_u /(kN·m)	γ_u /με
Dd5	200×600×3-30	35	40.00*	2166	43.58	4747	44.47	7327
D4	200×600×3-30	39	26.68	1936	38.69	8743	44.47	9912
D8	200×600×3-30	32	23.46	2300	37.54	2465*	39.10	9883
D27	200×600×3-20	33	25.81	1244	34.02	8711	39.10	9842
D10	200×600×3-20	32	23.43	2804	32.14	5069	39.05	8525
D9	200×600×3-20	—	25.12	1936	33.23	8157	38.64	10438
D6	200×600×5-25	—	30.23	—	43.53	7742	60.46	9006
D3	200×600×5-25	—	30.37	1521	48.14	7650	60.18	9152
D7	200×600×5-25	43	30.27	1521	44.52	7538	59.36	9012
Z22	200×2000×3-20	—	26.18	1429	31.42	3456	34.91	9912
Z25	200×2000×3-20	—	28.17	1936	37.29	4516	39.67	9883
Z26	200×2000×3-20	31	25.62	1555	32.88	7743	42.70	8275
Z23	200×2000×5-25	39	35.43	2120	49.00	9298	54.51	9913
Z21	200×2000×5-25	45	33.14	1060	45.70	7983	57.13	9854
Z24	200×2000×5-25	43	34.08	1843	47.82	3859	54.97	9883
C15	200×3000×3-20	—	31.28	1800	35.20	4039	39.60	6080
C11	200×3000×3-20	—	31.34	1510	32.00	2774	35.61	4161*
C13	200×3000×3-20	—	22.36*	1350	29.80	2756	37.26	6604
C17	200×3000×3-20	—	31.30	1613	36.12	4516	40.13	9942
C16	200×3000×5-25	—	37.32	2581	47.99	7000	53.32	10000
C20	200×3000×5-25	—	33.00	783*	49.40	5346	55.01	10000

注：1. "*" 代表数据可能有异常。

2. 表中 T'_{cr} 对应开裂时测得的部分扭矩值。

对于实际应用的构件，尚存在着设计承载力的定义问题。一般来说，薄壁离心钢管混凝土构件的纯扭承载力特征值应当与弹塑性阶段的指标 T_b 相对应。这主要考虑：实际工程中若使用弹性阶段的指标 T_a 时设计会偏于保守，而过了 T_b 以后构件的剪切变形将骤增，以致过大的变形使构件不适于继续受力，并且承载力值在峰值点 T_u 附近变化很大，无一致的规律。但是，T_b 取值是根据测量曲线上的最大转折点或平均点得出的，并不统一，因此为得出一个适用于各类试件的 T_b 值，应先求出各种试件的剪应变 γ_b 的大致回归值，然后以剪应变 γ_b 为指标求出对应的值作为该个试件的试验时的 T_b 值。

通过分析，剪应变 γ_b 与 α、Ψ、λ 有关（实际上 γ_b 还与离心混凝土轴心抗压强度 f_c'、f_s' 有关，但根据实际应用的情况，本次试验中这两个参量暂取为常量）。经过统计各个试件 T_b 对应的实测 γ_b 值，参考有关文献资料，对各个参数进行最小二乘拟合，可得到剪应变 γ_b 的回归公式（函数形式及系数）

$$\gamma_b = (-1400 + 2724\alpha^{1/2})\lambda + 7638$$

为简便起见，假设试件在前阶段为线性变化，在 a-u 段为直线，由于 T_a、T_u 值相对比较稳定，则可插值求得与 γ_b 对应时的 T_b 值。T_b 的线性回归值可见附表 2。

附表 2　**试件的回归抗扭试验指标 T_b**

编号 (t_s/mm-t_c/mm)	T_a /(kN·m)	T_u /(kN·m)	γ_b /μE	T_b (回归) /(kN·m)	编号 (t_s/mm-t_c/mm)	T_a /(kN·m)	T_u /(kN·m)	γ_b /μE	T_b (回归) /(kN·m)
D27(3-20)	40*	44	6808	33	Z26(3-20)	26	43	4869	34
D10(3-20)	27	44	6808	33	Z23(5-25)	35	55	6870	47
D9(3-20)	23	39	6808	32	Z21(5-25)	33	57	6870	49
Dd5(3-30)	26	39	6269	44	Z24(5-25)	34	55	6870	47
D4(3-30)	23	39	6269	37	C15(3-20)	31	40	3485	35
D8(3-30)	25	39	6269	33	C11(3-20)	31	36	3485	35
D6(5-25)	30	60	7408	53	C13(3-20)	22*	37	3485	28
D3(5-25)	34	60	7408	52	C17(3-20)	31	40	3485	33
D7(5-25)	30	59	7408	53	C16(5-25)	37	53	6488	45
Z22(3-20)	26	35	4869	30	C20(5-25)	33	55	6488	46
Z25(3-20)	28	40	4869	32					

注："＊"代表数据可能有异常。

8. 极限平衡状态法分析薄壁离心钢管混凝土构件的受扭承载力

为了了解扭矩 T 与参量 λ、α、Ψ、t_s、t_c 等的函数关系、得出构件的受扭承载力，现采用极限平衡状态法分析。极限平衡状态是指混凝土已被分割成斜柱体受压，钢材达到屈服，然后混凝土压碎。引入下列假定：

1）钢材的本构关系取理想弹塑性曲线，屈服时钢材服从 Mises 准则；离心混凝土的强度值则采用单轴棱柱体强度 $f_{cc} = \eta_1 f_c'$，其中 η_1 为折减系数，暂取 0.7。

2）每种材料沿各厚度方向应力分布是均匀的。

3）不考虑试件的失稳破坏情况。

基于附图 6 所示的单元应力，根据两个方向的强度平衡条件、变形条件及屈服条件，可列出四个方程

$$\sum X=0, (\sigma_{1s}t_s\sin\theta)\sin\theta = (\sigma_{2s}t_s\cos\theta)\cos\theta + (f_{cc}t_c\cos\theta)\cos\theta$$

$$\sum Y=0, \tau=\frac{T}{2A_0} = (\sigma_{1s}t_s\sin\theta)\cos\theta + (\sigma_{2s}t_s\cos\theta)\sin\theta + (f_{cc}t_c\cos\theta)\sin\theta$$

根据 Mises 屈服条件

$$\sigma_{1s}^2 + \sigma_{1s}\sigma_{2s} + \sigma_{2s}^2 = f_s^2 (\sigma_{2s} \text{ 为负值})$$

钢与混凝土的剪应变协调

$$\frac{\sigma_{1s}-\sigma_{2s}}{G_s} = \frac{f_{cc}}{G_c}$$

式中　σ——正应力；

　　　τ——剪应力；

　　　θ——主应力与纯剪平面的夹角；

　　　G——剪切模量；

　　　A_0——薄型构件截面圆环中心线所包含面积。

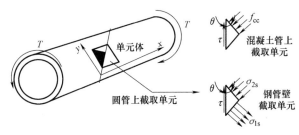

附图 6　单元应力

求解非线性方程组，可以解得 T_u 值。薄壁离心钢管混凝土构件的抗扭承载力理论解法与实测结果值见附表 3，由计算结果可见理论值均近于试验值。

附表 3　承载力汇总与对比

编号	L/mm	t_s/mm-t_c/mm	T_{cal1}/(kN·m)	T_{cal2}/(kN·m)	T_b(回归)/(kN·m)	T_u/(kN·m)	T_{cal}/(kN·m)	T_b/T_{cal1}	T_u/T_{cal2}
Dd5	600	3.04-30	36	43	44	44		1.22	1.02
D4	600	3.04-30	36	43	37	44	35	1.03	1.02
D8	600	3.04-30	36	43	33	39		0.92	0.91
D27	600	3.04-20	34	40	33	39		0.97	0.98
D10	600	3.04-20	34	40	33	39	37	0.97	0.98
D9	600	3.04-20	34	40	32	39		0.94	0.98
D6	600	4.34-25	45	59	53	60		1.18	1.02
D3	600	4.34-25	45	59	52	60	51	1.16	1.02
D7	600	4.34-25	45	59	53	59		1.18	1.00
Z22	2000	3.04-20	34	40	30	35		0.88	0.88
Z25	2000	3.04-20	34	40	32	40	37	0.94	1.00
Z26	2000	3.04-20	34	40	34	43		1.00	1.08

（续）

编号	L /mm	t_s/mm- t_c/mm	T_{cal1} /(kN·m)	T_{cal2} /(kN·m)	T_b(回归) /(kN·m)	T_u /(kN·m)	T_{cal} /(kN·m)	T_b/T_{cal1}	T_u/T_{cal2}
Z23	2000	4.34-25	45	59	47	55		1.04	0.93
Z21	2000	4.34-25	45	59	49	57	51	1.09	0.97
Z24	2000	4.34-25	45	59	47	55		1.04	0.93
C15	3000	3.04-20	34	40	35	40		1.03	1.00
C11	3000	3.04-20	34	40	35	36	37	1.03	0.90
C13	3000	3.04-20	34	40	28	37		0.82	0.93
C17	3000	3.04-20	34	40	33	40		0.97	1.00
C16	3000	4.34-25	45	59	45	53	51	1.00	0.90
C20	3000	4.34-25	45	59	46	55		1.02	0.93

计算得到平均值分别为 1.02，0.97，变异系数分别是 0.1，0.05。

注：1. T_b 是指回归后的统计平均值。

2. T_{cal1} 对应于 f_c'，按混凝土规范强度取值方法，T_{cal2} 对应于 f_c'，离心混凝土圆筒体强度取值及钢材拉伸强度取值（根据试验）。

9. 计算公式简化

通过分析可知薄壁离心钢管混凝土构件的受扭特性及极限承载力的求法，通过求解一个联立方程式而求出设计扭矩 T，但 T 的求法用手工计算较为烦琐。在很多场合下需要了解 T 的显式表达式，如在设计方案阶段的估算，了解各个参数与 T 的最优搭配，特别是在对该类构件的承载力进行可靠度运算以获取表达式时，极限状态方程的选取与后续的分项系数表达式的建立更与 T 的显式有关。因此有必要对 T 计算式中的参量进行分析、回归，通过拟合精简出一个实用的计算表达式。

通过分析，得到 T 的实用计算表达式为：

$$T = 2[A_s(\sigma_{1s} + \sigma_{2s})t_s + A_c f_{cc} t_c]\sin\theta\cos\theta$$

其中

$$A_s = \pi(R - t_s/2)^2 \qquad A_c = \pi(R - t_s - t_c/2)^2$$

令

$$\sigma_{1s} + \sigma_{2s} = \zeta_1 \qquad \sin\theta\cos\theta = \eta$$

则

$$T = 2(A_s t_s \zeta_1 + A_c f_{cc} t_c)\eta$$

式中 A_s、A_c 的表达式为显式的，对于常见的工程情况，f_s 的变化范围是 [235MPa，306MPa]；按混凝土规范取值 f_c' 的变化范围是 [13.5MPa，27MPa]（对应 C20～C40）；t_c 的变化范围是 [20mm，40mm]；t_s 的变化范围是 [3mm，5mm]，而材料的剪变模量变化范围较小设为定值。通过编制不同参数循环下的承载力值计算程序，并将计算结果和参数关系绘制成图进行观察，可以了解到各参量之间的相互影响关系。由此，部分参量表达式为

$$\zeta = A_1 \frac{f_{cc} t_c}{f_s t_s} + A_2 \frac{f_{cc}}{f_s} + A_3 \frac{t_c}{t_s} + A_4$$

$$\eta = B_1 \frac{f_{cc} t_c}{f_s t_s} + B_2 \frac{f_{cc}}{f_s} + B_3 \frac{t_c}{t_s} + B_4$$

其中，表达式的参数可以通过最小二乘法拟合出来。按各物理量变化范围进行计算，最后得出的表达式为

$$\zeta = -0.0681 \frac{f_{cc} t_c}{f_s t_s} + 0.0003 \frac{f_{cc}}{f_s} + 0.0035 \frac{t_c}{t_s} + 1.1332$$

$$\eta = -0.0309\frac{f_{cc}t_c}{f_s t_s}+0.1889\frac{f_{cc}}{f_s}+0.0011\frac{t_c}{t_s}+0.4925$$

此处，$\dfrac{f_{cc}t_c}{f_s t_s}$综合反映了两种材料的性能和尺寸，可以称为综合套箍系数。用此精简公式计算得到的 T_{cal} 值也列入了附表 3 中，结果表明符合程度较好。由于循环的数据是在工程常用的范围中，因此公式的适用范围也应在此之列（实际应用时可采用构造来保证）。另外，由于公式未经可靠度运算，还不能作为设计公式，但简化公式能大致估算出设计承载力的极限值，对于设计实践还是具有指导意义的。

10. 结论

通过对薄壁离心钢管混凝土构件的抗扭性能进行了试验研究和分析，得出了抗扭承载力的计算公式，并进行了必要的简化。通过试验和分析，可以得出如下结论：

1）薄壁离心钢管混凝土构件具有良好的抗扭承载力，其受扭承载力值大于纯钢管与素混凝土构件承载力之和，主要原因是混凝土内衬的保护作用，使钢材性能充分发挥。

2）构件的受扭变化可以划分成三个阶段，构件的下降段由于几何缺陷，离散较大，构件的破坏是由于某处混凝土强度达到极限压应力，然后钢材失去了稳定，发生屈曲。一般定义构件的弹塑性段的拐点为设计承载力极限点，构件的最终承载力主要取决于钢材的强度，但混凝土的强度和壁厚是必要的保证。

3）对应于为实际工程可采用的设计指标 T_b 可采用简化公式进行计算。

实际工程中构件发生纯扭转可能性较低，因此在了解构件的受扭性能后，应关注解决构件弯剪扭受力工况的性能问题，在分析方法上也应采用试验结合极限平衡方法理论分析。为了更全面地了解构件的受力性能，也应采用相关数值分析方法（如有限元等）进行构件的全过程分析。